Farbatlas
Wetterphänomene

Hans Häckel

Farbatlas Wetterphänomene

324 Farbfotos
40 Zeichnungen

VERLAG
EUGEN
ULMER

Vorwort

Es gibt kaum etwas, was uns das ganze Leben lang ausdauernder begleitet als das Wetter. Und es gibt kaum etwas, was uns facettenreicher begegnet als das Wetter: Von der klirrend kalten, sternenklaren Winternacht bis zur dumpf drückenden Schwüle gewitterträchtiger Sommernachmittage, vom strahlenden Sonnenschein bis zum tagelangen Landregen und vom linden Mailüftchen bis zum wütenden Toben verheerender Hagelstürme reicht seine Palette. Und schließlich gibt es kaum etwas, was uns mehr interessiert als das Wetter. Das beweisen die Einschaltquoten der Wetterberichte, von denen viele Showstars nur träumen können.

Daß es auf der Erde das gibt, was wir als Wetter bezeichnen, verdanken wir der Tatsache, daß unsere Erde eine Atmosphäre besitzt. Auf dem Mond gibt es kein Wetter! Nur in der Atmosphäre spielen sich die ungezählten physikalischen und chemischen Vorgänge ab, die uns als Wettererscheinungen begegnen. Oft genug erzeugen sie spürbare, sichtbare oder hörbare Phänomene und machen so auf sich aufmerksam. Nicht selten entfalten sie eine unbeschreibliche Farben- und Formenpracht, ein anderes Mal äußern sie sich lediglich durch unauffällige, am Himmel, am Boden oder an Gegenständen in unserer Umgebung hinterlassene Spuren. In jedem Fall aber verraten sie damit interessante meteorologische Zusammenhänge.

Das vorliegende Buch möchte allen, die am Wetter interessiert sind, ein Begleiter durch die vielgestaltige Landschaft der meteorologischen Phänomene sein. Dazu stellt es über 300 Wettererscheinungen aus den Bereichen Sonnenstrahlung, atmosphärische Optik, Wärmestrahlung, Ausbreitung von Luftinhaltsstoffen, Föhn, Nebel, Regen, Schnee, Hagel, Gewitter, Eis, Kleinklima, Wind und Sturm vor und erklärt ihr Zustandekommen. Selbstverständlich erhebt es keinen Anspruch auf Vollständigkeit. Was hieße in diesem Zusammenhang auch „vollständig"? Die in unserer Umwelt zu beobachtenden Wetterphänomene sind so vielfältig, daß man sie kaum vollständig erfassen kann.

In erster Linie richtet sich das vorliegende Buch an den interessierten Laien, auch den ohne meteorologische Vorkenntnisse. Bei den Erläuterungen wurde deshalb größter Wert auf allgemeine und gute Verständlichkeit gelegt. Wann immer es möglich war, wurde versucht, die Erklärungen aus den Erfahrungen des täglichen Lebens heraus abzuleiten und Verbindungen zur Praxis herzustellen. Darüber hinaus möchte es Studierenden der Meteorologie – ob im Haupt- oder Nebenfach – eine Ergänzung zu Ihren Lehrbüchern sein, die oft nur sparsam mit Fotos und meist mehr als sparsam mit Farbfotos ausgestattet sind. Selbstverständlich wenden sich die hier gezeigten Bilder auch an altgediente Meteorologen, um ihnen das eine oder andere Wetterphänomen wieder in Erinnerung zu bringen oder Vergessenes ins Bewußtsein zurückzurufen.

Unser Wetter spielt sich in den untersten 10 bis 15 km der Atmosphäre ab. Eine dem Buchtitel entsprechende Themenabgrenzung verlangt deshalb, Vorgänge, die oberhalb dieser eigentlichen Wetterschicht ablaufen, wegzulassen. Polarlichter, leuchtende Nachtwolken und Sonnenfinsternisse wird man deshalb hier vergeblich suchen. Darüber hinaus wurde Wert darauf gelegt, nur solche Phänomene zu behandeln, denen man in unseren Breiten begegnen kann. Aus diesem Grund finden sich hier weder Tornados noch andere „Übersee-Phänomene".

Das Buch will kein Bildband mit erstklassigen Hochglanzfotos sein. Die hier abgedruckten Bilder sollen die besprochenen Phänomene dokumentieren – auch solche, die fotografisch „weniger hergeben", dafür aber vielleicht meteorologisch umso interessanter sind. Stets wurde auch versucht, passend zu den einzelnen Bildern ein Quentchen wissenswerte Wetterkunde „rüberzubringen". Wer die Texte einigermaßen aufmerksam liest, wird sich wundern, wie schnell man eine ganze Menge über das Wetter lernen kann.

Die Idee zu diesem Buch wurde beim Zusammenstellen von Dias für eine Vorlesungsstunde geboren. Das Angebot des Verlages Eugen Ulmer, aus den im Laufe der Jahre zusammengetragenen Fotos einen „Farbatlas Wetterphänomene" zu machen, habe ich mit Freude und Dankbarkeit angenommen, weil ich immer wieder sehe, wie sehr sich Schüler und Studenten für Wetterbilder begeistern können. Leider treten viele Phänomene nur selten auf, und wenn, dann hat man meist keine Kamera zur Hand. Dadurch bleiben in der eigenen Sammlung stets mehr oder weniger große Lücken bestehen. Dank der engagierten Hilfe von Bekannten, Freunden und Kollegen, aber auch von Instituten, Behörden und Unternehmen war es möglich, viele dieser Lücken zu schließen. Ich bedanke mich bei allen, die mir dabei geholfen haben, ganz herzlich. Von einigen Phänomenen konnten trotz aller Mühen keine Fotos aufgetrieben werden. In diesen Fällen habe ich versucht, in Laborexperimenten oder Computersimulationen die natürlichen Vorgänge nachzuvollziehen. Dabei haben mich mehrere Weihenstephaner Experten begeistert unterstützt, wofür ich ihnen meinen besonderen Dank aussprechen möchte. Viele besonders interessante Vorgänge spielen sich am Rande oder sogar völlig außerhalb unserer sinnlichen Wahrnehmung ab und können nur mit Verfahren wie Thermofotografie, Falschfarbentechnik, mit Radar oder im Windkanal erfaßt werden. Mein Dank gilt allen, die mir ihre Archive geöffnet und mir ihr einschlägiges Bildmaterial zur Verfügung gestellt haben.

Ich wünsche allen Leserinnen und Lesern viel Spaß bei der Lektüre und daß sie danach dem Wetter ein Stück vertrauter begegnen!

Weihenstephan, im März 1999
Hans Häckel

Inhaltsverzeichnis

Sonnenstrahlung 8
Der Streuungsvorgang aus physikalischer Sicht 10
Streuungsphänomene 14

Lichtstreuung an Wassertröpfchen, Eiskristallen und Staubpartikeln 26
Streuungsphänomene 28

Licht, Schatten und Reflexion . . 44
Schattenwürfe 47
Reflexionen 55

Die Farben der Gewässer 64

Licht- und Farbspiele in der Atmosphäre 78
Haloerscheinungen 78
Regenbögen 90
Sonstige Licht- und Farbphänomene 95

Wärmestrahlung 114
Sichtbare und fühlbare Auswirkungen der Wärmestrahlung 115

Stabilität und Labilität der Atmosphäre 122
Phänomene bei stabiler Schichtung 124
Phänomene bei labiler Schichtung 138

Föhnwetter und Föhnwolken . . 143
Föhnwetterlage 143
Phasen der Föhnentstehung 143
Erscheinungsformen und Auswirkungen des Föhns 152

Vom Wasserdampf zum Wetter 158

Nebel 160
Die verschiedenen Nebelarten 161

Wolken 170
Wolkenklassifikation 170
Kondensstreifen 208

Regentropfen 214

Schneekristalle 221

Hagel, Hagelschäden und Hagelbekämpfung 224

Blitze und Blitzschläge 232

Eisphänomene 237
Eiszapfen 237

Eisbirnen und Eisglocken 242
Glatteis – nicht nur auf der Straße 245
Glatteisregen und seine Folgen ... 246
Rauhreif und Rauheis 248
Sonstige Eisgebilde 255

Was Schnee und Reif über die Temperatur verraten 261
Unterschiede in der Wärmeleitung 263

Einflüsse von Gelände und Boden auf die Temperatur 279
Wie der Erdboden die Sonnenwärme verteilt 279
Temperaturmuster in der Landschaft 282
Geländeheizung 287

Reif und Tau an Pflanzenblättern 289
Filigranes aus Reif und Tau 291

Wind und Sturm 295
Druckwirkungen 295
Sogwirkungen 304
Böigkeit 309
Umströmen von Hindernissen 313

Einflüsse von Gelände und Reibung auf den Wind 315
Einflüsse, die man hören oder spüren kann 315
Sichtbare und sichtbar gemachte Beispiele für die Beinflussung des Windes 317
Windschutz 322

Literatur 327
Sachregister 330
Bildquellen, Adressen 336

Sonnenstrahlung

*„Gelobet sei Gott, mein Herr,
mit allen Deinen Geschöpfen,
vornehmlich mit der hohen Herrin,
unsrer Schwester Sonne!
Sie ruft den Tag herauf,
schenket uns Licht.
Und wie schön ist sie
und strahlt in gewaltigem Glanze!
Von Dir, o Höchster,
ist sie das Abbild“*

Franz von Assisi (1182-1226)

Diese Verse stammen aus dem berühmten Sonnengesang des Heiligen Franz von Assisi. Er preist darin die Sonne als großartige Licht-, Kraft- und Lebensspenderin, ja als das Abbild Gottes. Viele große Kulturen dieser Erde haben sie in den Rang hoher und höchster Gottheiten erhoben. Zu den bekanntesten Sonnengöttern gehören der ägyptische Re und der griechische Helios. Ihren Höhepunkt erreichte die Verehrung der Sonne bei den Inkas, die ihr gewaltige Tempelbauten errichteten.

In unserer aufgeklärten Welt hat die Sonne zwar ihre mythologische Bedeutung verloren, dennoch ist sie bis zum heutigen Tag viel mehr als nur eine leuchtende Gaskugel im Mittelpunkt unseres Sonnensystems. Mit ihrer Hilfe lassen sich Dunkelheit und Angst überwinden. Sie taucht die Welt in Farben und spendet dem Leben Wärme.

Aus der Verschmelzung von Wasserstoff- zu Heliumatomen im Innern der Sonne entstehen bei Temperaturen bis zu 15 Millionen Grad so ungeheuere Energien, daß an der 150 Millionen km von ihr entfernten Erde in jeder Sekunde noch 50 Milliarden kWh ankommen. Das ist eine so gigantische Menge, daß sich kein Mensch darunter etwas vorstellen kann. Versuchen wir deshalb, durch Vergleiche mit den Energieumsetzungen bei anderen Vorgängen wenigstens eine Ahnung davon zu bekommen.

Die Menschheit verbraucht an einem Tag etwa 25×10^{10} kWh Energie. Das bedeutet, daß die von der Sonne in nur 5 Sekunden zur Erde gestrahlte Energie ausreichen würde, den Energiebedarf der Erdbevölkerung für einen ganzen Tag zu decken. Fünf Sekunden, das ist die Zeit, die man benötigt, um diesen kurzen Absatz zu lesen!

Setzt man die von der Sonne an einem einzigen Tag zur Erde gestrahlte Energie gleich 1, so ist die Schmelzenergie für eine durchschnittliche Winterschneedecke mit ein Zehntel anzusetzen. Ein schweres Erdbeben setzt ein Hundertstel, ein mittleres Tiefdruckgebiet ein Tausendstel, ein tropischer Wirbelsturm ein Zehntausendstel und ein heftiger Vulkanausbruch ein Hunderttausendstel dieser Strahlungsenergie frei.

Der Hauptteil der von der Sonne kommenden Strahlung stammt aus der etwa 350 km dicken Photosphäre, einer Art Sonnenatmosphäre. Jeder Quadratmeter der Erde (genau genommen der Atmosphärenobergrenze) erhält davon eine Strahlungsleistung von 1370 W/m². Sie unterliegt nur extrem kleinen Schwan-

Die Sonne spendet der Erde Licht und Wärme.

kungen, im Mittel mehrerer Jahre um weniger als 1‰. Ein langfristiger Trend ist nicht erkennbar – und das ist auch gut so, da eine Änderung der Strahlungsstärke von nur 1% zu einer weltweiten Temperaturänderung um 2 Grad führen würde. Das mag zunächst unerheblich erscheinen. Doch ist zu bedenken, daß es während der letzten Eiszeit in Europa nur etwa 7 bis 10 Grad kühler war als heute. Und doch reichte diese Temperatur aus, ganz Skandinavien, Schleswig-Holstein, die Britischen Inseln und große Teile Süddeutschlands unter einer dicken Eisdecke verschwinden zu lassen. Die Eismassen hatten soviel Wasser gebunden, daß der Meeresspiegel rund 150 Meter tiefer lag als heute. Die Nordsee, der Ärmelkanal, Teile der Biskaya und der Adria lagen trocken. Die Themse wurde zu einem Nebenfluß des Rheins. Und das bei einer Temperaturabnahme, die von einer Verminderung der Sonnenstrahlung um nur 4 bis 5% hervorgerufen werden würde!

Von der Sonne kommt nicht nur sichtbares Licht. Ihre Strahlung enthält auch einen erheblichen Anteil an ultravioletter und infraroter Strahlung.

Das sichtbare Licht erscheint uns zunächst einheitlich hellweiß, es setzt sich jedoch in Wirklichkeit aus den bekannten Regenbogenfarben zusammen: Violett, Blau, Grün, Gelb, Orange und Rot.

Die höchste Strahlungsleistung erreicht die Sonne bei Wellenlängen um 0,55 µm: das entspricht der Farbe Gelbgrün. Interessanterweise hat auch das menschliche Auge bei diesem Farbton seine höchste Empfindlichkeit. Ein Zeichen dafür, daß sich unsere Augen im Lauf der Entwicklungsgeschichte dem Sonnenlicht ideal angepaßt haben.

Während die Sonnenstrahlung den langen Weg durch den Weltraum praktisch ungestört zurücklegen kann, ergeben sich beim Passieren der Erdatmosphäre wichtige Veränderungen: Nur ein knappes Drittel der in die Atmosphäre eintretenden Strahlung erreicht den Erdboden, 20% werden von den Atmosphärengasen und 5% in den Wolken absorbiert. Etwa die Hälfte wird von Wolken und Luftteilchen gestreut, teils in den Weltraum zurück, teils zur Erdoberfläche herunter. Aber selbst von der an der Erdoberfläche ankommenden Strahlung wird ein weiterer Anteil reflektiert: an hellen Oberflächen bis zu 90%, an dunklen unter 20% (vgl. Seite 55 ff.).

Während bei der Absorption die Strahlungsenergie ohne auffällige Erscheinungen in Wärme umgewandelt wird, entsteht bei der Streuung eine unübersehbare Fülle von interessanten Lichteffekten.

Der Streuungsvorgang aus physikalischer Sicht

Was versteht man eigentlich unter Streuung? Es fällt z.B. auf, daß der Lichtkegel einer Taschenlampe oder eines Diaprojektors in staubiger Luft einen deutlich erkennbaren Widerschein hervorruft oder daß man plötzlich eine schier undurchdringliche Wand vor sich sieht, wenn man im Auto bei Nebel das Fernlicht einschaltet.

Dieses Phänomen nennen die Physiker Streuung. Zu Streuung kommt es immer dann, wenn ein Lichtstrahl auf kleine Teilchen oder Oberflächen mit sehr feinen Strukturen trifft. In den genannten Beispielen waren das Staubpartikel bzw. Nebeltröpfchen. Streuung tritt aber genauso an Wolkentröpfchen, an winzigen Schwebstoffteilchen in der Luft, ja sogar an den Luftmolekülen selbst auf.

Zu Lichterscheinungen kommt es bei der Streuung deshalb, weil ein Teil des auftreffenden Lichtes in die verschiedensten Richtungen umgelenkt wird. Man kann sich diesen Vorgang so ähnlich vorstellen, wie wenn man einen Wasserstrahl gegen ein Hindernis richtet. Dabei spritzt das Wasser nach allen Seiten auseinander, so daß man auch dann naß wird, wenn man neben dem Hindernis steht.

Bei der Streuung des Lichtes ist es ganz ähnlich: Der Beobachter nimmt von dem gestreuten Licht einen mehr oder weniger großen Teil in seinem Auge auf und nimmt somit das Teilchen als scheinbar selbst leuchtend wahr. Schweben viele streuende Teilchen nebeneinander, so entsteht der Eindruck einer zusammenhängenden, leuchtenden Fläche.

Diese Erklärung ist natürlich stark vereinfacht. In Wirklichkeit sind die Vorgänge sehr viel komplizierter. Deshalb noch ein kurzer Abstecher in die Atomphysik.

Einen Lichtstrahl darf man sich als eine Folge von hintereinander herfliegenden Lichtpartikeln, sogenannten Photonen, vorstellen. Wenn nun ein Molekül, z.B. eines Atmosphärengases, von einem Photon getroffen wird, überträgt sich die Energie des Photons beim Zusammenstoß auf die Elektronenwolke dieses Moleküls und versetzt sie dadurch in einen **angeregten Zustand**. Dieser hält allerdings nicht lange vor: bereits nach einer Milliardstel Sekunde (10^{-9} s) fällt die Elektronenwolke wieder in den Ausgangszustand zurück, wobei sie ein Photon aussendet. Dieses enthält natürlich exakt die Energiemenge, die zuvor aufge-

Modellversuch zur Deutung der Lichtstreuung.

nommen wurde. Das ausgesandte Licht hat damit die gleiche Farbe wie das auftreffende. Allerdings fliegt das ausgesandte Photon meist in eine andere als die ursprüngliche Strahlungsrichtung. So kommt es zu einer scheinbaren Lichtumlenkung. Bei der Streuung handelt es sich also um eine Umverteilung des Lichtes auf verschiedene Richtungen.

Details über diese Vorgänge wurden von dem englischen Universalgenie Lord J.W. Rayleigh und dem deutschen Physiker G. Mie erforscht. Danach streuen Partikel, die nicht größer als 10 bis 20% der Lichtwellenlängen sind, das Violett und das Blau bis zu 16mal so stark wie das Rot. Das an ihnen gestreute Licht enthält dann einen sehr hohen kurzwelligen Anteil, erscheint also unserem Auge überwiegend blau bis violett.

Bei Partikeln, deren Größe etwa den Wellenlängen des Lichtes entspricht, ist dieser Effekt nicht mehr so stark ausgeprägt: Blau und Violett werden nur noch 4 mal so stark gestreut wie Rot.

Noch größere Teilchen, die die Wellenlängen des Lichtes deutlich überschreiten, (1 µm und größer) zeigen überhaupt keine Wellenlängenabhängigkeit mehr. Das an ihnen gestreute Licht ist demnach weiß.

Luftmoleküle haben Durchmesser von weniger als 0,0001 µm. Sie streuen also blaues Licht viel stärker als rotes. An ihnen findet eine Art „Farbspaltung" statt. Wenn aber jede Farbe anders gestreut wird, dann ist zu erwarten, daß sich die farbliche Zusammensetzung des Sonnenlichtes beim Passieren der Atmosphäre verändern wird.

Wie das vor sich geht, zeigt die Graphik auf Seite 12. Ein Bündel Sonnenstrahlen dringt von links her in die Atmosphäre ein. Zur Vereinfachung sind

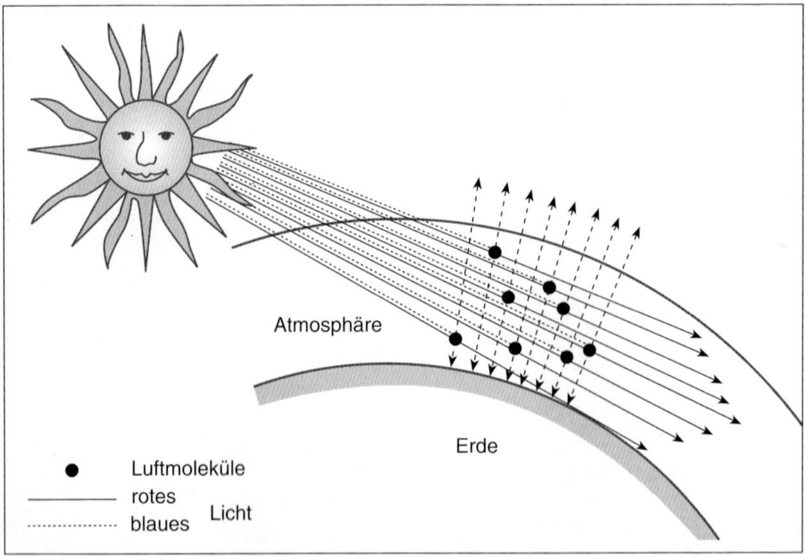

Erklärung des Zustandekommens des blauen Himmelslichtes.

nur einige wenige Luftmoleküle herausgegriffen und durch dicke Punkte dargestellt. Außerdem ist von jedem Strahl nur die rote und die blaue Spektralfarbe eingezeichnet: Rot als durchgezogene und Blau als gestrichelte Linie.

Sind die Strahlen in die Atmosphäre eingedrungen, dann dauert es nicht lange, bis der erste Strahl auf ein Luftmolekül trifft und gestreut wird. Der blaue Anteil wird dabei seitlich weggelenkt, der rote läuft dagegen praktisch unbeeinflußt weiter. Bald trifft auch der zweite Strahl auf ein Luftmolekül und so weiter. Und jedesmal wird blaues Licht weggestreut, während das rote die Atmospäre praktisch ungehindert durchdringt.

Ein Beobachter auf der Erde sieht demnach eine unermessliche Zahl von blau schimmernden Luftmolekülen über sich. Sie alle zusammen lassen den Eindruck eines zusammenhängenden, riesigen, leuchtenden Gewölbes entstehen: den blauen Himmel.

Das Licht, das von dieser Kuppel ausgeht, wird in der Meteorologie als **Himmelsstrahlung** oder **blaues Himmelslicht** bezeichnet.

Ergänzend sei noch angemerkt, daß zur Himmelsstrahlung im streng physikalischen Sinn auch noch die von den Wolken und von den in der Luft schwebenden Staubpartikeln und sonstigen Inhaltsstoffen ausgehende Strahlung zählt. Uns interessiert aber im Augenblick nur die blaue Himmelsstrahung. Später werden wir uns noch ausführlich mit ihren anderen Bestandteilen befassen.

Blaues Licht wird viel stärker gestreut als rotes, deshalb ist der Himmel blau.

Ein Hinweis für Fotofreunde: Das blaue Himmelslicht kann unter Umständen sehr schwach sein. Gegenüber einem hellen, von der Sonne direkt beleuchteten Bauwerk oder ähnlichem können ohne weiteres Helligkeitsunterschiede von mehreren Blendenstufen bestehen. Wenn nicht gerade beabsichtigt ist, zu zeigen, wie toll dunkelblau der Himmel war, dann sollte man das Belichtungs-Meßfeld des Kameracomputers unbedingt so legen, daß zumindest ein kleines Stück des Himmels mit erfaßt wird und dann mit Hilfe des Meßwertspeichers belichten. Wie weit man dabei gehen darf, ohne ein Überbelichten der helleren Objekte zu riskieren, hängt natürlich von der Situation ab. Am besten ist es, einige Wiederholungen mit verschiedenen Belichtungsvarianten zu machen.

Bei trockener Luft ist der Himmel tiefblau (links), bei feuchter graublau (rechts).

Streuungsphänomene

Der Himmel über uns ist längst nicht immer so **tiefblau** wie auf dem linken Bild. Der ausgewaschene, **leicht weißlich wirkende Farbton**, wie ihn das Bild rechts zeigt, ist wesentlich häufiger. Natürlich steht das nicht im Widerspruch zu dem, was vorhin über Streuungsvorgänge gesagt wurde. Die Luft im rechten Bild enthält eine Fülle von Dunstteilchen mit Partikelgrößen bis weit über 1 µm. Das an ihnen gestreute Licht hat entsprechend (s. Seite 11) einen weißlichen Farbton, der sich mit dem satten Blau des Streulichtes an Luftmolekülen zu dem verwässerten Blauton mischt. Auf Seite 20 und 31ff. wird noch ausführlich über die Streuung an Dunstpartikeln zu sprechen sein.

Je nachdem, wieviele Dunst-, Staub- oder ähnliche Partikel die Luft enthält, kann der Farbton des Himmels innerhalb einer beträchtlichen Spannweite schwanken. Im Extremfall besonders starker Verschmutzung und/oder sehr hoher Feuchtigkeit kann er so hell werden, daß dünnere Wolken nur noch schwer oder gar nicht mehr zu erkennen sind. Wir werden solchen Fällen weiter unten noch begegnen.

Schattenpartien werden nur vom Himmelslicht beleuchtet und sind deshalb blau.

Wo die direkte Sonnenstrahlung abgeschattet wird, ist natürlich nur das blaue Licht des Himmels wirksam. Das hat zwei wichtige Konsequenzen: erstens ist es dort viel dunkler als in den besonnten Bereichen; zweitens ist dort der Farbton des Lichtes **bläulich**.

Beim flüchtigen Hinsehen fällt das überhaupt nicht auf, weil sich die Augen sehr schnell auf diese Farbstimmung einstellen können. Genauso schnell stellen sie sich übrigens auf den rötlichen Farbton einer Glühlampe ein. Der Film in unserer Kamera kann das jedoch nicht (s. auch Seite 21). Fotos im Schatten werden deshalb oft häßlich blaustichig (genauso wie Fotos im Licht von Glühlampen rotstichig werden). Ein solcher Farbstich läßt sich natürlich verhindern, wenn man Stellen aussucht, an denen weiße Hauswände oder Wolken die Schattenpartie mit reflektiertem weißem Sonnenlicht aufhellen. Am sichersten ist es allerdings, wenn man zur Schatten-Ausleuchtung wohldosiertes Blitzlicht einzusetzt.

Selbstverständlich kann man auch mit einem leichten rötlichen Filter nachhelfen. Dann muß aber das gesamte Fotomotiv im Schatten bleiben, denn direktes Sonnenlicht würde sonst rotstichig erscheinen.

Das blaue Himmelslicht läßt die Atmosphäre als bläulichen Saum erscheinen.

Den nach oben gerichteten Teil der blauen Streustrahlung (s. Seite 12) kann man natürlich vom Erdboden aus nicht erkennen. Er ist jedoch vom Weltraum aus sehr gut zu sehen. Er erscheint als **bläulicher Saum** um den ganzen Erdball. Den Mitgliedern von Space-Shuttle-Besatzungen, die flach in die Erdatmosphäre blicken können, ist er ein vertrauter Anblick. Er macht unsere Erde zum „Blauen Planeten“.

Die Vorgänge bei der Lichtstreuung erklären auch noch ein ganz anderes Phänomen. Von hohen Bergen aus erscheint der Himmel in einem besonders satten, tiefen Blau. Je höher man steigt, desto dunkler wird er, bis er allmählich in die Schwärze des Weltalls übergeht. Luis Trenker hat einen seiner zahllosen Bergfilme „Sterne am Mittag“ genannt. Er wollte damit zum Ausdruck bringen, daß der Himmel über hohen Bergen so dunkel sein kann, daß man auch am hellichten Mittag mühelos die Sterne erkennen kann. Und der Grund für dieses Phänomen? Mit zunehmender Höhe wird, wie man gerne so sagt, „die Luft immer dünner“. Das heißt nichts anderes, als daß die streuenden Luftmoleküle immer weniger werden. In der Tat finden sich in 5,5 km Höhe nur noch die Hälfte, in 11 km sogar nur noch ein Viertel der an der Erdoberfläche vorhandenen. Alle 5,5 km geht ihre Zahl um die Hälfte zurück. Wenn aber die Teilchen weniger werden, dann wird auch immer weniger Licht gestreut, so daß der Himmel mit zunehmender Höhe immer schwächer leuchtet, bis er schließlich in undurchdringliches Schwarz übergeht. Das ist auch der Grund dafür, daß der bläuliche Lichtsaum um die Erde zum Weltraum hin immer dunkler wird und allmählich ganz verschwindet.

Wenn aus dem weißen Licht das Blau herausgestreut ist, bleibt das Rot übrig.

Wenn aus dem weißen Sonnenstrahl auf seinem Weg durch die Atmosphäre ständig blaues Licht herausgestreut wird, dann muß in ihm das rote immer mehr überwiegen. Das gilt insbesondere dann, wenn der Lichtstrahl einen sehr langen Weg durch die Atmosphäre zurückzulegen hat, wie das bei **Sonnenaufgang** und **-untergang** der Fall ist.

Ein paar Zahlen sollen diese Zusammenhänge noch vertiefen. Denken wir uns die Sonne zunächst senkrecht über uns stehen. Dann erreichen nach der Rayleigh-Theorie (s. Seite 11) 96% des roten, aber nur 69% des violett-blauen Lichtes den Erdboden. Steht die Sonne jedoch nur 5° über dem Horizont, so muß ihr Licht einen 10mal längeren Weg durch die Atmosphäre zurücklegen. Dabei geht die Intensität des roten Lichtes auf 66%, die des violett-blauen jedoch auf 2% zurück.

Die Farbverschiebung kann soweit gehen, daß die Sonne selbst nicht mehr weiß, sondern rot zu leuchten scheint. In jedem Fall aber führt der Widerschein des verbliebenen roten Lichtes zu einer entsprechenden Färbung von Wolken, atmosphärischen Verunreinigungen, ja der gesamten Landschaft. Man spricht dann – je nach Tageszeit – von **Morgenrot** oder **Abendrot**.

Spätes Abendrot.

Auch in diesem Bild fällt das Licht der untergehenden Sonne auf die Wolken und läßt sie tiefrot aufleuchten. Die Sonne steht aber schon weit unter dem Horizont, so daß die Wolken nur von unten her beleuchtet werden.

Bei **Vulkanausbrüchen** werden unvorstellbare Mengen an Staub und Asche in die Atmosphäre geschleudert; 150 bis 200 km³ sind keine Seltenheit. Die meisten Partikel sind winzig klein, ihr Durchmesser bleibt oft weit unter 0,01 µm. Sie bewirken eine ähnliche Farbentrennung wie die Luftmoleküle. So erklärt es sich, daß es nach heftigen Vulkanausbrüchen regelmäßig zu besonders farbenprächtigen Sonnenuntergängen kommt.

Das gilt natürlich auch für die Sonnenaufgänge, nur achtet man auf sie längst nicht so wie auf die Untergänge. Im Sommer 1991 nach der Eruption des Pinatubo konnte man dieses Phänomen auffällig oft beobachten.

Auch der Rauch heftiger Wald- und Steppenbrände bewirkt oft ähnliche Farbphänomene. Zwar reicht die Zahl der dabei freigesetzten streuenden Partikel nicht aus, den Himmel leuchtend rot zu färben. Die in der Umgebung solcher Brände häufig auftretende gelbliche Lichtfärbung läßt jedoch eine nicht unerhebliche farbentrennende Streuwirkung erkennen.

Dämmerungserscheinungen auf der sonnenzugewandten Seite des abendlichen Himmels.

Die Sonne ist vor knapp einer halben Stunde untergegangen und steht jetzt etwas mehr als 4° unter dem Horizont. Ihr Schein ist jedoch am Himmel noch deutlich erkennbar. Die Meteorologen nennen ihn **Purpurlicht**. Wie man gut erkennen kann, ist diese Bezeichnung jedoch nicht ganz korrekt. Die Farbtönung geht eher von Orangerot nach oben in Lachsrot über. Darüber spannt sich ein zunächst bläulich-weißes, rasch in dunkles Blau übergehendes sanft geschwungendes Himmelsgewölbe.

In etwa einer Viertelstunde wird das Rot der dann 6° unter den Horizont gesunkenen Sonne völlig verschwunden sein. Lediglich ein weißlich-bläuliches Segment bleibt dann noch übrig. Dann ist es so dunkel, daß man im Freien nicht mehr lesen kann. Damit ist nach der Definition der Meteorologen die **Bürgerliche Dämmerung** zu Ende.

Gleichzeitig mit dem Verschwinden des Dämmerungslichtes füllt sich das Himmelsgewölbe immer mehr mit Sternen. Wenn alle mit freiem Auge erkennbaren – das sind die bis etwa zur 5. Größe – erschienen sind, ist die sogenannte **Astronomische Dämmerung** zu Ende. Die Sonne steht dann etwa 17 Grad unter dem Horizont.

Sonnenuntergang in stark dunstiger Luft.

In dunstiger Luft bildet sich bei Sonnenuntergang längst keine so brillante Farbenpracht aus, wie sie auf dem letzten Foto zu sehen war. Der Himmel nimmt dann eine eher **aschgraue Färbung** an und die Sonne scheint nicht hinter dem Horizont zu versinken, sondern im Dunst der Ferne langsam zu verlöschen.

Die Erklärung für dieses Phänomen ist nicht schwer.

Wie im nächsten Kapitel noch ausführlich besprochen wird, streuen die vielen winzigen Dunsttröpfchen, die an diesem Tag in der Luft schweben, alle Wellenlängen des Sonnenlichtes gleich stark. Wenn aber alle Wellenlängen gleich stark gestreut werden, dann kommt es zu keiner Farbaufspaltung. Alle Farben werden dann gleichmäßig gedämpft. Das führt seinerseits zu einer allmählichen Abnahme der Gesamthelligkeit und damit zu einem Übergang der Farben in ein immer gleichmäßiger und monotoner werdendes Grau.

In sehr feuchter Luft kann die Streuwirkung der vielen Dunstteilchen so weit gehen, daß das Sonnenlicht bereits verloschen scheint, obwohl die Sonne noch mehrere Grad über dem Horizont steht. Natürlich ist dieses Phänomen im unteren Bereich der Sonnenscheibe stärker ausgeprägt als im oberen. Dadurch erscheint die Sonne beim Untergang gelegentlich von unten her abgeplattet. Wir werden auf Seite 100 noch in in einem anderen Zusammenhag auf dieses Phänomen zu sprechen kommen.

Die Nacht ist blau.

Mit weiter abnehmender Himmelshelligkeit geht der Farbton des Lichtes in ein zunehmend dunkler werdendes Blau über. Daß das späte Himmelslicht tiefblau ist, fällt jedoch kaum auf. Das hängt mit der Farbempfindlichkeit unserer Augen zusammen, die bei abnehmender Helligkeit immer weiter zurückgeht. Bei sehr schwachem Licht lassen sich überhaupt keine Farben mehr erkennen. „In der Nacht sind alle Katzen grau“ sagt man und meint damit, daß wir nachts keine Farben unterscheiden können. Außerdem neigen unsere Augen dazu, sich an eine Farbsituation zu gewöhnen; sie verzichten dann auf die Meldung der tatsächlichen Farbstimmung an das entsprechende Gehirnzentrum (s. auch Seite 15). Der Film in unserer Kamera dagegen gibt (von Ausnahmen abgesehen) exakt den augenblicklich herrschenden Farbton wieder.

Wir blicken hier von einem bekannten Bayerischen Berg, dem Wallberg, auf den spätabendlichen Tegernsee hinunter und sehen, welch ein sattes Blau das **späte Dämmerlicht** annehmen kann.

Es gibt übrigens eine alltägliche Situation, bei der uns die Augen ebenso einen falschen Farbton melden: beim Glühlampenlicht. Kaum jemand dürfte anzweifeln, daß das Licht einer Glühbirne weiß ist. Weit gefehlt! Selbst leistungsstarke Lampen enthalten einen erheblich höheren Rotanteil als das Sonnenlicht. Der „Rotstich“ eines bei Glühlampenlicht aufgenommenen Fotos (Dia) liefert jedoch den Beweis für das Überwiegen der gelben und roten Farbtöne.

Alpenglühen im Rot der untergehenden Sonne.

Auch das berühmte **Alpenglühen** geht letzten Endes auf das Streulicht bei Sonnenuntergang zurück. Es ist nichts anderes als der Widerschein des Abendrotes an den Bergen. Verstärkt wird das Alpenglühen noch durch den Purpursaum der „Gegendämmerung". Das ist ein farbiger Saum am oberen Ende des nach Sonnenuntergang im Osten heraufsteigenden Erdschattens. Auf Seite 25 wird die Gegendämmerung ausführlich besprochen und im Bild vorgestellt.

Ein prächtiges Alpenglühen gilt als ein Vorbote für schönes Wetter. Da das Alpenglühen vom Abendrot herrührt, stellt sich sofort die Frage nach der Zuverlässigkeit dieser Prognose. Ist das Abendrot, wie es in einer Bauernregel heißt, wirklich ein „Schönwetterbot"?

In der Tat folgt auf einen Abend mit einem strahlenden Abendrot häufig ein sonniger Tag. Dieser Zusammenhang erkärt sich aus der Tatsache, daß sich der Abendhimmel nur bei relativ trockener Luft intensiv färbt. Dunstpartikel würden, wie schon auf Seite 14 erwähnt wurde, den Farbton verwässern und ins Graue verschieben.

Besonders farbenprächtig wird das **Alpenglühen**, wenn es kurz vor Sonnenuntergang geregnet hat, so daß die Felshänge noch naß sind und im Licht der untergehenden Sonne glänzen. Auf unserem Foto ist sogar noch ein kurzes Stück Regenbogen zu erkennen. Bei schneebedeckten Hängen wird die Intensität des Alpenglühens natürlich noch verstärkt.

Daß es auch bei Sonnenaufgängen mit farbenprächtigem Morgenrot zum Alpenglühen kommt ist eine Selbstverständlichkeit.

Dieser Regenbogen zeigt, daß im Abendlicht das Blau fehlt.

Zur Farbentrennung bei der Streuung an Luftmolekülen macht uns die Natur ein Experiment vor, das ein Physiker in seinem Labor nicht besser durchführen könnte:

Nach den bisherigen Erklärungen darf das Licht der auf- bzw. untergehenden Sonne kein Blau und erst recht kein Violett mehr enthalten. Bekanntlich zerlegt der Regenbogen das weiße Licht der Sonne in seine Spektralfarben. Ein am späten Abend oder am frühen Morgen erscheinender Regenbogen darf also, wenn unsere Erklärung über die Streuung richtig ist, kein Blau und kein Violett mehr zeigen.

Auf unserem Bild ist ein **Regenbogen** kurz vor Sonnenuntergang zu sehen. Wie man deutlich erkennt, endet das Farbband beim Grün, das gesamte kurzwellige Spektrum mit Blau und Violett fehlt. Wie anders ein ungestörter Regenbogen aussieht, ist auf Seite 90 zu sehen.

Auswirkungen der Lichtstreuung bei einer Mondfinsternis.

Ein Phänomen, das ebenfalls auf die Farbentrennung durch Streuung an Luftmolekülen zurückgeht, ist bei **Mondfinsternissen** zu beobachten: Die Übergangszone von der beschatteten (links unten) zur besonnten (rechts oben) Fläche des Mondes schimmert in einem eigenartigen, von dunklem Rot über Orange und Gelb ins Weißliche übergehenden Farbton. Wie kommt diese Färbung zustande, wo doch der Mond sonst einheitlich weiß erscheint? Die Erklärung ist nicht schwer. Die Sonnenstrahlung, die in diesem Grenzbereich auf die Mondoberfläche fällt, hat zuvor die Erdatmosphäre in einem sehr flachen Winkel und damit auf einem besonders langen Weg durchlaufen. Dabei sind das Violett, Blau und Grün praktisch restlos herausgestreut worden, so daß auf dem Mond nur noch gelbes bis orangefarbenes und rotes Licht ankommt. Das Licht, das nahe am Erdschatten auf den Mond fällt (links unten), hat den längsten Weg hinter sich; auf ihm sind alle Farben außer dem besonders langwelligen Dunkelrot verloren gegangen. Die etwas weiter vom Erdschatten entfernt auftreffenden Lichtstrahlen (Mitte) haben nur die höheren Schichten der Erdatmosphäre durchlaufen. Dort ist die Luft dünner und damit die Streuwirkung schwächer und natürlich ist auch der Weg durch die Atmosphäre nicht mehr so lang. So kommt auch das etwas kürzerwellige gelbe und orangefarbene Licht auf dem Mond an. Nur die Lichtstrahlen, deren Wege außerhalb der Erdatmosphäre verlaufen sind (oben rechts), enthalten auch die kurzwelligen Spektralanteile, so daß ihr Licht annähernd weiß erscheint.

Dämmerungserscheinungen auf der sonnenabgewandten Seite des Himmels.

Sonnenuntergänge sind farbenprächtige, oft genug faszinierende Schauspiele. Kein Wunder, daß kaum jemand auf die Idee kommt, zur gleichen Zeit auch einmal einen Blick auf die der Sonne abgewandte Himmelshälfte zu werfen.

Natürlich ist dort das Farbenspiel viel bescheidener, aber interessant ist es allemal: Im Augenblick des Sonnenunterganges zeigt der Himmel in Bodennähe eine zarte orange bis purpurne Färbung, die sogenannte „Gegendämmerung". Nach oben hin geht sie über einen zunächst weißgelben Farbton in das bekannte Blau über. Bereits wenige Minuten später beginnt sich am Boden ein graublaues, nach den Seiten hin flacher werdendes Segment zu erheben: der Erdschatten. Er wird immer höher, dabei schiebt er scheinbar das farbige Himmelsgewölbe vor sich her. Mit weiter und weiter unter den Horizont sinkender Sonne wird der Erdschatten zwar immer mächtiger, sein Rand jedoch auch immer diffuser, bis er schließlich im Dämmerlicht völlig verschwindet.

Bei Sonnenaufgang – wie auf unserem Bild – läuft dieser Vorgang natürlich genau in umgekehrter Folge ab.

Lichtstreuung an Wassertröpfchen, Eiskristallen und Staubpartikeln

Die Streuung an größeren Teilchen wie Wassertröpfchen, Eiskristallen und Staubpartikeln unterscheidet sich von der an den Luftmolekülen noch in einem zweiten Punkt: Der Verteilung des gestreuten Lichtes auf die verschiedenen Richtungen. Die Graphik zeigt die Unterschiede. In ihr ist für verschiedene Molekülgrößen die Intensität des gestreuten Lichtes in die verschiedenen Richtungen dargestellt. Die Richtung der Pfeile gibt jeweils die Streurichtung, ihre Länge die Intensität des gestreuten Lichtes an.

Während die Luftmoleküle in alle Richtungen praktisch gleich stark streuen ist an den größeren Teilchen, inbesondere wenn ihr Durchmesser auf oder über 1 µm steigt, die Streustrahlung hauptsächlich nach vorn gerichtet, also in die Richtung, in die auch der ursprüngliche Lichtstrahl zielt. Die Meteorologen nennen die Streuung in diese Richtung **Vorwärtsstreuung**.

Nach den Seiten hin nimmt die Streustärke sehr rasch ab. Gegen die ursprüngliche Strahlungsrichtung wird nur sehr wenig gestreut. Man bezeichnet sie analog zur Vorwärtsstreuung als **Rückwärtsstreuung**.

Von der Richtungsabhängigkeit der Streustrahlung kann man sich überzeu-

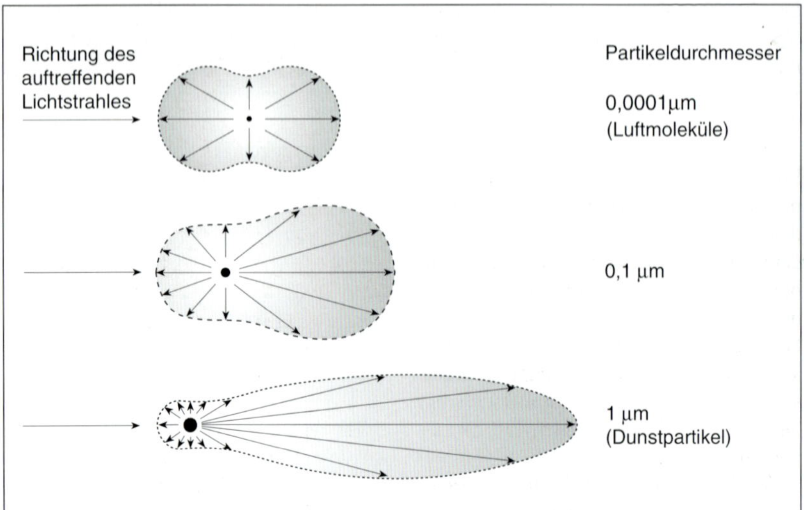

Richtungs-Intensitätsverteilung gestreuten Lichtes bei unterschiedlichen Partikelgrößen (stark schematisiert).

gen, wenn man an einem dunstigen Tag auf einen Berg steigt. Schaut man in Richtung Sonne, dann ist die Sicht viel schlechter, als wenn man die Sonne im Rücken hat.

Beim Blick gegen die Sonne trübt die Vorwärtsstreuung die Fernsicht. Im anderen Fall wird sie von der viel schwächeren Rückwärtsstreuung nur unbedeutend beeinflußt.

Dieses Foto eines Springbrunnens bietet weitere interessante Einblicke in das Wesen der **Lichtstreuung**: Die herabstürzenden und auf die Steine der Brunnenanlage aufprallenden, winzigen Wassertröpfchen formieren sich infolge ihrer Streuwirkung zu einem regelrechten Lichtkegel. Besonders vor dem dunklen Hintergrund der Parkanlagen leuchten sie wie unzählige winzige Glühbirnchen.

Ganz im Gegensatz dazu erscheint jedoch das Wasser an der Spitze der Fontäne wie eine dunkle, schmutzige Brühe. Das ist umso überraschender, als unmittelbar dahinter die Sonne steht. Wegen ihrer gleißenden Helligkeit müßte der Wasserstrahl an dieser Stelle doch besonders kräftig leuchten!

Der Grund für die starke Lichtdämpfung ist folgender: An dieser Stelle bleiben die aus dem Brunnen hochgeschleuderten Wassertröpfchen einen Augenblich lang in der Luft schweben, bevor sie wieder herunterzufallen beginnen. Die Folge ist, daß sich in dieser Höhe besonders viele Wassertröpfchen ansammeln, die das Sonnenlicht so stark streuen, daß auf der sonnenabgewandten Seite gerade noch ein winziger Rest davon ankommt.

Das Licht, das durch Streuung scheinbar aus dem Nichts heraus entsteht, stammt ja in Wirklichkeit aus der auftreffenden Lichtenergie.

Auch an einem Springbrunnen macht sich die Lichtstreuung bemerkbar.

Mit jedem gestreuten Lichtquant vermindert sich die Intensität des auftreffenden Lichtes. Sind sehr viele Partikel an der Streuung beteiligt, dann bleibt von der Helligkeit des ursprünglichen Lichtes oft kaum noch etwas übrig.

Nicht nur sehr dichte, auch beschattete Wolken erscheinen dunkel.

Streuungsphänomene

Wolken sind nichts anderes als eine Ansammlung von unzähligen winzigen, in der Luft schwebenden Wassertröpfchen. Fritz Möller, einer der Münchener Meteorologie-Professoren, der für seine anschauliche Sprache bekannt war, hat das so formuliert: „Eine Wolke ist kein Gegenstand, sondern ein Zustand".

Die Durchmesser der Wolkentröpfchen bewegen sich zwischen 2 und 10 µm. Sie sind also teilweise zehnmal so groß wie die Wellenlängen des Lichtes. Daher streuen sie (Seite 11) – ähnlich wie die Tröpfchen des Springbrunnens – alle Farben des Lichtes praktisch gleich stark.

Weißes Sonnenlicht wird also nach der Streuung an ihnen weiß bleiben. Daraus erklärt sich zwangsläufig das Schneeweiß der Wolken.

Daß sehr mächtige Wolken den größten Teil des auftreffenden Sonnenlichtes zerstreuen ist klar. An ihrer Unterseite kommt dann nur noch ein kümmerliches Restlicht an, das sie bedrohlich dunkelgrau bis schwarz erscheinen läßt. Je dunkler eine Wolke erscheint, desto dicker ist sie.

Diese Regel scheint jedoch auf den Kopf gestellt, wenn man dieses Foto betrachtet: Schweben da nicht einige dunkelgraue Wolken am Himmel, von denen man wirklich nicht behaupten kann, daß sie besonders mächtig sind?

Wie kommt dieser Effekt zustande? Auf die dunkleren Wolken fallen die Schatten anderer Wolken! Die **Dunkelfärbung** hat also überhaupt nichts mit Lichtverlusten infolge Streuung zu tun.

Streuungsvorgänge in einer Dampfwolke.

Auf diesem Foto quillt eine mächtige Dampffahne (s. Seite 158) aus einem Kühlturm, die die Sonne von der Rückseite her beleuchtet. Der frische Wind und eine labile Schichtung (s. dazu Seite 138f.) sorgen für eine rasche, aber unregelmäßige Verdünnung der Fahne. Während die dichteren Stellen im Gegenlicht fast schwarz erscheinen, erstrahlen die dünneren in leuchtendem Weiß. Hier spielt sich genau das gleiche ab wie auf dem Bild mit dem Springbrunnen: Wo sehr viele Tröpfchen zu einer besonders starken **Streuung** führen, bleibt in der Durchsicht kaum noch Licht übrig.

Streuungsvorgänge sind die Ursache für viele Erscheinungen aus dem täglichen Leben. Daß Milch undurchsichtig und weiß ist, liegt an der Streuung des Lichtes an den in ihr enthaltenen Fett- und Eiweißtröpfchen. Wenn sich der Wein nach dem Gären klärt, so liegt das daran, daß sich die streuenden Partikel am Boden absetzen.

Schließlich ist eine beschlagene Fensterscheibe deshalb trüb, weil die Wassertröpfchen das auftreffende Licht in alle Richtungen streuen. Und daß das Schaumkrönchen auf einem „Pils" weiß und nicht wie das Bier selbst goldfarben ist, liegt daran, daß die Bläschen und Membranen, aus denen der Schaum besteht, zwar winzig klein, aber doch größer als 1 µm sind, so daß weißes Licht nach dem Streuen weiß bleibt.

Färbung der Landschaft bei Lichtstreuung in trockener Luft.

Besonders interessante Streueffekte treten am atmosphärischen Dunst auf. Von Dunst spricht man, wenn die Sichtweite durch winzige, in der Luft schwebende Wassertröpfchen zwar verringert ist, aber doch noch über 1 km beträgt.

Jedes Dunsttröpfchen enthält ein winziges Salzkriställchen, das als Kondensationskern fungiert. Die meisten dieser Salzkriställchen stammen aus der Gischt der Weltmeere.

Da Salze heftig bestrebt sind, sich mit einer Wasserhülle zu umgeben, versuchen auch die in der Luft schwebenden Kondensationskerne, sich einen Mantel aus Wasser zu verschaffen. Bei einer hohen Luftfeuchtigkeit gelingt ihnen das auch ohne weiteres, so daß sie rasch auf Größen von mehreren µm heranwachsen können. Ist die Luft jedoch sehr trocken, dann bleiben sie erheblich kleiner, teilweise sogar unter 0,1 µm.

Aus den Deutungen der Streuungsvorgänge, die auf Seite 11 vorgestellt wurden, geht hervor, daß Teilchen mit Radien um 0,1 µm stark blau-betont, solche mit Durchmessern von einigen µm dagegen farbneutral streuen.

Das heißt aber nichts anderes, als daß trockener Dunst bläulich und feuchter Dunst weißlich erscheinen müssen. Oder anders ausgedrückt: An der Farbe des Dunstes kann man zumindest ganz grob erkennen, ob die Luft viel oder wenig Wasserdampf enthält.

Färbung der Landschaft bei Lichtstreuung in feuchter Luft.

Suchen wir uns zunächst (linkes Bild) eine Situation mit **sehr trockener Luft** aus. Wir stehen an einem Tag mit prächtigem Altweibersommerwetter auf dem Gipfel der Benediktenwand, einem 1800 Meter hohen Berg in den Bayerischen Alpen. Wie zu erkennen ist, läßt ein leichter Dunst die Ferne in einem typischen Blau erscheinen. Wer sich öfter in den Bergen aufhält, dem ist dieser Farbton vertraut und selbstverständlich. Man sollte sich aber einmal klar machen, daß die Berge in der Ferne von den gleichen sattgrünen Latschen bewachsen sind, wie sie im Vordergrund unseres Fotos stehen. Die Streuung an den Dunstteilchen bewirkt also eine gewaltige Farbverschiebung.

Eine völlig andere Stimmung vermittelt das Foto auf der rechten Seite. Die Luftfeuchtigkeit ist zwar auch hier nicht übermäßig hoch (sonst hätten sich längst überall Wolken gebildet!), aber doch deutlich höher als im linken Bild. Die Fernsicht ist bei weitem nicht so gut wie vorhin und die Berge in der Ferne erscheinen in einem verwaschenen, hellbläulichen, ins weißliche gehenden Ton. Der **höhere Wasserdampfgehalt** der Luft hat hier sehr viel größere Dunstteilchen heranwachsen lassen, die einen völlig anderen Farbcharakter hervorrufen.

Sehr kleine Rauchpartikel streuen das Blau besonders stark.

Der beim Verbrennen von Holz entstehende Rauch enthält extrem kleine Rußpartikel, die sich ganz ähnlich verhalten wie Luftmoleküle und ihn deshalb bläulich erscheinen lassen. Steht die Sonne genau hinter der **Rauchwolke** eines Holzfeuers, so erscheint sie leicht gelblich bis bräunlich gefärbt – das gleiche Phänomen wie bei Auf- oder Untergang, nur eben viel schwächer ausgeprägt.

Beim aufmerksamen Beobachten wird man feststellen, daß der Rauch, der von einer Zigarette oder Zigarre aufsteigt, ebenfalls bläulich gefärbt ist, der ausgeblasene dagegen weiß. Auch das hat mit der Größe der Teilchen zu tun: Der von der brennenden Zigarette hochsteigende Rauch besteht aus winzigen hygroskopischen Teilchen, die aber noch keine Möglichkeit hatten, sich aus der Luft Wassermoleküle einzufangen. Dieser Rauch erscheint deshalb auffällig blau gefärbt. Spricht man nicht gerne spöttisch vom „blauen Dunst"?

Wird der Rauch jedoch inhaliert und dann wieder ausgeblasen, hat er seine Farbe gewechselt: er ist weiß geworden. Auf seinem Weg in die Lunge und zurück hatten die Rauchpartikel genügend Gelegenheit, sich aus der Umgebungsfeuchtigkeit zu bedienen und mit einer dicken Wasserhülle zu umgeben. Dabei sind sie auf eine Größe angewachsen, die alle Wellenlängen gleich stark streut.

Strahlenfächer in dunstiger Luft durch Streuung am Wolkenrand.

Fällt das Licht der hinter einer Wolke stehenden Sonne in dunstige Luft, so können sich recht bizarre **Lichtfächer** ausbilden. Besonders dann, wenn der Wolkenrand zerzaust und ausgefranst ist.

Die dunklen Bereiche innerhalb des Fächers kommen dadurch zustande, daß dort der Schatten von Wolken in die dunsterfüllte Luft fällt, während in den hellen Bereichen die Sonnenstrahlung ungehindert gestreut werden kann.

Natürlich ist auch der hell leuchtende Wolkensaum eine Folge der Streuung – in diesem Fall allerdings der Streuung an den Wolkentröpfchen.

Im Innern der Wolke ist die Zahl der streuenden Tropfen sehr hoch. Die Folge ist, daß auch das gestreute Licht immer wieder und immer wieder weitergestreut wird. Man spricht dann von **Mehrfachstreuung.** Nur noch ein kleiner Bruchteil kann die Wolke in der ursprünglichen Strahlungsrichtung durchdringen, so daß sie nach außen hin relativ dunkel erscheint (vgl. Seite 27).

Daß – insbesondere trockener – Dunst auch ultraviolette Strahlung aussendet, kann man deutlich daran erkennen, daß Landschaftsfotos und andere Fernaufnahmen schärfer werden, wenn man einen UV-Filter vor das Objektiv setzt. Die ultraviolette Strahlung erzeugt nämlich auf dem Film eine Art „Geisterbild“, das sich in Unschärfen äußert. Der Filter hält die UV-Strahlung vom Film fern und verhindert so die Unschärfen.

„Wasserziehende Sonne“.

Genausogut wie nach oben kann ein Streulichtfächer bei entsprechender Wolkenkulisse auch nach unten fallen. Der Volksmund spicht dann gern von einer **wasserziehenden Sonne**. Eigentlich zeugt diese Bezeichnung, obwohl sie natürlich überhaupt nichts mit dem Ansaugen von Wasser zu tun hat, von einer guten Beobachtungsgabe. Zu Streuungsphänomenen dieser Art kommt es nur in stark dunstiger, also wasserdampfreicher Luft. Daß es nach dem Auftreten eines solchen Phänomens oft zu Regen kommt, ist also nichts Besonderes. Für einen unbedarften, aber aufmerksamen Beobachter ist die Vorstellung, daß die Sonne bei dieser Erscheinung zunächst Wasser in die Luft saugt, um es später als Regen wieder fallen zu lassen, damit durchaus schlüssig.

In Wirklichkeit ist die Tatsache, daß es nach einer „wasserziehenden Sonne“ relativ oft zu Regen kommt, mit der Wetterlage zu erklären, bei der dieses Phänomen bevorzugt auftritt, nämlich während eines sogenannten Aufgleitvorganges, bei dem warme Luft wie über eine schiefe Ebene auf kalte Luft aufgleitet. Wann es zu einer solchen Wettersituation kommt und was während des Aufgleitens passiert, ist auf S. 198ff. beschrieben.

Strahlenfächer in dunstiger Luft.

Bäume, insbesondere Nadelbäume, haben – wie Wolkenränder – oft äußerst diffizile Strukturen. Deshalb entstehen in dunstiger Luft an Waldrändern häufig noch eindrucksvollere **Lichtfächer** als am Wolkenhimmel, besonders wenn sie die auf- oder untergehende Sonne in prächtiges Purpur taucht.

Das Foto rechts wurde auf dem Meß- und Versuchsfeld des Observatoriums auf dem Hohenpeißenberg aufgenommen. Die Geräte im Vordergrund sind Regenmesser, die mit Blechlamellen vor den Windböen geschützt werden.

Strahlenfächer durch Streuung an Ästen und Zweigen.

Verwässertes Himmelsblau in feuchter Luft.

Wenn die Luft feucht ist, können sich die in ihr enthaltenen Partikel mit Wasser umgeben: Es bildet sich **Dunst**. Dieser sendet überwiegend weißes Streulicht aus. Das Himmelslicht ist in einem solchen Fall nicht mehr tiefblau, sondern mit dem Weiß des Dunstes vermischt und damit milchig-hellblau. An schwülfeuchten, gewitterträchtigen Sommernachmittagen zeigt sich dieser Farbton recht häufig. Man kann dann den Übergang vom freien Himmel zu den Wolken oft nicht mehr eindeutig erkennen.

Natürlich führen feste Luftinhaltsstoffe zum gleichen Ergebnis. In frisch eingeströmter Luft ist der Himmel tiefer blau als in Luft, die zur Ruhe gekommen ist und sich dabei mit Verunreinigungen und Wasserdampf angereichert hat. Nicht selten bilden sich infolge der hohen Luftfeuchtigkeit sogar dünne Wolkenschichten aus, die am weißlich-dunstigen Himmel jedoch fast nicht erkennbar sind.

Selbstverständlich ist eine Luftmasse, die ihren Weg über den Ozean genommen hat, sauberer als eine, die über das Festland gekommen ist und dabei Staub, Sand, Humus und sonstige Materialien hochgewirbelt und mitgenommen hat. Entsprechend ist im ersten Fall der Himmel kräftiger blau.

Vorwärtsstreuung (links) und Rückwärtsstreuung (rechts) in dichtem Dunst.

Auf diesem Bild zeigt sich der Unterschied zwischen der Vorwärtsstreuung und der Rückwärtsstreuung auf besonders interessante Weise.

Bei den spätsommerlichen Hochdruckwetterlagen, die auch gerne „Altweibersommer“ genannt werden, bilden sich häufig mächtige **Inversionen** aus. Das sind bodennahe Kaltluft-Schichten, die jeglichen Vertikalaustausch unterbinden (s. Seite 123). Als Folge davon sammeln sich in ihnen massenhaft Staub, Rauch, Dunstpartikel und sonstige Verunreinigungen an – Substanzen, die für eine kräftige Streuung sorgen. Oberhalb der Inversion ist die Luft sauber und klar.

In unserem Bild blickt man vom Blomberg – das ist einer der besonders weit vorgelagerten Bayerischen Berge – nach Norden in das Alpenvorland hinaus. Dort hat sich eine gut 1500 Meter mächtige Inversion aufgebaut. Eine messerscharfe Grenze trennt die verschmutzte Inversionsluft von der glasklaren Höhenluft. Die Sonne steht schon weit im Westen (in unserem Bild ist Westen links). Ihre Strahlung ist daher nach Osten gerichtet und mit ihr auch die Vorwärtsstreuung. Im linken Bildteil ist daher der größte Teil des Streulichtes auf den Beobachter zu gerichtet. Dadurch scheinen die Verunreinigungen innerhalb der Inversion hell zu leuchten.

Im rechten Bildteil sehen wir dagegen nur die schwache Rückwärtsstreuung: Die Inversion erscheint deshalb dort schmutzig-dunkel. Und dazwischen vollzieht sich ein kontinuierlicher Übergang.

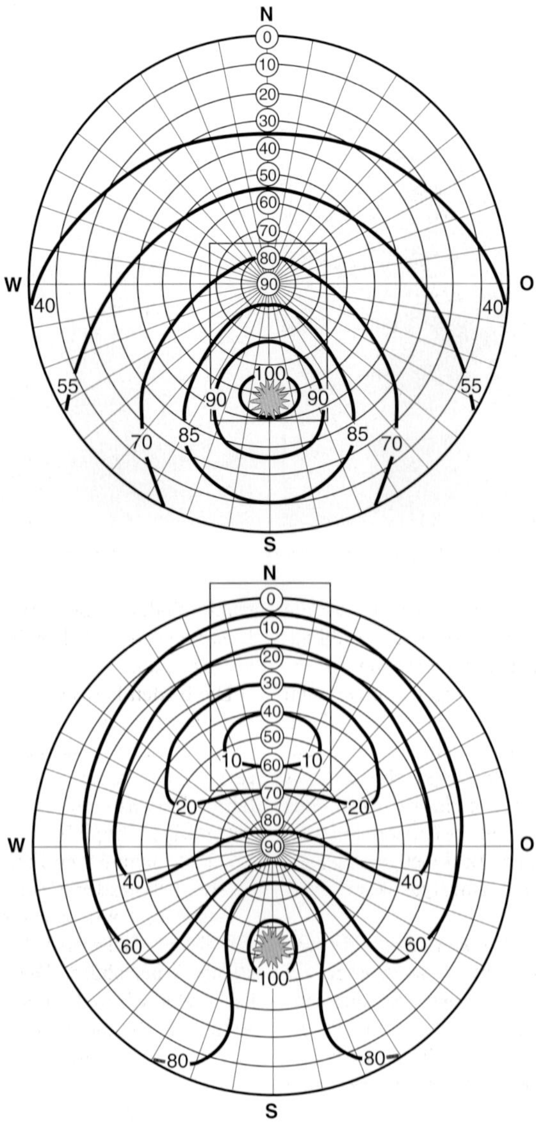

Beispiele für die Himmelshelligkeit bei dunstiger (oben) und sehr klarer (unten) Luft in relativen Einheiten.

Helligkeit und Farbe des Himmels in dunstiger (links) und in klarer Luft (rechts).

Auf Seite 26 haben wir gesehen, daß die Luftmoleküle die auftreffende Strahlung nach einem ganz anderen Muster auf die verschiedenen Richtungen umverteilen als die Dunstpartikel. Das führt dazu, daß sich am Himmel sehr unterschiedliche Helligkeitsverteilungen einstellen, je nachdem, ob die Luft klar ist, so daß nur die Streuung an Luftmolekülen wirksam wird oder ob in stark dunstiger Luft die Streuung an den Dunstpartikeln überwiegt.

Die beiden Graphiken zeigen die Helligkeitsverteilung am Himmel: oben für eine stark dunstige, unten für eine sehr klare Atmosphäre. (Auf Seite 46 ist erklärt, wie die Kreise und Radien der Diagramme zustandekommen und wie sie zu interpretieren sind).

Damit die beiden Situationen besser miteinander zu vergleichen sind, wurde jeweils die gleiche Sonnenposition gewählt: Süden, Höhe etwa 50°. Für die Linien gleicher Helligkeit gilt ein relativer Maßstab.

Die beiden Fotos auf dieser Seite wurden bei entsprechenden Situationen aufgenommen: Das linke bei dunstigem, das rechte bei klarem Himmel. Ihre ungefähren Bildausschnitte sind jeweils in die zugehörige Graphik (links) mit eingezeichnet. Beim linken Foto wird die Sonne von der Straßenlaterne verdeckt.

Betrachten wir zunächst den offensichtlich einfacheren Fall der **stark dunstigen Atmosphäre**. Die größte Helligkeit finden wir in der unmittelbaren Umgebung der Sonne. Je weiter wir uns von ihr entfernen, desto dunkler wird der Himmel.

Die Kurven gleicher Helligkeit bilden beinahe konzentrische Kreise um die Sonne. Zum Horizont hin nimmt die Helligkeit generell ab.

Ganz anders bei der Helligkeitsverteilung an einem **dunstfreien Himmel**. Zwar finden wir die größte Helligkeit auch jetzt wieder in der Umgebung der Sonne. Sie nimmt aber in diesem Fall nicht nach allen Richtungen gleichmäßig ab, sondern nach recht komplizierten Gesetzmäßigkeiten. Wesentliche Merkmale dieser Verteilung sind, daß der dunkelste Punkt mitten am Himmel zu finden ist, genau gegenüber der Sonne, und die Helligkeit zum Horizont hin im allgemeinen zunimmt. Dabei ändert sich auch der Farbton des Himmels leicht nach graublau hin.

Streuung ist kein Phänomen, das auf die Luft und ihre Inhaltsstoffe beschränkt ist. Auch viele Objekte in unserer Umwelt streuen das auftreffende Licht. Man braucht nur an feine Eiskristalle oder die Flughaare von Distel-, Löwenzahn- oder Huflattichsamen zu denken.

Streuung an Eiskristallen.

Streuung an Distelsamen.

Sind das Luis Trenkers Sterne am Mittag? Die Auflösung findet man im Text.

Bei diesem Foto müßte es reizvoll sein, selbst herauszubekommen, was es mit den hier dargestellten Lichtpunkten auf sich hat! Das ist gar nicht schwierig. Wer vermutet, es könnte sich um Luis Trenkers „Sterne am Mittag“ (vgl. Seite 16) handeln, ist leider auf der falschen Fährte. Einen so dunklen Himmel, daß man am Tag die Sterne erkennen kann, findet man erst weit oberhalb der Baumgrenze.

Es sind ganz gewöhnliche **Mücken**, die über einer mächtigen Fichte in der Luft tanzen. Ihre zarten, von Chitinfasern durchzogenen Flügel streuen das Sonnenlicht so stark, daß jede von ihnen scheinbar zu einem kleinen Lichtpunkt am dunkelblauen Himmel wird.

Bei der „Gegenlicht-Fotografie“ wird die Lichtstreuung an feinen Strukturen ganz bewußt als Gestaltungsmittel eingesetzt, um eine ungewöhnliche und reizvolle Atmosphäre zu erzeugen. Genauso wie hier die Rippen der Insektenflügel oder auf den Fotos von Seite 40 die Flugfasern der Distelsamen oder die zarten Eiskriställchen scheinen auch Haare, feine Textilien, dünne Blätter und unzählige andere winzige Objekte – nicht zuletzt die Tautropfen in einen Spinnennetz – hell zu erstrahlen, wenn sie die Sonne von hinten her beleuchtet. Sie entwickeln auf diese Weise eine Art fotografisches Eigenleben, was zum besonderen Reiz der Gegenlichtaufnahmen wesentlich beiträgt.

Dieses Foto wurde ohne Polarisationsfilter aufgenommen.

Man bezeichnet Strahlung als **polarisiert**, wenn ihre Wellen alle in der gleichen Ebene schwingen.

Obwohl die Sonnenstrahlung unpolarisiert ist, in ihr also alle Schwingungsebenen vorkommen, ist die an den Luftteilchen gestreute Strahlung bis zu 60% polarisiert. Wie es zu dieser Polarisation kommt? Wenn die Sonnenstrahlung auf Luftmoleküle trifft, versetzt sie die Elektronenhüllen ihrer Atome (s. Seite 10) in einen angeregten Zustand. Diesen Zustand kann man sich sehr stark vereinfacht als einen Schwingungszustand vorstellen, der senkrecht zur Ausbreitungsrichtung der Strahlung gerichtet ist. Beim Zurückfallen in den Ausgangszustand verhalten sich die Elektronenhüllen wie winzige Antennen: sie senden Strahlung aus, die in ihrer Schwingungsrichtung polarisiert ist. Die Polarisation ist demnach nicht an jedem Punkt des Himmels gleich. Die Spitzenwerte findet man in den Himmelsregionen, die 90° von der Sonne entfernt sind. In der Nähe der Sonne dagegen verschwindet sie fast völlig. Bei Sonnenauf- und -untergang ist der Bereich um den Zenit besonders stark polarisiert.

Manche Menschen erkennen mit bloßem Auge, wo die Streustrahlung polarisiert ist und wo nicht. Sie sehen nämlich in polarisiertem Licht genau in der Mitte ihres Gesichtsfeldes eine ganz schwache, unscharfe Lichterscheinung, das sogenannte **Haidingersche Büschel**. Es besteht aus einem bläulichen, hyperbelförmigen Büschel, an dessen engster Stelle rechts und links je ein gelblicher Fleck sitzt. Sogar die Richtung der Polarisation läßt sich daraus erkennen: sie steht senkrecht auf der Verbindungslinie zwischen den Flecken.

Das gleiche Foto wie links, aber mit Polarisationsfilter aufgenommen.

Interessanterweise sehen manche Menschen die Färbung der Haidingerschen Büschel genau umgekehrt, d.h. die Büschel erscheinen gelblich und die Flecken bläulich.

Wer nicht die Fähigkeit besitzt, im polarisierten Licht Haidingersche Büschel zu erkennen, kann die Augen mit Hilfe eines Polarisationsfilters trainieren. Beim Blick durch ein solches Filter erkennt man diese Lichterscheinungen verhältnismäßig leicht.

Von vielen Tieren weiß man, daß sie sich an der Polarisation des Himmelslichtes im Raum orientieren. Bei Bienen konnte Max v. Frisch einen besonders ausgeprägten Sinn zum Erkennen polarisierten Lichtes nachweisen. Sie leiten daraus – selbst an einem wolkenbedeckten Himmel – die Richtung zur Sonne ab und teilen diese mit dem „Schwänzeltanz" ihren Stockgenossinnen mit.

Wer gerne fotografiert sollte daran denken, daß mit Hilfe eines geeignet eingestellten Polfilters dem Himmel in vielen Fällen ein ungewöhnlich sattblauer Ton und den Bildern damit eine außerordentliche Tiefenwirkung verliehen werden kann. Wolken können so durch Polfilterung besonders plastisch aus dem Himmel hervortreten, da das an ihnen gestreute Licht im Gegensatz zum Himmelslicht unpolarisiert ist. Das Foto rechts ist im Gegensatz zum linken Bild mit einem Polfilter aufgenommen.

Licht, Schatten und Reflexion

Daß Schattenwürfe das exakte Abbild der Sonnenbahnen am Himmel darstellen, ist in vielen Kulturen seit bald drei Jahrtausenden bekannt. Die Ägypter haben aus diesem Wissen heraus erste Vorläufer von Sonnenuhren gebaut. Und bereits im antiken Griechenland hat man damit begonnen, die Schattenwürfe in ihrer Abhängigkeit vom Sonnenstand mathematisch zu beschreiben.

Dem Beobachter auf der Erdoberfläche präsentiert sich der Himmel als eine riesige, über ihm gewölbte Halbkugel (was allerdings nicht ganz richtig ist, s. Seite 97). Auf ihrer Oberfläche scheinen nicht nur die Fixsterne angeheftet, auch Sonne, Mond und die Planeten ziehen über sie ihre Bahnen. Die Abbildung stellt die scheinbare Himmelshalbkugel dar.

Die graue Fläche ist die vom Horizont begrenzte Umgebung, in der wir uns nach den Himmelsrichtungen orientieren. Die Kreise auf der Himmelshalbkugel, die an einen Bienenkorb erinnern, geben die Höhe über dem Horizont an. Auf die Himmelshalbkugel sind die Sonnenbahnen von vier ausgewählten Tagen des Jahres aufgezeichnet: vom 21. Juni, dem Tag der Sommersonnenwende, vom 21. März und dem 23. September, an denen Tag-und-Nacht-Gleiche herrscht und schließlich vom 21. Dezember, dem Tag der Wintersonnenwende.

Entlang der Bahnen ist angegeben, zu welcher Zeit (hier ist die wahre Ortszeit gemeint, das ist diejenige, die von der Sonnenuhr angezeigt wird!) die Sonne die betreffende Position einnimmt. Die

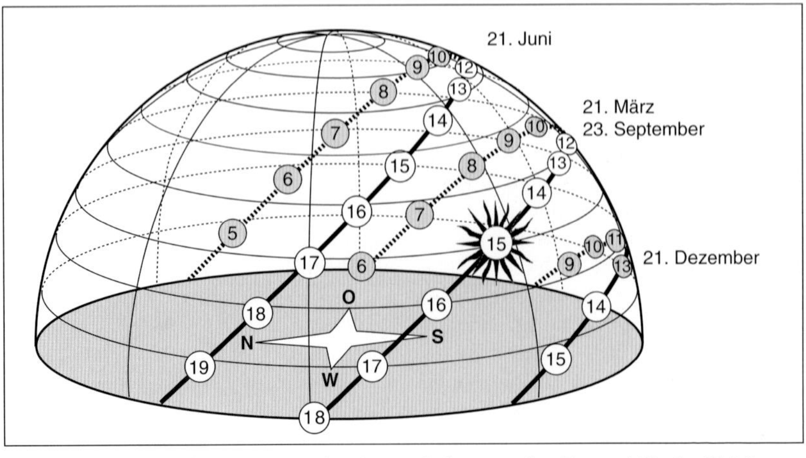

Scheinbare Himmelshalbkugel mit den Sonnenbahnen an den Tag-und-Nacht-Gleichen (21.3.; 23.9.), dem Tag der Sommer- (21.6.) und dem der Wintersonnenwende (21.12.).

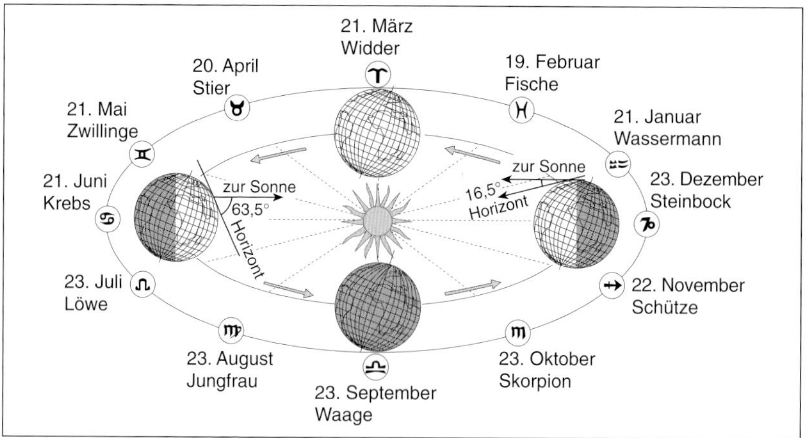

Das Zustandekommen der Jahreszeiten – Erklärung siehe Text.

Angaben gelten für eine geographische Breite von 50°; das ist die Breite, auf der Mainz liegt. Es ist zu sehen, daß die Sonne zur Zeit der Wintersonnenwende am 21. Dezember erst nach 8 Uhr etwa im Südosten auf- und schon vor 16 Uhr im Südwesten wieder untergeht. Ihr Tagbogen ist in dieser Zeit um Weihnachten nicht einmal 8 Stunden lang; ihre Mittagshöhe beträgt 16,5°. Zur Sommersonnenwende dagegen kommt die Sonne schon gegen 4 Uhr im Nordosten über den Horizont herauf und geht kurz vor 20 Uhr im Nordwesten wieder unter. Über 16 Stunden steht sie am Himmel und erklimmt dabei die stattliche Höhe von 63,5°. An den Tag-und-Nacht-Gleichen geht sie genau im Osten auf und im Westen unter und erreicht während ihres zwölfstündigen Laufes eine Höhe von 40°.

Sicher ist nicht jedem Leser bewußt, wie es zu diesem jahreszeitlichen Auf und Ab der Sonnenbahnen kommt. Daher sei ein kurzer Abstecher in die Astronomie erlaubt. Stellen wir uns vor, wir würden von weit draußen im Weltall unser Sonnensystem mit der Erdumlaufbahn beobachten, so wie es die Abbildung in stark schematisierter Form zeigt.

Dabei zeigt sich, daß die Erdachse, die durch den Nord- und den Südpol verläuft, gegen die Ebene der Erdumlaufbahn geneigt ist, und zwar um 66,5°. Diese Neigung beschert uns die Jahreszeiten. Betrachten wir doch einmal die Situation am 22. Dezember – ganz rechts im Bild. Denken wir uns in 50° nördlicher Breite einen Beobachter stehen. Dann markiert die mit „Horizont" bezeichnete Linie die Fläche, auf der er seine Umgebung zu sehen glaubt. Sie entspricht somit genau der grauen Fläche in der Abbildung von Seite 44. Der Winkel zwischen dieser Fläche und der Sonne erscheint dem Beobachter als Mittagshöhe der Sonne. Sie beträgt 16,5°, wie vorhin auf der Bahnkurve abgelesen.

Auf der Sommerseite (21. Juni) ist die Darstellung entsprechend. Und wir finden einen Mittagswinkel von 63,5°.

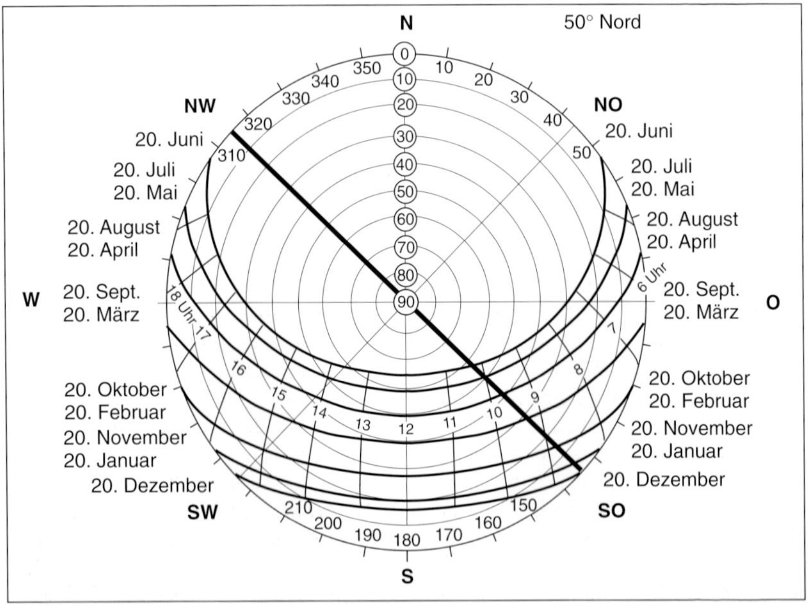

Sonnenbahnendiagramm für ausgesuchte Tage des Jahres.

Der Mittagswinkel – nennen wir ihn α – läßt sich übrigens leicht berechnen: Für ihn gilt: $\alpha = 90° - ß + \delta$.

Dabei bedeuten: ß die geographische Breite (in unserem Fall 50°); δ die Deklination; sie nimmt am 22. Dezember den Wert -23,5°, am 21. Juni den Wert +23,5° und an den Tag-und Nacht-Gleichen den Wert 0 an. Dazwischen zeigt sie einen sinusförmigen Verlauf.

Für unsere Breiten ergibt sich damit eine Schwankungsbreite der Sonnenhöhen von 16,5 bis 63,5°. Im äußersten Norden Deutschlands, z.B. auf Sylt, schwanken die Mittagshöhen zwischen 11,5° und 58,5°, im Süden z.B. im Oberallgäu zwischen 19,5° und 66,5°.

Die Abbildung mit den Sonnenbahnen auf Seite 44 ist zwar sehr anschaulich, aber leider läßt sie sich in der Praxis nur schwer verwenden. Dafür müssen wir zu einem anderen Hilfsmittel greifen und wir projizieren dazu die Himmelshalbkugel auf die Ebene, in der wir unsere Umgebung sehen. So ergibt sich das oben wiedergegebene Diagramm.

Die „Bienenkorbkreise“, die der Höhe der Sonne über dem Horizont entsprachen, werden dann zu einer Schar von Kreisen um den gemeinsamen Mittelpunkt. In der senkrechten Achse ist umringelt angegeben, welcher Höhe (Höhenwinkel) der betreffende Kreis entspricht.

Die Himmelsrichtungen sind am Rand des Diagramms eingetragen, dazu Gradangaben, soweit es der Platz zuläßt: im Norden 0° bzw. 360°, im Osten 90°, im Süden 180° und im Westen 270°. Das Büschel von Kurven, das sich wie Girlanden durch das Diagramm zieht, zeigt den Verlauf der Sonnenbahnen; sie gelten jeweils für die auf dem Außenkreis angegebenen Tage. Die senkrecht zum Kurvenbüschel verlaufenden Linien geben die Tageszeit an. Es handelt sich dabei wieder um die wahre Ortszeit.

In diesem Diagramm ist alles bestätigt, was wir über Sonnenbahnen bereits gehört haben. Darüber hinaus besitzen wir damit ein Hilfsmittel, mit dem die Länge des lichten Tages einfach bestimmt werden kann. Wir brauchen dazu nur die Zeit zwischen Sonnenauf- und Sonnenuntergang abzulesen. Dazu kommt dann noch die Dämmerung (s. Seite 19 und 25). Sie dauert in 50° nördlicher Breite am 21. Dezember zweimal 43 Minuten, am 21. März und am 23. September zweimal 35 Minuten und am 21. Juni zweimal 51 Minuten. Nach Norden nimmt die Dauer der Dämmerung etwas zu, nach Süden nimmt sie ab.

Mit diesem Diagramm läßt sich auch bestimmen, wann Häuserwände, Balkone, Mauern, Hecken usw. von der Sonne beschienen werden und wann nicht. Hier ein Beispiel: Denken wir uns eine Mauer, die von Nordwest nach Südost verlaufen soll. Wir brauchen dazu nur eine Linie durch unser Diagramm zu ziehen, die der Mauerrichtung entspricht und durch seinen Mittelpunkt verläuft. In der Abbildung ist sie bereits eingetragen. Nun kann auf die südwestliche Seite unserer Mauer nur dann Sonnenlicht fallen, wenn die Sonne südwestlich von ihr steht. Wie wir den Bahnkurven entnehmen können, kommt die Sonne im Hochsommer (20. Juni) gegen 10.30 Uhr, im Winter dagegen schon kurz nach 8.30 Uhr, also fast 2 Stunden früher über die Mauer herüber und bescheint sie bis Sonnenuntergang. Auf der anderen Seite der Mauer verhält es sich genau umgekehrt. So lassen sich für ganz beliebig orientierte Objekte die Besonnungszeiten bestimmen, wenn man ihre Richtung in das Diagramm einträgt und die Zeiten entsprechend abliest. Wer seinen Feierabend gerne auf der Terrasse verbringen möchte, der sollte – das zeigt sich ganz deutlich – dazu einen Platz an einer Südwest- oder West-Mauer bevorzugen. Hier kann er noch die späte Sonnenwärme genießen. Vor einer Südwand würde er im Sommer schon ab 16.30 Uhr im Schatten sitzen. An heißen Sommernachmittagen kann das allerdings ausgesprochen wünschenswert sein.

Selbstverständlich gelten die Tagbögen unseres Diagrammes nur, wenn der Horizont nach allen Seiten hin völlig frei ist. Normalerweise werden immer mehr oder weniger große Teilstücke der Tagbögen durch das Gelände, Bebauung oder Vegetation abgeschnitten. Dadurch kann die Besonnungsdauer unter Umständen erheblich verringert werden.

Schattenwürfe

Prinzipiell ist es nicht schwer, Richtung und Länge des Schattens zu bestimmen. Denken wir uns der Einfachheit halber als schattenwerfendes Objekt einen senkrecht in den Boden gesteckten Stab. Die Richtung des Schattens weist stets von der Sonne weg. Für die Länge L gilt:
$L = \cot \alpha$,
wobei mit $\cot \alpha$ der Cotangens des Höhenwinkels der Sonne gemeint ist.

Da sowohl die Sonnenrichtung als auch die Sonnenhöhe im Sonnenbahnendiagramm auf Seite 46 enthalten sind,

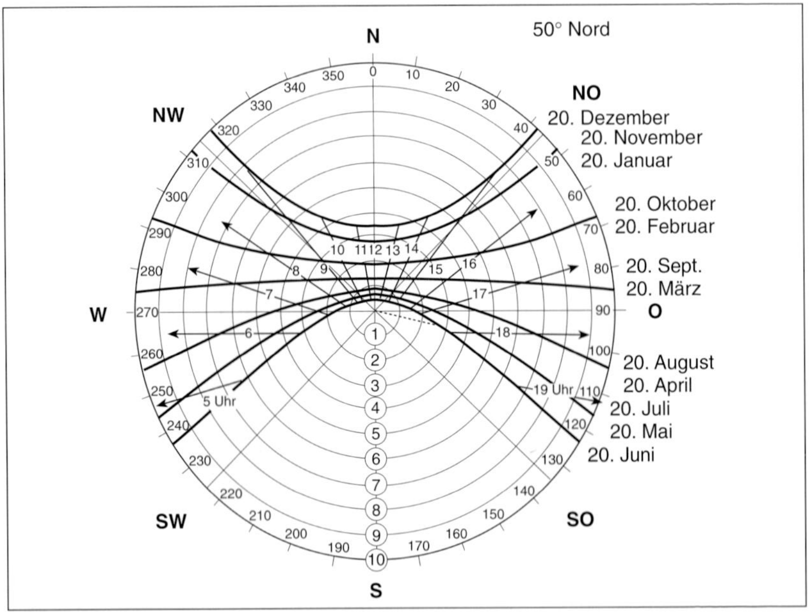

Schattendiagramm für ausgesuchte Tage des Jahres.

läßt sich daraus das oben gezeigte Schattendiagramm leicht konstruieren. Genauso wie das Sonnenbahndiagramm besteht auch das Schattendiagramm aus einer Schar konzentrischer Kreise mit einer Himmelsrichtungs-Skala darum herum. Im Mittelpunkt der konzentrischen Kreise denken wir uns die schattenwerfende Stange stecken. Die Kreise, die mit (1) bis (10) bezeichnet sind, geben die Entfernung zur Stange an und zwar in Vielfachen der Stangenhöhe. Will man Richtung und Länge des Schattens für einen ausgesuchten Zeitpunkt bestimmen, so braucht man nur den Kreismittelpunkt mit dem gewünschten Zeitpunkt innerhalb der Kurvenschar zu verbinden. Ein Beispiel: Wir möchten Länge und Richtung des Schattens unserer Stange am 20. Juni um 18 Uhr bestimmen. Dann suchen wir auf der Bahnkurve für den 20. Juni den Zeitpunkt 18 Uhr. Das ist der, an dem die Zeitlinie für 18 Uhr unsere Datumskurve schneidet. Die gepunktete Verbindungslinie ist bereits eingezeichnet. Die Länge liest man an den numerierten Kreisen ab. Wie man sieht, reicht er gerade bis zum Kreis Nummer (3). Das heißt, daß der Schatten genau dreimal so lang wie der Stab hoch ist. Seine Richtung liest man an der Skala am Diagrammrand ab. Sie ist rund 107°, das entspricht etwa Ost-Südost.

Das Diagramm zeigt , daß die Schatten mittags am kürzesten und im Winter viel länger sind als im Sommer. Es zeigt aber auch, daß die Schatten im Winter ihre Länge viel schneller ändern als im Sommer: Während sie im Winter innerhalb von dreieinhalb Stunden auf die zehnfa-

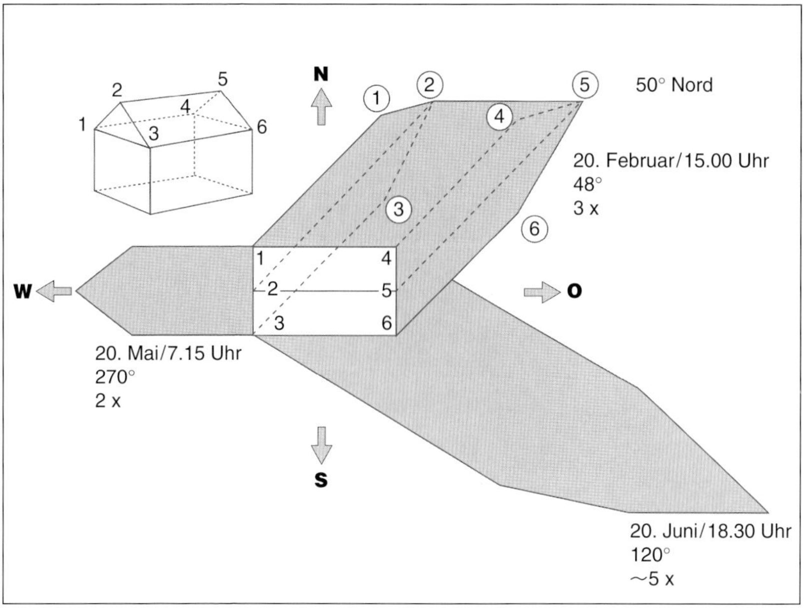

Beispiele für Schattenwürfe eines Hauses.

che Länge wachsen, dauert es im Sommer siebeneinhalb Stunden.

Der Bereich, der ganzjährig schattenfrei bleibt, ist in unserem Diagramm weiß dargestellt. Entgegen der verbreiteten Meinung, daß die häufigsten und längsten Schatten auf der Nordseite auftreten, zeigt sich, daß sie gerade nach Norden zu besonders kurz sind. Eigentlich ist das selbstverständlich, denn gerade dann, wenn die Schatten nach Norden fallen, nämlich zur Mittagszeit, steht ja die Sonne besonders hoch am Himmel. Ganzjährig schattenfrei bleibt ein gut 100° breiter Sektor südlich des schattenwerfenden Objektes und ein etwa 80° breiter Sektor im Norden, der allerdings erst hinter der doppelten Objekthöhe beginnt. Immerhin fällt knapp die Hälfte der Umgebung nie in den Schatten.

Was aber sollen diese Betrachtungen über den völlig unbedeutenden Schatten einer Stange? Sehr viel interessanter wäre doch der Schattenwurf eines Hauses, eines Baumes oder einer Mauer. Doch unser Diagramm leistet viel mehr, als es im ersten Augenblick scheint. Man kann nämlich damit auch die Schatten völlig beliebiger Objekte konstruieren. Dazu braucht man nur deren höchste Punkte herauszusuchen und zu bestimmen, wohin ihre Schatten fallen.

Verbindet man dann diese Schattenpunkte, so ergibt sich der abgeschattete Bereich ganz von selbst. Nehmen wir als Beispiel ein Haus mit einem Satteldach, so wie es in der Abbildung links oben dargestellt ist, und versuchen jetzt seine Schattenwürfe zu konstruieren: Seine höchsten Punkte lassen sich leicht fin-

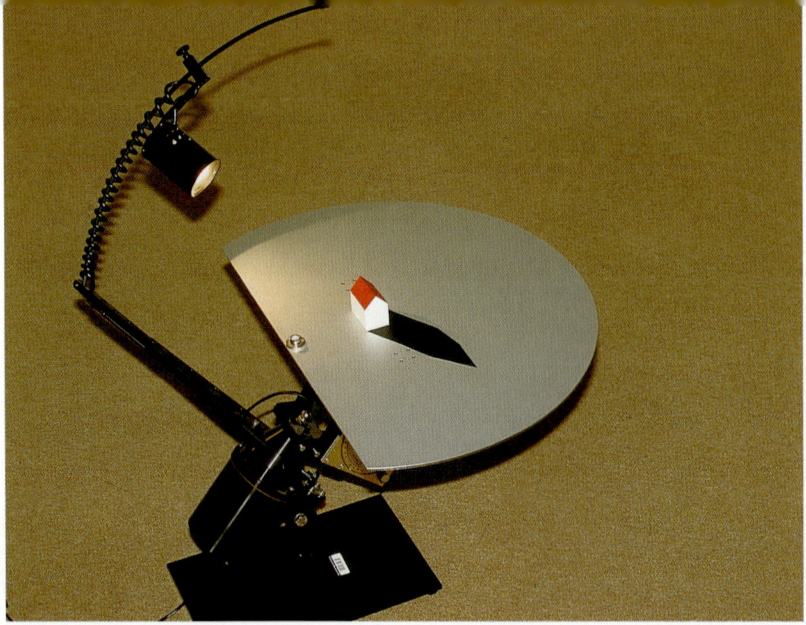

Gerät zur Demonstration von Schattenformen und -verläufen.

den; in der Abbildung sind sie mit 1 bis 6 durchnumeriert. Der Einfachheit halber liegen die Punkte des Dachfirstes (2 und 5) genau eineinhalb mal so hoch wie die 1, 4, 6 und 3, auf denen das Dach aufsitzt. In der Mitte der Abbildung sieht man den Grundriß des Hauses mit den 6 Punkten. Damit können wir jetzt an die Konstruktionsarbeit gehen. Nehmen wir zunächst einmal die Situation am 20. Februar um 15 Uhr (zu ihr gehört der Schatten nach rechts oben). Aus unserem Schattendiagramm können wir entnehmen, daß zu diesem Zeitpunkt die Richtung des Schattens 48° beträgt, das entspricht ziemlich genau Nordost. Seine Länge entspricht etwa der 3fachen Höhe des Hauses. (Diese entnehmen wir der Schrägansicht des Hauses links oben im Bild). Damit lassen sich für die 6 ausgesuchten Punkte des Hauses die zugehörigen, mit (1) bis (6) bezeichneten Schattenpunkte finden. Verbinden wir nun noch die am weitesten vom Grundriß entfernten Schattenpunkte, so haben wir den gesamten Schattenwurf des Hauses.

Natürlich kann man Schattenwürfe im Labor auch künstlich erzeugen. Dazu benötigt man eine Einrichtung, mit deren Hilfe man eine Lampe auf den gleichen Bahnkurven über einen Experimentiertisch bewegen kann, auf denen auch die Sonne über den Himmel zieht. Auf dem Tisch baut man ein Modell des zu untersuchenden Objektes auf und kann so mühelos dessen Schattenwürfe verfolgen. Unser Foto zeigt ein solches Gerät, wie es in der Bauplanung verwendet wird. Wie man sieht, wird damit gerade jenes Haus analysiert, das wir unseren Betrachtungen zugrunde gelegt haben. Sein Schatten weist exakt die Form auf, die sich auch bei unserer Konstruktion ergeben hatte.

Lange Schatten einer Baumgruppe im Winter.

Kurze Schatten der gleichen Baumgruppe im Sommer.

Im Winter sind die Schatten stets viel länger als im Sommer. Während zur **Wintersonnenwende** der Schatten (auf 50° Breite) mittags dreieinhalb mal so lang wie das Objekt hoch ist, erreicht er ein halbes Jahr später zur **Sommersonnenwende** nur die halbe Objekthöhe. Die beiden Fotos wurden exakt zu diesen Zeitpunkten aufgenommen. Während sich der Schattenwurf der Bäume im Winter weit über die Ackerfläche hinzieht, macht er sich im Sommer nur noch als schmaler Streifen in ihrer nächsten Nähe bemerkbar.

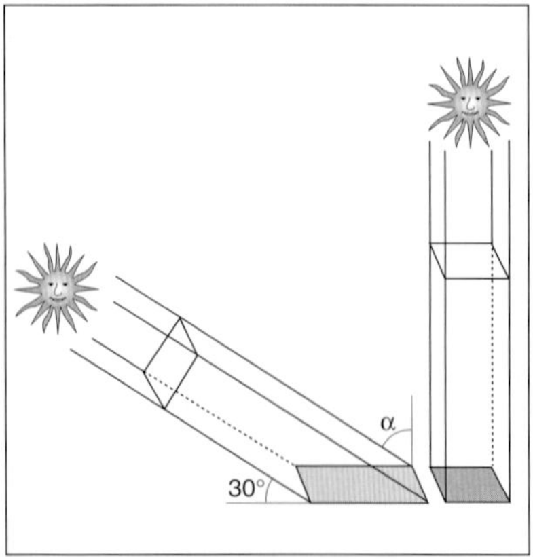

Grafik zur Erklärung des Cosinus-Gesetzes.

Sonnenschein ist nicht gleich Sonnenschein! Bekanntlich sagt man gerne, die tiefstehende Wintersonne habe „weniger Kraft“ als die hoch vom Himmel lachende Sommersonne. Und daß die Sonne in den frühen Morgen- und späten Abendstunden weniger Wärme spendet als am Mittag, ist auch nichts neues. Nicht ganz so selbstverständlich ist die Antwort auf die Frage, worauf denn diese Unterschiede zurückzuführen sind? Die Zusammenhänge dürften jedoch sehr schnell klar werden, wenn wir die obenstehende Zeichnung anschauen. Dort sehen wir rechts die Sonne senkrecht über dem Boden stehen. Ein Sonenstrahl mit dem eingezeichneten quadratischen Querschnitt ist herausgegriffen. Er fällt auf die dunkel markierte Fläche, die genau dem Querschitt des Strahles entspricht. Links daneben ist ein zweiter Sonnenstrahl eingezeichnet. In diesem Fall steht die Sonne jedoch nur 30° über dem Horizont. Wir schneiden einen gleichgroßen Strahl wie vorhin heraus und lassen ihn auf den Boden fallen. Jetzt verteilt sich das Sonnenlicht aber auf die doppelte Fläche: Kein Wunder also, wenn da die Sonnenwärme schnell nachläßt.

Natürlich kann man genau berechnen, wieviel Wärmeenergie verbleibt: Sie entspricht dem Cosinus des Winkels α zwischen der Sonnenrichtung und der Senkrechten auf die Empfängerfläche. Das Gesetz, das diese Zusammenhänge beschreibt, heißt deshalb „Cosinus-Gesetz“.

Dazu noch ein paar Zahlen: Setzen wir die Strahlungswärme der senkrecht stehenden Sonne gleich 100%, dann spendet sie bei einer Höhe von 60° immerhin noch 87%, bei einer Höhe von 45° aber nur mehr 71% und bei einer Höhe von 30° gerade noch die Hälfte: 50%. Beim sommerlichen Höchststand von 63,5° sind es fast 90%, beim winterlichen mit 16,5° dagegen nur 28%.

Man sieht daraus, daß sich bei hohem Sonnenstand keine bedeutenden Unterschiede ergeben, daß aber die Erwärmung durch die Sonnenstrahlung mit flacher werdendem Einfallswinkel sehr schnell nachläßt.

Das Cosinus-Gesetz macht sich natürlich nicht nur am flachen Erdboden, sondern – und ganz besonders – auch an geneigten Flächen bemerkbar. In der Abbildung sind vier typische, verschieden geneigte und orientierte Flächen dargestellt: eine Ebene, eine senkrechte Wand, eine etwa 40° nach Süden und eine 40° nach Norden geneigte Fläche (Dachflächen). Die linke Hälfte der Abbildung gilt für den Sonnenstand am 21. Juni, 12 Uhr (63,5°), die rechte für den Mittagsstand am 21. Dezember (16,5°). Die Zahlen in den einzelnen Strahlenbündeln geben an, wieviel Prozent der Sonnenwärme, bezogen auf senkrechte Einstrahlung, an der betrachteten Oberfläche ankommen.

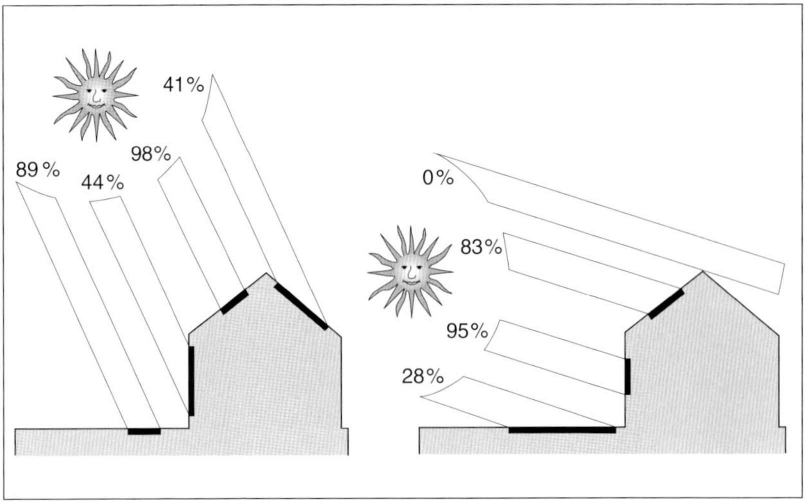

Beispiele zu den Auswirkungen des Cosinus-Gesetzes.

Im Sommer nutzt die Ebene 89% der in der Sonnenstrahlung steckenden Wärme aus, im Winter dagegen nur 28%. Genau umgekehrt verhält es sich bei der senkrechten Wand. Während sie sich nur 44% der Sommersonnenstrahlung nutzbar machen kann, profitiert sie bis zu 95% von der Wintersonne. Die beiden Dachhälften unterscheiden sich naturgemäß ganz erheblich: während der südliche Teil ganzjährig sehr intensiv bestrahlt wird, erhält der nördliche nur im Sommer direktes Sonnenlicht, dann aber fast soviel wie die Südwand, nämlich 41%.

Diese Zusammenhänge spielen naturgemäß bei der Landwirtschaft im hügeligen Gelände eine große Rolle. Interessanterweise sind die Unterschiede im Strahlungsgenuß von landwirtschaftlich genutzten Nord- und Südhängen nicht – wie man vielleicht vermuten könnte – im Sommer am größten, sondern in den Übergangsjahreszeiten Frühjahr und Herbst. (Mit einer kleinen Skizze entsprechend der Graphik auf Seite 52 kann man sich das schnell klarmachen). Aber gerade dann sind Landwirte, Gärtner und Winzer besonders auf Sonnenwärme angewiesen. Im Frühjahr nämlich, wenn der Boden rasch abtrocknen soll, damit gesät werden kann und sich erwärmen soll, damit die Saaten rasch aufgehen, ist der Nordhang dem Südhang gegenüber besonders benachteiligt. Gleiches gilt für den Herbst, wenn Mais und Zuckerrüben, Wein und Obst noch viel Stärke bzw. Zucker einlagern sollen, damit hohe Qualitäten erzielt werden können.

Auswirkungen des Cosinus-Gesetzes in der Natur.

In diesem west-östlich verlaufenden Bachbett macht sich das **Cosinus-Gesetz** besonders auffällig bemerkbar. Ende März hatte eine spätwinterliche Wetterlage das ganze Land noch einmal unter einer durchgehenden Schneedecke begraben. Die zu dieser Jahreszeit schon recht hoch stehende Sonne konnte den Schnee jedoch rasch wieder zum Schmelzen bringen. Sowohl das flache Land als insbesondere die nach Süden hin orientierte Uferböschung, im Bild rechts, sind längst schon wieder aper. Auf der nach Norden abfallenden Böschung, auf die – man sieht es deutlich an den langen Schatten – die Sonnenstrahlung in einem recht flachen Winkel auftrifft, ist der Schnee jedoch liegengeblieben.

Dieses Bild stammt von einem Nachmittagsspaziergang um die Zeit der **Wintersonnenwende**. Wie man an den Fußstapfen sieht, sind schon mehr Leute auf die Idee gekommen, diesen Wintertag für ein paar Schritte im Schnee zu nutzen. Doch – betrachten wir einmal die Eindrücke der Schuhe in den Schnee etwas genauer. Die Flanken der Eindrücke sind deutlich heller als die Oberfläche des Schnees. Man könnte das so deuten, daß die Schneeoberfläche durch Luftverunreinigungen bereits nachgedunkelt ist. Das ist aber nicht der Fall, der Schnee war „blütenweiß“. Daß er hier etwas dunkler erscheint, geht auf eine bewußte Unterbelichtung zurück, die die hellen Eindrücke besonders deutlich heraustreten lassen sollte. Die Erklärung ist viel einfacher: Die zu dieser Zeit nur gut 10° über dem Horizont stehende Sonne trifft auf die Flanken der Fußstapfen unter einem sehr steilen Winkel auf, im günstigsten Fall an die 80°, auf die waagerechte Schneeoberfläche dagegen unter einem extrem flachen Winkel. Dazu schauen wir uns einmal die rechte Hälfte der Graphik auf Seite 53 an. Die Lichtausbeute der Ebene (28%) entspricht näherungsweise der an der Schneeoberfläche und die an der Wand (95%) etwa der an den Flanken der Fußstapfen.

Reflexionen

Von der Sonnenstrahlung, die auf die Erdoberfläche oder auf die dort stehenden Pflanzen, Bauwerke oder sonstigen Objekte trifft, wird nur ein ganz bestimmter Teil in Wärme umgewandelt. Der mehr oder weniger große Rest wird wieder in die Atmosphäre zurückgeworfen, reflektiert, wie man sagt. Um genauer anzugeben, wieviel Licht **reflektiert** wird, benutzt man gerne den Begriff **Albedo**. Dieses Wort stammt vom lateinischen Wort „albus" ab und bedeutet soviel wie „Weißheit" oder „Helligkeit". Die Albedo gibt an, wieviel Prozent des auftreffenden Sonnenlichtes reflektiert werden. Gleichzeitig informiert sie natürlich auch darüber, wieviel Prozent der im Sonnenlicht steckenden Wärme verloren gehen. Übrigens, daß wir unsere Umwelt mit den Augen erfassen können, verdanken wir der Tatsache, daß alle Oberflächen einen Teil des auftreffenden Lichtes reflektieren. Mehr noch: Wir können mit unseren Augen sogar ganz leicht abschätzen, ob eine Oberfläche eine kleine oder eine große Albedo hat. Helle Oberflächen haben große Albedowerte, dunkle Oberflächen haben kleine Albedo-Werte. Daß wir dieses Buch lesen können, verdanken wir der Tatsache, daß das Papier eine große, die gedruckten Buchstaben dagegen eine kleine Albedo besitzen. Aufmerksame Beobachter können die Albedowerte sogar recht genau abschätzen; ein Vergleich der eigenen Schätzwerte mit den Zahlen in der Tabelle zeigt dies.

Albedo verschiedener Oberflächen

Material	Albedo
Neuschnee	75 – 95 %
polierte Metalle	etwa 80 %
Wolken	60 – 90 %
helle Kleidung	bis 80 %
Papier, weiß	65 – 75 %
Altschnee	60 – 70 %
menschliche Haare blond	50 – 65 %
menschliche Haut hell	50 – 60 %
Kalkstein (hell)	40 – 50 %
Erde insgesamt	34 – 42 %
rotbackiger Apfel	etwa 40 %
Sand, trocken	30 – 45 %
Herbstlaub	etwa 35 %
Getreide reif	etwa 30 %
Wiesen, Gärten, Weinberge	20 – 30 %
Heide, Moor	15 – 30 %
landwirtschaftl. Flächen	15 – 25 %
menschliche Haut dunkel	15 – 25 %
menschliche Haare dunkel	15 – 25 %
Laubbäume im Sommer	15 – 25 %
Siedlungen	20 – 30 %
Laubbäume im Winter	8 – 12 %
Fichten	5 – 10 %
Asphaltstraße schwarz	5 – 10 %
Mond	etwa 7 %
Wasser (tief) bei:	
Sonnenhöhe 90 Grad	3 – 6 %
40 – 50 Grad	7 – 10 %
20 Grad	20 – 25 %
5 Grad	etwa 80 %
streifender Sonne	bis 100 %

Demonstration der Albedo verschiedener Oberflächen (Erklärung im Text).

Das dunkle Blatt wird in der Sonne so warm, daß es den Schnee unter sich schmilzt.

Eichen werfen ihr Laub nicht sofort nach der herbstlichen Verfärbung ab, sondern behalten es bis ins Frühjahr hinein. Wie man sieht, hat der Wind irgendwann im Winter ein vertrocknetes Eichenblatt abgerissen und auf den schneebedeckten Boden verweht. Dort war es einige Zeit der Sonnenstrahlung ausgesetzt. Dabei hat sich die recht **unterschiedliche Albedo** zwischen Blatt und Schnee bemerkbar gemacht. Während vom Schnee (s. Tabelle Seite 55: Altschnee) aufgrund seiner hohen Albedo etwa 65% der Sonnenstrahlung reflektiert wurden, hat das Blatt (s. Herbstlaub) nur rund 35% zurückgeworfen. Es hat damit 30% mehr Sonnenwärme aufgenommen als der Schnee und sich dabei entsprechend stärker erwärmt. Dadurch konnte es den Schnee unter sich zum Schmelzen bringen und darin einsinken (vgl. auch Seite 58). Bei einem dünnen Blatt, das die aufgenommene Sonnenwärme sofort problemlos an den Schnee weiterleiten kann, funktioniert alles wie beschrieben. Was aber, wenn auf dem Schnee ein größerer Stein oder ein dicker Holzklotz zu liegen kommt, der von der Sonnenstrahlung nicht bis zu seiner Unterseite durchwärmt wird? Dann kann sogar das Gegenteil passieren: Der Schnee schmilzt dann – unerreichbar für die Wärme von Sonne und Luft – viel langsamer ab als in der Umgebung. Der Stein scheint dann auf einem Tisch oder einer Säule zu liegen. Man spricht in solchen Fällen von bedeckter Ablation. Auf Seite 259 wird uns ein sehr interessantes Beispiel dazu begegnen.

Der weiße Anstrich hält die Sonnenhitze von den Häusern fern.

In sonnenscheinreichen, heißen Ländern versucht man, das Klima in Häusern dadurch erträglicher zu machen, daß man mit einem hellen Anstrich einen möglichst hohen Anteil der Sonnenstrahlung fernhält. Auch die helle Kleidung der Bewohner solcher Länder trägt dazu bei, eine übermäßige Erwärmung zu vermeiden.

Daß **weiße Oberflächen** einen klimatisierenden Einfluß haben, ist allgemein bekannt, aber wie stark ist er eigentlich? Welche Temperaturunterschiede treten denn an verschieden gefärbten Oberflächen auf? Dazu gibt es eine sehr interessante Untersuchung. Setzt man die Überhitzung einer schwarzen Oberfläche gegenüber der Luft gleich 100%, dann darf man bei dunkelblauen, dunkelbraunen und dunkelgrünen Oberflächen mit 85 bis 95% rechnen. Graue und aschefarbene Oberflächen bringen es immerhin noch auf 75 bis 85%. Auf 70 bis 75% überwärmen sich Oberflächen, die hellrot, hellblau oder hellbraun gefärbt sind. Creme- und strohfarbene Flächen bleiben schon erheblich kühler: sie erreichen bestenfalls 55%. Altweiß wirft einen beträchtlichen Teil der Sonnenstrahlung zurück und überwärmt sich nur mehr auf 40 bis 50%. Bei hellweißer Färbung tritt eine noch geringere Erwärmung ein: etwa 30%.

Wenn im ausgehenden Winter die Tagbögen der Sonne wieder länger werden kann es leicht passieren, daß sich die nach Süden orientierte Hälfte eines Baumstammes stärker erwärmt als die beschattete Nordseite. Das ist besonders dann der Fall, wenn eine Schneedecke vorhanden ist, die mit ihrer hohen Albedo die Strahlungserwärmung von unten her noch verstärkt. Bei einschlägigen Experimenten hat man tagsüber auf der Südseite von Baumstämmen eine Erwärmung auf fast 20 °C gemessen, während die Temperatur auf der Nordseite um 0 °C blieb. Die besonnten Stammhälften haben auch erhebliche Temperaturschwankungen zwischen Tag und Nacht zu ertragen: man hat schon Tag-Nacht-Unterschiede von 25 °C gemessen. Dadurch treten in der Rinde starke Spannungen auf, die zu gefährlichen Rindenrissen oder Rindenablösungen führen können. Damit es zu keinen solchen Schäden kommt, muß man versuchen, eine übermäßige Erwärmung der Rinde zu vermeiden. Die klassische Methode ist das Kalken. Dazu werden die Stämme mit einer **weißen Kalkbrühe** angestrichen, die einen großen Teil der Sonnenstrahlung abhält und so vor einer übermäßigen Erwärmung schützt. Bei den genannten Experimenten hat man festgestellt, daß sich gekalkte Stämme um 10 bis 15 Grad weniger erwärmen als ungeschützte.

Schutzanstrich an Baumstämmen zum Vermeiden von Rindenrissen.

Beim „Liebesapfel“ bleibt unter der aufgeklebten Herzschablone die Färbung aus.

Wenn wir über die Reflexionsvorgänge an der Erdoberfläche sprechen, dürfen wir auf diesem Gebiet natürlich die besonders interessanten Eigenschaften der Pflanzen nicht übersehen. Warum sind denn die Pflanzen grün? „Weil sie einen grünen Farbstoff besitzen.“ Aber warum ist dieser pflanzentypische Farbstoff ausgerechnet grün? Das hat mit der Photosynthese zu tun, die es den Pflanzen ermöglicht, aus den anorganischen Materialien Wasser und Kohlendioxid organische Stoffe aufzubauen. Dabei laufen zwei fotochemische Prozesse ab, von denen der eine blaues und der andere rotes Licht benötigt. Das grüne Licht dagegen wird nicht verwendet; es ist physiologisch wertlos. Aus diesem Grund wird es kurzerhand reflektiert oder durchgelassen. Und das ist der Grund, warum die Pflanzen – auch im Durchlicht – grün sind.

Aber bekanntlich sind nicht alle Pflanzen grün – man denke nur einmal beispielsweise an Blutbuchen. Bei ihnen wird jedoch nur der grüne Pflanzenfarbstoff durch einen roten Pflanzenfarbstoff überdeckt.

Rote Pflanzenfarbstoffe gibt es eine ganze Reihe. Einige von ihnen benötigen zu ihrer Synthese ebenfalls Sonnenlicht. So werden z.B. manche Äpfel nur dort „rotbäckig“, wo sie von der Sonne getroffen werden. Gelegentlich kann man auf einem Apfel die exakte Kontur eines Blattes finden, das den Sommer über auf ihm gelegen und die Sonne abgeschattet hatte.

Clevere Gärtner kleben daher lichtdichte Papierherzen auf die Äpfel, unter denen dann die Rotfärbung ausbleibt. Im Herbst wird die Schablone abgezogen, und die Früchte mit dem Herzchen werden als Liebesäpfel verkauft.

Falschfarbenaufnahme des Münchener Olympiageländes.

Die vielleicht interessanteste Reflexionseigenschaft des grünen Pflanzenfarbstoffes bleibt unserem Auge jedoch leider verborgen: Die Tatsache nämlich, daß seine Albedo im infraroten Strahlungsbereich dramatisch ansteigt. Könnten wir infrarote Strahlung wahrnehmen, dann würden uns die Pflanzen ähnlich hell erscheinen wie Wolken oder Schnee.

Es gibt aber sowohl fotografische als auch elektronische Verfahren, mit denen man diesen Spektralbereich sichtbar und damit auch für uns erfaßbar machen kann. Weil dann die Farben verfälscht erscheinen, nennt man diese Technik **Falschfarbentechnik**. Die infrarote Strahlung wird dabei rot abgebildet, die nicht pflanzlichen Oberflächen erscheinen in unterschiedlichen Blautönen. Auf Falschfarbenbildern zeichnen sich deshalb Pflanzen wegen ihrer leuchtenden roten Färbung besonders deutlich ab.

Unser Foto zeigt eine Luftaufnahme des Münchener Olymiageländes. Man erkennt deutlich die vielen Grünflächen. Die sorgfältig gepflegten und hervorragend gedüngten Rasenflächen der Sportanlagen sind an ihrem besonders kräftigen Rot leicht zu erkennen. Hausdächer, Straßen, Parkplätze und sonstige Bauwerke erscheinen in grünen, türkisfarbenen und bläulichen Tönen. Besonders auffällig ist das dunkle Blau der Wasseranlagen.

Falschfarbenaufnahmen von unterschiedlich geschädigten Fichten.

Ein wichtiges Anwendungsgebiet für die Falschfarbentechnik ergibt sich für die **Waldschadensforschung**: Ist der Pflanzenfarbstoff bei einer kranken, schlecht ernährten oder in irgendeiner anderen Weise unter Streß stehenden Pflanze geschädigt, dann geht seine Albedo im Infraroten radikal zurück.

Dieser Rückgang tritt bereits ein, wenn an der Grünfärbung der Pflanze noch keine merkliche Veränderung zu erkennen ist. Genauso, wie man gesunde Pflanzen aufgrund der hohen Albedo ihres Farbstoffes im Infraroten aus einer nicht pflanzlichen Umgebung heraus an ihrer roten Farbe leicht erkennen kann, fallen umgekehrt geschädigte Pflanzen innerhalb eines gesunden Pflanzenbestandes durch ihre bläuliche Färbung auf.

Unser Bild zeigt eine Luftaufnahme aus dem Nationalpark Bayerischer Wald. Die Sonne steht im Südosten, die Schatten der Bäume fallen deshalb nach Nordwesten. Besonders deutlich erkennt man den Schattenwurf des im rechten unteren Bildteil gelegenen Nadelwaldes.

Innerhalb des Bildes sind fünf Bäume weiß umringelt und von 1 bis 5 durchnumeriert.

Beim genauen Betrachten sieht man, daß mit der Numerierung die Färbung der ausgesuchten Bäume von einem leuchtenden Hellrot (1) zunehmend in ein kühles Hellblau (5) übergeht. Tatsächlich handelt es sich bei der Nr. 1 um einen völlig gesunden Baum. Mit der Nr. 2 wurde ein kränkelnder Baum bezeichnet. Den dritten kann man als krank, den vierten als sehr krank bezeichnen. Der fünfte schließlich ist bereits im Absterben begriffen. Wie schlecht sein Zustand ist, ist auch an seinem schütteren Schatten zu erkennen.

Falschfarbenaufnahmen lassen im Boden liegende Fundamentreste erkennen.

Dieses Bild zeigt eine weitere, außerordentlich interessante Anwendung der Falschfarbentechnik. Wir blicken an einem Tag Mitte Juni vom Flugzeug aus auf zwei Felder. Sie sind mit zwei verschiedenen Kulturen bestanden, was an den unterschiedlich tiefen Rotfärbungen zu erkennen ist. Am Feldrand (links unten im Bild) verläuft eine Straße, von der eine Baumreihe in eine Brachfläche hinein abzweigt. Die Fahrgassen, in denen der Bauer mit seinem Traktor über das bewachsene Feld fährt, sind an der blaugrünen Färbung gut zu erkennen: Unter dem Druck der Räder werden die Pflanzen dort geschädigt und bleiben deshalb in der Entwicklung und damit in der Farbstoffbildung zurück.

Das Besondere an diesem Bild ist aber, daß sich mitten auf den Feldern grünliche Linien, Rechtecke und Quadrate abzeichnen. Wie kommen sie zustande? Wodurch werden die Pflanzen an diesen Stellen gestreßt, im Wachstum gehemmt?

Die Lösung: Im Boden des Ackers liegen die Fundamentreste der römischen Villa rustica bei Burgweinting/Regensburg. Die Steine können den Pflanzen keine Nährstoffe und kaum Wasser zur Verfügung stellen, so daß sie dort weniger gut entwickelt sind und deshalb auch weniger Pflanzenfarbstoff produzieren wie im ungestörten Boden.

Mit Hilfe der **Luftbildarchäologie** lassen sich auf diese Weise uralte Baudenkmäler aufspüren, die sonst wahrscheinlich für immer verborgen geblieben wären.

Die Farben der Gewässer

Die Licht- und Farbwirkung von Gewässern ist das Resultat mehrerer gleichzeitig ablaufender optischer Vorgänge. Im Prinzip sind dabei drei Prozesse zu beachten:

1. Reflexion an der Wasseroberfläche;
2. Streuung im Wasser an Wassermolekülen und Schwebstoffpartikeln;
3. Reflexion am Grund des Gewässers.

Wollen wir die Licht- und Farbwirkung eines Gewässers deuten, so brauchen wir die drei Prozesse nur der Reihe nach durchzugehen und uns bei jedem klar zu machen, welchen Beitrag er im betrachteten Fall zur Gesamtwirkung leistet.

Besitzt der jeweilige Prozeß einen großen Einfluß, dann wird auch die Gesamtwirkung so ähnlich sein wie seine eigene; ist dieser Prozeß dagegen bedeutungslos, dann werden wir auch in der Gesamtwirkung von ihm nichts oder nicht viel merken.

Die folgenden Beispiele zeigen die Wirkung der drei genannten Prozesse auf die Licht- und Farbwirkung der Gewässer.

Lichtreflexion an einer Wasseroberfläche.

Die sehr geringe Lichtreflexion läßt das Wasser extrem dunkel erscheinen.

Betrachten wir unsere Albedotabelle (s. Seite 55) etwas genauer, so fällt auf, daß die Lichtreflexion an der Wasseroberfläche (Prozeß 1) sehr stark vom Einfallswinkel abhängt. Bei senkrechtem Einfall 90° werden nur 3 bis 6% des Lichtes zurückgeworfen, bei 40 bis 50° nicht mehr als 10%. Erst bei sehr flachen Einfallswinkeln geht die Albedo steil in die Höhe. Im vorliegenden Fall war die Sonnenhöhe etwa 60°. Das heißt, an der Wasseroberfläche wurde nur sehr wenig Licht reflektiert, die Wasseroberfläche erscheint deshalb sehr dunkel.

Dafür dringt aber sehr viel Licht in das Wasser ein. Ist es, wie im vorliegenden Fall, tief und verhältnismäßig sauber, dann darf man erwarten, daß aus dem Gewässer kaum Licht zurückgestreut wird (Prozeß 2). Auch das Wasser muß demnach ziemlich dunkel erscheinen.

Der See ist auch im Uferbereich schon ungewöhnlich tief, so daß auch vom Grund her kaum noch eine Reflexion erwartet werden kann (Prozeß 3). Lediglich links unten im Bild kann man in der Tiefe einen größeren, hellen Stein erkennen.

Fazit: da weder an der Wasseroberfläche noch am Grund eine nennenswerte Reflexion und im Wasser kaum Streuung stattfindet, muß das **Wasser sehr dunkel** erscheinen. In der Tat hat man fast den Eindruck, als ob der Schwan „in blauer Tinte" schwimmen würde.

Mit der Entfernung wird das Blau der Wasseroberfläche immer dunkler.

Dieses Foto wurde an einem späten Winternachmittag aufgenommen. Die Sonne stand hinter dem Beobachter, wie man an der Beleuchtung des jenseitigen Seeufers gut erkennen kann. Der Himmel ist leicht dunstig, aber weitgehend wolkenlos.

Das Auffällige an diesem Bild ist, daß der **Farbton des Wassers** mit der Entfernung immer **dunkler** und immer tiefer blau wird. Wie ist das zu erklären?

Da die Sonne sehr tief steht, wird ein großer Teil ihres Lichtes reflektiert – vom Beobachter weg, wohlgemerkt! Dadurch kann nur wenig Licht in das Wasser eindringen. Die dort vorhandenen Schwebstoffteilchen sorgen zwar für eine Streuung, aber ihre Intensität bleibt natürlich schwach. Selbstverständlich unterliegt auch das im Wasser gestreute Licht selbst wieder einer Streuung. Je länger der Weg des Lichtes durch das Wasser ist, desto mehr wird es geschwächt, bis schließlich nur noch das gespiegelte Himmelslicht übrigbleibt. Und so ergibt sich ganz zwangsläufig, daß der See mit der Entfernung immer dunkler wird.

Grauer Himmel läßt auch das Wasser grau erscheinen.

Ist der Himmel über einem Gewässer einheitlich grau in grau oder herrscht starker Dunst, dann spielen weder der Einfallswinkel des Lichtes noch die Streuungsvorgänge im Wasser eine Rolle: dann ist das Wasser ebenfalls grau in grau. An größeren Seen, wie hier am Bodensee, vor allem aber am Meer kann dann der **Übergang vom Wasser zum Himmel** völlig verfließen, so daß nicht mehr zu erkennen ist, wo das Wasser aufhört und wo die Atmosphäre anfängt.

Lichtspiegelung bei Sonnenuntergang.

Glitzern des Sonnenlichtes an den Wellen.

Das Glitzern eines Sees als Folge der Lichtreflexion an seiner Oberfläche wird besonders von Fotofreunden gern gesehen und hoch geschätzt. Machen wir uns einmal ein paar Gedanken, wann wir denn mit besonders prächtigen „Glitzereffekten" rechnen dürfen: Je flacher der Einfallswinkel des Lichtes ist, so hat uns die Albedotabelle (s. Seite 55) gezeigt, desto stärker ist die Reflexion. Folglich haben wir ein besonders kräftiges Glitzern zu erwarten, wenn die Sonne möglichst flach über dem jenseitigen Ufer des Gewässer steht (s. Seite 68). Unser **Sonnenuntergangsfoto** liefert den Beweis dafür. Auf diesem Bild kann man auch sehr deutlich sehen, wie das Sonnenlicht an den einzelnen Wellenkämmen reflektiert wird.

Bei **hohem Sonnenstand** und sehr ruhigem Wasser haben wir jedoch kaum Glitzereffekte zu erwarten. Im Extremfall sehen wir dann nur das Spiegelbild der Sonnenscheibe auf der Wasseroberfläche unregelmäßig hin- und hergaukeln.

Wenn sich bei hohem Sonnenstand kleine Wellen ohne Schaumkronen bilden, haben wir bessere Chancen. Bei windigem Wetter mit entsprechendem Wellengang kommt es nämlich – auch bei hochstehender Sonne – an den Flanken der Wellen zu brilliantem Glitzern, wie das Foto auf dieser Seite zeigt.

Unter Wasser ist das Licht blau, weil Wassermoleküle blaues Licht besonders stark streuen.

Beim Betrachten von Fotos aus tiefen, sauberen Gewässern fällt auf, daß überall dort, wo kein direktes Sonnenlicht hinfällt, eine blaue Lichtstimmung herrscht. Im Wasser spielen sich im Prinzip die gleichen Streuungsvorgänge ab wie in der Atmosphäre. Das ist nicht weiter verwunderlich, denn die Wassermoleküle haben ja eine ähnliche Größe wie die Moleküle der Atmosphärengase. Sie bestehen zwar im Gegensatz zu den meisten Luftmolekülen aus drei Atomen, die Wasserstoffatome sind aber erheblich kleiner als beispielsweise Sauerstoff- oder Stickstoffatome.

Konsequenterweise streuen auch die Wassermoleküle das blaue Licht stärker als das rote, so daß sich unter Wasser für den Beobachter eine Art „blauer Wasserhimmel" ausbildet.

In Gewässern, in denen sehr viele pflanzliche Mikroorganismen (Phytoplankton) leben, kann sich ein eher grünlich-gelblicher Farbton einstellen. Genauso wie die Landpflanzen (vgl. Seite 60) können auch sie mit dem grünen Licht nichts anfangen und streuen es deshalb in alle Richtungen. Ist die Intensität dieses an den Mikroorganismen gestreuten Lichtes stark genug, dann überstrahlt es das Blau der molekülbedingten Streuung und färbt auf diese Weise das Wasser grünlich.

Ihre Folge ist, daß das gesamte Wasser über dem Beobachter scheinbar blau zu leuchten beginnt und somit eine Art **blauer Wasserhimmel** entsteht.

Pflanzliche Kleinstlebewesen färben das Wasser grün.

Wir blicken hier auf einen Baggerweiher mit relativ sauberem, aber doch mit Phytoplankton belebtem Wasser. Die Kleinstlebewesen streuen aus dem auftreffenden Licht in erster Linie diejenigen Wellenlängen heraus, die unserem Auge grün erscheinen. Aus diesem Grund nimmt das Wasser – insbesondere mit zunehmender Tiefe – einen **grünlichen Farbton** an.

Daß die Kleinstlebewesen das Grün stärker streuen als die anderen Farben paßt nicht zu den bisherigen Theorien (s. Seite 11). Es ist aber dennoch kein Widerspruch, denn wir haben es hier nicht mit einem physikalischen, sondern mit einem physiologischen Vorgang zu tun. Die grünen Pflanzen – und zu ihnen gehören auch die Algen – können, wie wir auf Seite 60 schon gesehen haben, das grüne Licht für die Photosynthese nicht nutzen. Sie entledigen sich, sehr anschaulich gesprochen, dieses für sie wertlosen Lichtes, indem sie es entweder nach allen Seiten hin streuen oder ungenutzt durch ihre Zellen durchtreten lassen. Aus diesem Grund erscheinen algenreiche Gewässer im allgemeinen grün.

Wenn hier gesagt wurde, „im allgemeinen", so deshalb, weil das Wasser unseres Baggerweihers noch mit einer weiteren Überraschung aufwarten kann.

Die Wasserfärbung ändert sich mit dem Blickwinkel.

Verlassen wir das flache Ufer und steigen wir einige Meter hoch auf eine Geländestufe hinauf, ähnlich der, die man links oben im Bild sieht. Von dort aus können wir bequem auf den ganzen Weiher hinunterblicken. Unser Foto zeigt einen Ausschnitt davon: Die Wasseroberfläche ist spiegelglatt, der Himmel darüber tiefblau. Jetzt erscheint das Wasser nur noch im unmittelbaren Uferbereich grün. Zum jenseitgen Ufer hin wird es zunehmend grünblau bis blau. Woher kommt diese wohl unerwartete Farbveränderung? Betrachten wir zunächst den ufernahen Bereich, auf den wir relativ steil hinunterblicken. Welcher Farbeindruck wird dabei zustande kommen? Natürlich wird Licht vom **blauen Himmel** auf die

Infolge geringer Reflexion an der Wasseroberfläche überwiegt hier das Grün der Algen.

Wasseroberfläche fallen und dabei zu uns herauf reflektiert werden. Die Frage ist nur, wird dabei viel oder wenig Licht reflektiert? Natürlich sehr wenig, denn nach dem Reflexionsgesetz (Einfallswinkel = Ausfallswinkel) wird nur solches Himmelslicht zu uns herauf reflektiert, das unter einem steilen Winkel auf die Wasserfläche aufgetroffen ist. Nach der Albedotabelle zeigt sich aber, daß in solchen Fällen nur ein paar Prozent reflektiert werden.

Das Licht der hochstehenden Sonne wird also nur zu einem geringen Teil reflektiert. Der größte Teil kann ins Wasser eindringen und wird an den vielen grünen Algen kräftig gestreut. Ergebnis: Wir sehen einen Farbton mit viel Grün und wenig Blau.

Anders bei den weiter entfernten Bereichen der Wasseroberfläche. Auf sie blicken wir unter einem viel flacheren Winkel, unter dem erheblich mehr Blau reflektiert wird. Hier mischt sich das reflektierte Himmelsblau mit dem grünen Streulicht der Algen zu einem grünblauen Farbton.

Werfen wir zum Schluß noch einen Blick hinüber zum linken Ufer des Teiches. Dort spiegelt sich nicht der blaue Himmel, sondern der sehr dunkle, fast schwarze Steilabfall des Ufers im Wasser. An dieser Stelle fehlt also das reflektierte Himmelsblau. Die Folge ist, daß in diesem Bereich ausschließlich das Streulicht der Algen wirksam ist und dadurch das Wasser eine grüne Tönung annimmt.

Beim Foto auf dieser Seite wurde das an der Wasseroberfläche reflektierte Himmelslicht mit Hilfe eines Polarisationsfilter fast restlos unterdrückt. Die Folge ist, daß nur noch das Streulicht aus der Tiefe wirksam ist und so das **Wasser tiefgrün** gefärbt erscheint.

Ein Gebirgsbach verrät sich durch die Lichtstreuung am mitgeführten Sand.

Dieses Foto zeigt einen Blick auf den **Hallstätter See**. Links neben der Kirche mündet ein Gebirgsbach in den See. Er bringt viel Sand und feines Gesteinsmehl mit, das im sauberen Wasser des Sees durch seine Streuwirkung erkennbar wird.

Die Verunreinigungen entscheiden auch darüber, wie tief das Tageslicht in ein Gewässer eindringt. Während in stark verschmutzten Gewässern bereits in einem Meter Tiefe nur noch 1% der Außenhelligkeit vorhanden ist, findet man in klaren Seen sogar in 5 bis 10 m Tiefe noch höhere Werte. Im Mittelmeer liegt die 1%-Grenze in Küstennähe bei etwa 60 m, in den offenen Weltmeeren um oder sogar etwas unter 150 m Tiefe.

Das Tageslicht kann auch in den festen Boden eindringen. Wie tief, das hängt von der Bodenart und der Korngröße der Bodenteilchen ab. Am tiefsten dringt es in einen Boden mit einem hohen Anteil an transparenten Sandkörnern ein. Bei sehr groben Körnern mit mehreren Millimetern Durchmesser kann man in etwa 15 mm Tiefe noch 1% der Außenhelligkeit messen. In einem sehr feinkörnigen Boden dagegen ist die Helligkeit schon in etwa 2 mm Tiefe auf diesen Wert zurückgegangen.

Selbstverständlich lassen sich auch solche Unterschiede mit den Gesetzen der Streuung erklären: Viele feine Sandpartikel streuen wesentlich stärker als wenige grobe; zudem wird durch Mehrfachstreuung an den kleinen Sandpartikeln viel Licht nach oben zurückgestreut.

Bei Hochwasser mitgeführter Sand färbt das Wasser braun.

Die Amper ist ein gutmütiges, romantisches und dank der Tatsache, daß sie eine ganze Reihe von Wasserkraftwerken antreibt, auch recht nützliches oberbayerisches Flüßchen.

Hier zeigt sie sich aber ganz und gar nicht gutmütig. Während eines mehrere Tage anhaltenden Dauerregens ist sie zu einem reißenden Strom angeschwollen. Wenige Augenblicke vor der Aufnahme dieses Fotos hatte sie einen Damm durchbrochen und sich in einem breiten Schwall in den benachbarten Auwald ergossen. Wie man sieht, ist ihr Wasser gelblich-bräunlich gefärbt – ein bekanntes Bild bei **Hochwasser**.

Die Erklärung ist natürlich nicht schwer: gegenüber der Streuung am massenhaft mitgerissenem Sand und Schlamm werden die anderen optischen Vorgänge wirkungslos, die Spiegelung an der Wasseroberfläche macht sich nur stellenweise bemerkbar und der Grund des Gewässers ist nicht zu sehen. Somit bleibt nur die bräunlich-gelbe Färbung, die so typisch ist für schlammhaltiges Hochwasser.

Nur dort, wo das Wasser schäumt, erscheint es weiß. Der Grund ist folgender: Unter der riesigen Zahl von winzigen Schaumbläschen sind sehr viele, deren Größe mit der Größe der Nebel- oder der Wolkentröpfchen vergleichbar ist. Damit streuen diese Bläschen genauso wie die Nebel- und Wolkentröpfchen alle Wellenlängen des Lichtes völlig gleichmäßig (s. Seite 11, 28), so daß der Schaum unserem Auge weiß erscheint. Das gleiche Phänomen beobachtet man ja auch beim Bier. Sogar das traditionelle „Bayerische Dunkel“ wird von blütenweißem Schaum gekrönt.

Rote Bodenpartikel färben das Wasser blutrot.

Ein weltbekanntes Beispiel für die Färbung von Wasser durch **mitgeführte Schwebstoffe** ist der „Gelbe Fluß", der Huangho. Er erhält seine Farbe durch die mitgeführten riesigen Mengen an gelblichem Lößlehm.

Unser Foto zeigt einen kleinen Fluß in Südwestspanien, der nach heftigen Frühjahrs-Regenfällen gewaltig angeschwollen ist und massenhaft rotgefärbten Sand aus der Umgebung mitreißt. Dieser rote Sand bewirkt die Rotfärbung.

Rechte Seite: Was das wohl sein mag? Ein Trickbild oder vielleicht eine Tierhaut?

Weder noch; das Bild unten, die Fortsetzung dieses Fotos nach rechts, verrät es: Wir sehen einen teilweise schneebedeckten Hügel und sein **Spiegelbild** in einem absolut glatten, wellenfreien Bergsee. Wegen des sehr flachen Reflexionswinkels erscheint das Spiegelbild praktisch genauso hell wie das Original, so daß Spiegelbild und Natur nicht mehr zu unterscheiden sind.

Ein Trickbild oder eine Tierhaut? Die Erklärung findet man auf dem unteren Bild.

Licht- und Farbspiele in der Atmosphäre

In diesem Kapitel werden ausgesuchte optische Erscheinungen in der Atmosphäre vorgestellt. „Ornamente des Himmels“ nannte sie der Münchener Meteorologie-Professor Fritz Möller. Sie gehören in der Tat zum schönsten und interessantesten, was die Meteorologie zu bieten hat. Da sie aber wenig Bedeutung für die Praxis besitzen, führen sie in der Wetterkunde eher ein Schattendasein.

Wir werden zunächst über die sogenannten „Haloerscheinungen“, dann über Regenbögen und schießlich über eine Reihe anderer Phänomene sprechen.

Haloerscheinungen

Die schematische Darstellung des Himmelsgewölbes zeigt, wo die wichtigsten Haloerscheinungen am Himmel zu finden sind. Der mit der Nr. 6 bezeichnete Halo tritt fast immer nur in Form von zwei „Hörnern“ am höchsten Punkt des kleinen Haloringes auf.

Neben den hier genannten Halophänomenen gibt es noch eine ganze Reihe weiterer; in der Fachliteratur (siehe Literaturverzeichnis) sind über 20 zum Teil äußerst seltene Erscheinungen beschrieben. Auch ihre Entstehungsweise wird dort für physikalisch Interessierte sogar mit Formeln erkärt.

In der nebenstehenden Tabelle sind die physikalischen Vorgänge, die zur Entstehung der Halos führen, übersichtlich zusammengestellt. Einzelheiten über die Entstehungsweise werden zusammen mit den betreffenden Phänomenen vorgestellt.

An manchen Tagen geht die Sonne nicht als Scheibe auf oder unter, sondern als „leuchtende Feuersäule“. Gelegentlich kann man das Lichtband sogar schon sehen, wenn die Sonne selbst noch unter dem Horizont steht, oder es leuchtet nach, wenn sie längst untergegangen ist. Nicht selten setzt es sich, wenn die Sonne schon ein gutes Stück Himmelshöhe erreicht hat, auch nach unten fort, in beide Richtungen spitz zulaufend. Besonders farbenprächtig wird die Erscheinung, wenn sich hauchdünne, fast nicht erkennbare Wolkenschleier über den Himmel spannen. Im Winter gibt es **Lichtsäulen** – so nennt man dieses Phänomen – öfter als im Sommer.

Wie kommt es zu dieser Erscheinung? Die Tatsache, daß im Winter öfter Lichtsäulen zu beobachten sind als im Sommer, gibt schon einen ersten Hinweis auf ihre Entstehung. Offensichtlich spielen die tiefen winterlichen Lufttemperaturen eine Rolle. Nun muß man wissen, daß der Wasserdampf in der Luft bei tiefen Temperaturen nicht – wie man vielleicht vermuten könnte – erst zu flüssigen Tröpfchen kondensiert, die dann zu winzigen Eiskügelchen gefrieren. Tatsächlich setzt sich der Dampf unmittelbar auf Eiskristallen ab. Man nennt diesen Vorgang Sublimation. Interessanterweise wachsen dabei ganz unterschiedliche Kristallformen heran

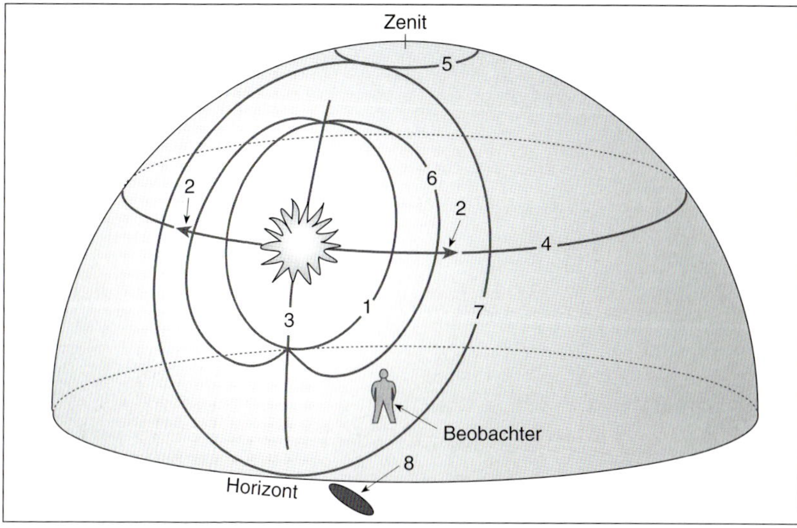

Die wichtigsten Haloerscheinungen und wo man sie am Himmel findet: kleiner Haloring (1), Nebensonne (2), Lichtsäule (3), Horizontalkreis (4), Zirkumzenitalbogen (5), Berührungsbögen und umbeschriebener Halo (6), großer Haloring (7), Untersonne (8).

Die Entstehung der wichtigsten Haloerscheinungen (nach Möller 1973, abgeändert)

Lage der Hauptachse des Kristalls	brechender Winkel 60°	brechender Winkel 90°	Spiegelung an den
senkrecht	Nebensonnen	Zirkumzenitalbogen	Seitenflächen: Horizontalkreis; Deckflächen: Untersonne
waagerecht	oberer u. unterer Berührungsbogen zum 22°-Ring umbeschriebener Halo		Seitenflächen: Lichtsäule; Deck- und Basisflächen: Horizontalkreis
beliebig	22°-Ring	46°-Ring	

Lichtsäule bei Sonnenaufgang.

(s. Seite 222). Bei Temperaturen von etwa -4 bis -8 °C und hoher Luftfeuchtigkeit entstehen lange, dünne Eisnadeln. Diese Nadeln haben eine bemerkenswerte Eigenschaft: Sie schweben überwiegend waagerecht in der Luft. Wer sich das nicht recht vorstellen kann, sollte sich von einem kleinen Experiment überzeugen lassen. Dazu braucht man nur eine Handvoll Strohhalme aus ein paar Meter Höhe fallen zu lassen und zu verfolgen, wie sie sich beim Fallen ausrichten. Es ist nicht schwer zu erkennen, daß sie waagrecht oder wenigstens nahezu waagrecht liegend zu Boden gleiten. Und genauso machen es auch die Eisnadeln in der Atmosphäre.

Nun aber zur optischen Seite des Phänomens. An allen Eisnadeln, die vom Beobachter aus gesehen über oder unter der Sonne schweben, spiegelt sich die Sonne. Auch das kann man sich leicht klarmachen, wenn man einen Bleistift oder eine Stricknadel waagerecht über eine brennende Kerze oder eine andere Lichtquelle hält. Alle diese Eisnadeln zusammen lassen dann den Eindruck eines leuchtenden Bandes oberhalb und unterhalb der Sonne entstehen. Das gleiche Phänomen kann man übrigens beobachten, wenn man schräg gegen eine Schallplatte blickt. Dann spiegelt sich das Licht an den Flanken der Rillen und die einzelnen Reflexe wachsen zu einem schillernden Sektor zusammen. Auch an den Lamellen einer schräg von der Sonne beschienenen Jalousie läßt sich die Entstehungsweise einer **Lichtsäule** bequem erkennen.

Korrekterweise sollte noch angemerkt werden, daß es auch noch andere Erklärungen für die Lichtsäule gibt. Die hier vorgestellte hat den Vorteil, die anschaulichste von allen zu sein.

Entstehungsweise einer Lichtsäule.

Lichtsäulen im Eisnebel über Lampen.

In Winternächten bildet sich – eine entsprechende Wetterlage vorausgesetzt – gelegentlich ein hauchdünner, fast nicht wahrnehmbarer Nebel aus unzähligen waagerecht schwebenden Eisnadeln. Sie können zu recht gespenstisch anmutenden **Lichtsäulen** führen. Besonders gern erscheinen sie über Straßenlampen, vor allem aber, und das ist das Unheimliche daran, auch über solchen, die von Häusern oder Bäumen verdeckt, also selbst gar nicht zu sehen sind. Es entsteht dann der Eindruck, als ob ganze Batterien von Scheinwerfern in den Nachthimmel gerichtet seien.

Lichtsäule durch Reflexion an Wellen.

„Untersonne".

Auch dieses Phänomen ist von der Entstehungsweise her eine Lichtsäule, obwohl sie nichts mit Eiskristallen zu tun hat. Wir blicken hier bei tiefstehender Sonne über einen vom Abendwind leicht gekräuselten See. Der Wind weht in Richtung zur Sonne, so daß sich auch die Wellen in dieser Richtung anordnen. An den Wellenkämmen wird das Licht der Sonne in der gleichen Weise reflektiert wie an den Eisnadeln in der Luft. Dadurch entsteht ein scheinbar **zusammenhängendes Lichtband**.

Blickt man an einem sonnigen Wintertag von einem Berg ins Tal, kann man einer Lichterscheinung begegnen, die im Prinzip eng mit der Lichtsäule verwandt ist: der **Untersonne**.

Voraussetzung für dieses Phänomen ist, daß die Luft viele winzig kleine, flache Eisplättchen enthält. Wie die Eisnadeln bevorzugen auch sie die waagerechte Lage, sie schweben also wie Fallschirme in der Luft.

Auf ihren glatten Oberflächen spiegelt sich die Sonne wie auf einer ruhigen Wasseroberfläche. Das Spiegelbild der Sonne hat eine elliptische, aufrecht stehende Form, ist relativ scharf ausgebildet und auffällig lichtstark.

Natürlich kann man die Untersonne nur von erhöhten Standpunkten aus beobachten, weil sie ja unter dem Beobachter erscheint, am besten also vom Flugzeug oder von einem Berg aus.

Laborexperiment zum „Kreuz des Kaisers Konstantin“.

Vorhin wurde gesagt, daß unter bestimmten Wetterbedingungen (-4 bis -9 °C und hoher Luftfeuchte) Eiskristalle entstehen, die waagerecht in der Luft schweben. Nun könnte man erwarten, daß es auch Kristalle gibt, die andere „bevorzugte“ Lagen haben, etwa die senkrechte. Solche gibt es tatsächlich: Säulchen auf einer 6eckigen Basis. Sie entstehen bei Temperaturen um -10 °C und mäßiger Luftfeuchte. Und natürlich rufen sie analoge optische Erscheinungen hervor: nämlich ein horizontales Lichtband links und rechts von der Sonne, das als **Horizontalkreis** bezeichnet wird. Der Horizontalkreis ist erheblich seltener als die Lichtsäule.

In außerordentlich seltenen Fällen kann es vorkommen, daß Horizontalkreis und Lichtsäule gleichzeitig erscheinen. Daß dieser Fall so selten eintritt liegt daran, daß die beiden dafür benötigten Kristallformen unter sehr unterschiedlichen Bedingungen entstehen (siehe oben). Man glaubt dann, am Himmel ein Kreuz leuchten zu sehen.

Der Sage nach soll Kaiser Konstantin im Jahr 313 in der Nähe von Trier am Himmel ein Kreuz erschienen sein, das ihn so zu beeindrucken vermochte, daß er sich zum christlichen Glauben bekehren ließ. Wir wissen, wie dieses Kreuz zustandegekommen ist!

Da dieses Phänomen so selten ist, soll hier wenigstens ein Laborexperiment vorgestellt werden. Dazu wurden in eine Kunststoffolie mit Schleifpapier in zu einander senkrechten Richtungen feine Riefen eingekratzt, die die spiegelnden Oberflächen der Eiskristalle simulieren , und die Folie mit einer Punktlampe von hinten her beleuchtet.

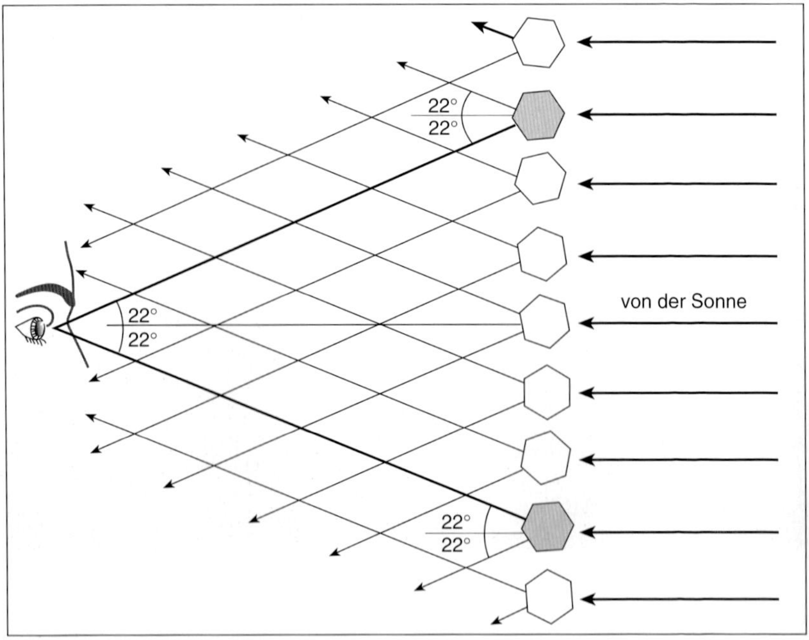

Diese Grafik erklärt die Entstehung des kleinen Haloringes.

Die Spiegelung der Sonne an Eiskristallen ist nur ein Vorgang, der zu auffälligen optischen Erscheinungen in der Atmosphäre führt. Die Brechung des Sonnenlichtes an Eiskristallen ist ein weiterer.

Was versteht man eigentlich unter Brechung? Trifft ein Lichtstrahl schräg auf einen Kristall oder auf geschliffenes Glas, so wird er aus seiner Richtung abgelenkt und gleichzeitig in seine Spektralfarben zerlegt. Klassische Schulphysik-Beispiele sind die Brechungsvorgänge an Prisma und Linse und der scheinbar geknickte Löffelstiel in einem mit Wasser gefüllten Becher.

Eiskristalle knicken die Lichtstrahlen um ziemlich genau 22 Grad. (Für physikalisch Interessierte: das bezieht sich auf die Eiskristallform „6eckige Säule"; der Brechungswinkel ist der 60-Grad-Winkel zwischen einer und der übernächsten Seitenfläche. Sein Scheitel liegt aus geometrischen Gründen außerhalb des Kristalls, so daß er scheinbar überhaupt nicht vorhanden ist).

Denken wir uns einen Beobachter, der zur Sonne blickt (links im Bild). In sein Auge fällt außer dem Licht, das direkt von der Sonne kommt, auch noch das Licht, das von den 22 Grad oberhalb und 22 Grad unterhalb der Sonne schwebenden Eiskristallen gebrochen wurde. In unserer Zeichnung sind diese Kristalle durch eine dunkle Rasterung gekennzeichnet und die von ihnen ausgehenden Lichtstrahlen besonders hervorgehoben. Für unseren Betrachter scheint der Himmel also an diesen bei-

Haloring in einem feinen Eiswolkenschleier.

den Stellen aufzuleuchten. Nur an diesen?

Keineswegs! Natürlich sieht er auch 22 Grad rechts und links von der Sonne auffallende Leuchterscheinungen. Ja mehr noch: alle Punkte des Himmels, die von ihm aus gesehen 22 Grad von der Sonne entfernt sind, scheinen zu leuchten. Der geometrische Ort aller Punkte, die von einem festen Punkt den gleichen Abstand haben, ist bekanntlich ein Kreis. Unsere Leuchtpunkte fügen sich also in ihrer Gesamtheit zu einem Kreis mit der Sonne als Mittelpunkt zusammen. Man nennt ihn den **kleinen Haloring**.

Er erscheint häufig vor einer bevorstehenden Wetterverschlechterung, wenn der Himmel von einem hauchdünnen Wolkenschleier überzogen ist (s. Seite 202). Meistens sind jedoch nur einzelne mehr oder weniger große Bogenstücke erkennbar.

Haloring in einem sich auflösenden Eisnebel.

Beim genauen Hinsehen erkennt man, daß der Haloring farbig ist. Innen hat er einen rötlichen, außen ein bläulichen Rand. Woher kommt denn diese Farbigkeit? Wir haben vorhin (s. Seite 84) gesagt, daß bei der Brechung nicht nur eine Richtungsänderung erfolgt, sondern daß der Lichtstrahl gleichzeitig in seine Spektralfarben aufgespalten wird. Man kann sich den Vorgang am Himmel anschaulich so vorstellen: der blaue Anteil des Sonnenlichtes wird etwas mehr, der rote etwas weniger als 22 Grad aus seiner ursprünglichen Richtung abgelenkt. Auf diese Weise entstehen gleichzeitig ein „roter Ring" mit einem Radius von etwas weniger als 22 Grad und ein „blauer Ring" mit einem Radius von etwas mehr als 22 Grad. Dazwischen vollzieht sich ein farblicher Übergang.

Wenn bisher immer vom „kleinen Haloring" die Rede war, dann muß es wohl auch einen **großen Haloring** geben. Das ist tatsächlich der Fall. Auch er verdankt seine Existenz der Lichtbrechung an Eiskristallen. (Für physikalisch Interessierte: In diesem Fall erfolgt die Brechung am 90-Grad-Winkel zwischen einer der beiden Endflächen und einer der 6 Seitenflächen eines Eissäulchens).

Der Radius eines großen Halorings beträgt etwa 46 Grad. Er ist sehr viel seltener zu sehen als der kleine Haloring. Wo er am Himmel zu finden ist, zeigt die Abbildung auf Seite 79.

Bogenstück eines Haloringes mit Nebensonne.

Oft ist der kleine Haloring links und rechts von der Sonne (also in der Höhe, in der ihn der Horizontalkreis schneidet) von zwei auffälligen, wimpelartigen, nach außen spitz zulaufenden Lichtflecken flankiert. Manchmal ist auch nur einer von ihnen zu sehen. Sie können außerordentlich farbenprächtig sein und machen so ihrem Namen **Nebensonnen** alle Ehre. Normalerweise sind sie sehr lichtstark, deutlich rot an der Innenseite, gelb und grün im mittleren Bereich und blau oder weißlich an der faserig auslaufenden Außenseite.

Beim genauen Hinsehen zeigt sich, daß die Nebensonnen etwas außerhalb des Haloringes sitzen. Und zwar um so weiter von ihm weg, je höher die Sonne steht: bei sehr großen Sonnenhöhen sogar mehrere Grad.

Näheres dazu findet man auf der nächsten Seite.

Nebensonne.

Bei bestimmten Wettersituationen erscheinen die **Nebensonnen** auch ohne den Haloring. Diese Erscheinung ist gar nicht einmal so selten. Auffälligerweise sind die Farben dann besonders prächtig, wie auch auf diesem Bild zu sehen ist.

Die Erklärung der Nebensonnen ist schwieriger, als es zunächst den Anschein hat. Man glaubt, daß sie dann entstehen, wenn in der Luft sehr viele, ausreichend dicke sechseckige Eisplättchen vorhanden sind, die waagerecht schweben. Die Sonnenstrahlen durchqueren solche Plättchen (wegen ihre Dicke!) nach ganz bestimmten Gesetzmäßigkeiten so, als ob die Brechungseigenschaften des Eises verstärkt worden wären. Sie erfahren auf diese Weise eine größere Ablenkung aus ihrer ursprünglichen Richtung und das wiederum bewirkt, daß die Nebensonnen außerhalb des kleinen Haloringes erscheinen.

Interessanterweise ergeben diese Rechnungen auch, daß der Abstand zwischen den Nebensonnen und dem kleinen Haloring von der Sonnenhöhe abhängt. Nur solange die Sonne genau am Horizont steht, verschmelzen die Nebensonnen mit dem Ring. Ist sie auf 10° gestiegen, dann haben sich die Nebensonnen bereits fast um ein halbes Grad entfernt. Mit zunehmender Sonnenhöhe wächst der Abstand rasch weiter: 20° Sonnenhöhe: etwas mehr als 1°; 30° Sonnenhöhe: ziemlich genau 3°. Steht die Sonne 50° hoch am Himmel, denn beträgt der Abstand zwischen Haloring und den Nebesonnen fast 11°. Die Ergebnisse dieser Rechnungen decken sich sehr genau mit den Beobachtungen.

Zirkumzenitalbogen.

Ein gar nicht so seltenes, sehr farbenprächtiges, aber oft kaum beachtetes optisches Phänomen ist der **Zirkumzenitalbogen**. Kaum beachtet deswegen, weil er an einer für uns Menschen außerordentlich unbequem zu beobachtenden Stelle des Himmels erscheint, nämlich genau über uns mit dem Zenit als Mittelpunkt. Daher auch sein Name: Zirkumzenitalbogen. Manchmal wird man durch sein Spiegelbild in einer Pfütze oder einem Weiher auf ihn aufmerksam. Erfahrene Beobachter erkennen aber auch an anderen Anzeichen, daß ein Zirkumzenitalbogen am Himmel steht, nämlich an Nebensonnen.

Nebensonnen und Zirkumzenitalbogen treten auffällig oft gemeinsam auf. Überraschend ist dieses gemeinsame Auftreten allerdings nicht, denn die waagerecht schwebenden Eisplättchen, die die Nebensonnen hervorrufen, führen auch zur Entstehung des Zirkumzenitalbogens. (Für physikalisch Interessierte: Der Unterschied ist nur der, daß der Zirkumzenitalbogen durch Brechung am 90-Grad-Winkel zwischen einer Deckfläche und einer Seitenfläche entsteht).

Theoretisch ist von ihm nie mehr als die Hälfte eines Kreises zu sehen, praktisch jedoch kaum mehr als ein Viertel. Auch auf unserem Bild erscheint er nur als kurzes Bogenstück. Der Blick ist hier vor einer Hausfassade nach oben gerichtet, aus der die schneebedeckten Glasdächer über den Balkonen hervorspringen.

Regenbogen.

Regenbögen

Aber was sind schon Lichtsäulen, Haloringe oder Nebensonnen gegen die **Farbenpracht des Regenbogens**! Wegen seiner manchmal geradezu überwältigenden Wirkung besitzt er schon seit Jahrtausenden eine tiefe Symbolkraft. So berichtet Moses im 9. Kapitel seines 1. Buches, daß Gott nach der Sintflut den Regenbogen als Zeichen der Versöhnung mit den Menschen in die Wolken gezeichnet habe. Heute, in einer Zeit zunehmenden Umweltbewußtseins, ist er zum Sinnbild der Versöhnung mit der Natur geworden. Die erste physikalische Deutung des Phänomens geht bereits auf den französischen Gelehrten Descartes (1596 bis 1650) zurück, der sich neben seinen philosophischen Studien auch mit der Geometrie und der Meteorologie befaßte.

Wie entsteht der Regenbogen?

Im Prinzip genauso wie der Haloring, durch einen Brechungsvorgang (s. Seite 84). Sind es dort die Kanten der Eiskristalle, die den Vorgang auslösen, so sind es hier die kugelförmigen Oberflächen der Regentropfen. Auch beim Regenbogen werden also die Sonnenstrahlen durch Brechung aus ihrer Bahn abgelenkt. Während beim Haloring der Vorgang damit abgeschlossen ist, kommt beim Regenbogen noch ein Reflexionsvorgang dazu: Trifft ein Sonnenstrahl auf einen Regentropfen, dann wird er beim Eindringen an der Tropfenoberfläche erst einmal gebrochen, also aus seiner Bahn gelenkt und in seine Spektralfarben zerlegt (B_1). Aufgrund physikalischer Gesetze kann der Strahl aber den Tropfen auf der gegenüberliegenden Seite nicht wie-

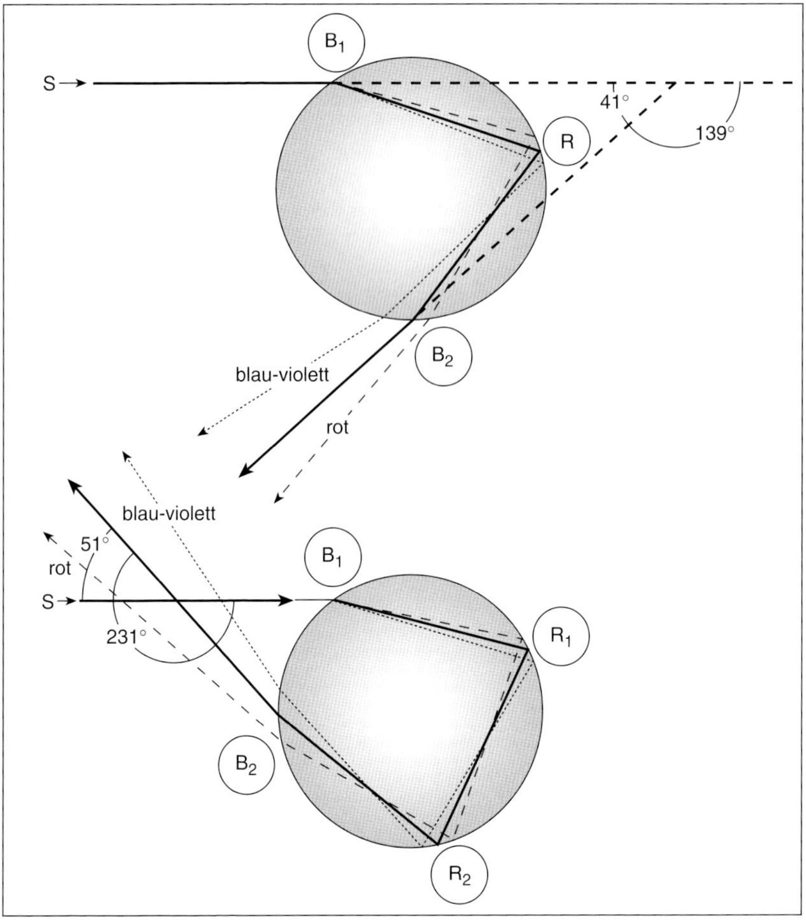

Zur Erklärung des Regenbogens (s. Text).

der verlassen (R). Er wird statt dessen in das Tropfeninnere zurückgeworfen (reflektiert). Erst jetzt erlauben die physikalischen Gesetze dem Strahl, den Tropfen unter nochmaliger Brechung (B_2) wieder zu verlassen. Inzwischen hat er eine Richtungsänderung um etwa 139° erfahren. Alles weitere läuft jetzt wieder wie beim Haloring: alle Regentropfen, die 180° – 139° = 41° vom Gegenpunkt der Sonne entfernt sind, formieren sich optisch zu einem Kreis: dem Regenbogen. Auch die Farben des Regenbogens erklären sich wie die des Haloringes. Da die kürzeren Wellenlängen stärker gebrochen werden als die längeren, hat der „blaue Bogen" einen etwas kleineren Radius als der „rote Bogen", oder anders

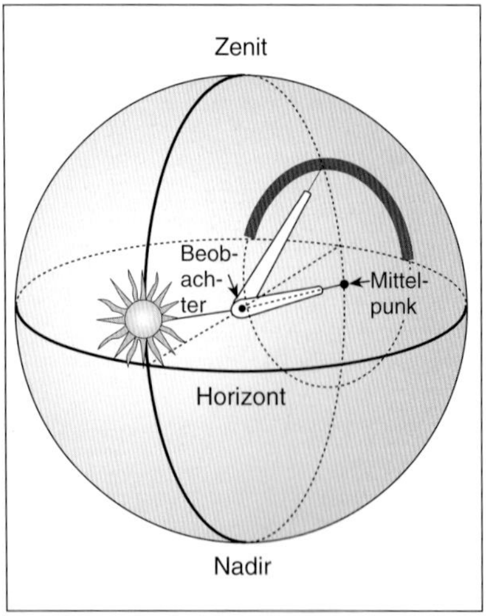

Zur Erklärung, welcher Teil des Regenbogens sichtbar ist.

ausgedrückt, ist der Regenbogen innen blau und außen rot.

Ein Regenbogen taucht immer nach Regenfällen oder Schauern auf, wenn die Sonne in die abziehende Regenwand hineinscheint. Er steht also stets der Sonne gegenüber. Sein Mittelpunkt und die Sonne stellen zwei Gegenpunkte am Himmel dar, so wie der Zenit und der Nadir oder wie der Ostpunkt und der Westpunkt. Das hat eine wichtige Konsequenz: Da es den Regenbogen nur dann gibt, wenn die Sonne am Himmel steht, liegt der Mittelpunkt des Regenbogens stets unter dem Horizont. Man kann also immer nur ein begrenztes Bogenstück sehen. Je höher die Sonne steht, desto tiefer liegt der Regenbogen-Mittelpunkt und desto kürzer ist der sichtbare Teil; im günstigsten Fall – wenn die Sonne gerade auf- oder untergeht – ist das ein halber Kreis. Vom Flugzeug oder anderen erhöhten Standorten aus kann man natürlich unter Umständen auch den ganzen Kreis sehen.

Häufig kann man sogar zwei Regenbögen beobachten. Der zweite, etwas größere, der auch **Nebenregenbogen** heißt, hat die umgekehrte Farbabfolge wie der Hauptregenbogen, bei ihm ist also Rot innen und Blau außen. Er entsteht, wie auf dem unteren Teil der Graphik auf Seite 91 gezeigt wird, wenn die in die Regentropfen eindringenden Sonnenstrahlen nicht nur einmal, sondern zweimal (R_1 und R_2) reflektiert werden. Auf diese Weise kommt es zu einer Richtungsänderung um etwa 51° und der umgekehrten Farbabfolge. Es gibt sogar noch einen dritten Regenbogen, der auf Dreifach-Reflexion zurückgeht. Er ist aber sehr lichtschwach und steht zudem auf der der Sonne zugewandten Seite des Himmels. Da es dort üblicherweise sehr hell ist, fällt er kaum auf.

Wer Regenbögen sehr sorgfältig beobachtet, kann gelegentlich noch zwei Besonderheiten entdecken. Die erste ist, daß sich beim kleineren Bogen nach innen zu noch mehrere, **schwach gefärbte bis weißliche Bögen** anschließen. Die zweite ist, daß der Himmel innerhalb des kleineren und außerhalb des größeren Bogens auffallend hell, zwischen den Bögen dagegen relativ dunkel ist. Die physikalische Erklärung dieser Erscheinungen ist nicht ganz einfach, so daß wir es bei dem Hinweis belassen wollen, daß es sich hier um Interferenz- bzw. Mehrfach-Streuungsvorgänge handelt.

Doppelregenbogen.

„Innere“ oder „sekundäre“ Regenbögen.

Regenbogen mit Spiegelbogen.

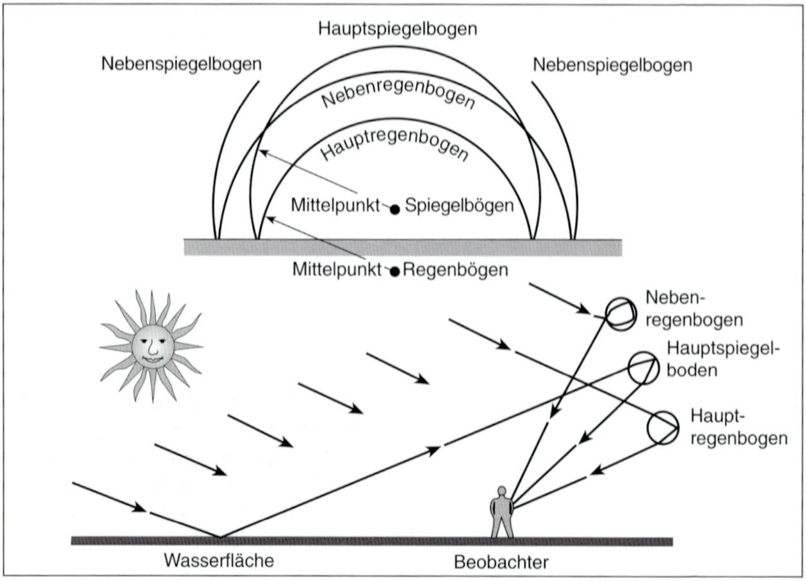

Zur Erklärung der Entstehung des Spiegelbogens.

An der Küste oder an Seeufern kann man bei spiegelglatter Wasseroberfläche in sehr seltenen Fällen ein ganz besonders interessantes Phänomen beobachten, den sogenannten **gehobenen Regenbogen**, auch „Spiegelbogen“ genannt. Wie er entsteht, zeigt die untere Hälfte unserer Graphik: Ein Teil der Sonnenstrahlen wird von der hinter dem Beobachter liegenden Wasserfläche in die Atmosphäre zurückgeworfen und läßt in den darin schwebenden Regentropfen einen eigenen Regenbogen entstehen, den Spiegelbogen.

Da die Sonne in diesem Fall scheinbar unter dem Horizont steht, liegt der Mittelpunkt des Spiegelbogens über dem Horizont, und zwar genauso weit wie der Mittelpunkt des gewöhnlichen Regenbogens unter dem Horizont liegt. Der Name „gehobener Regenbogen“ erklärt sich damit von selbst.

Am Horizont schneiden sich der Spiegelbogen und der gewöhnliche Regenbogen. Wenn man ganz besonderes Glück hat, kann man auch noch den zum Nebenregenbogen (großen Regenbogen) gehörenden Nebenspiegelbogen sehen. Die obere Hälfte der Graphik zeigt, wie die einzelnen Bögen relativ zueinander am Himmel stehen.

Der Fotografin dieses Bildes ist ein wirklicher Glückstreffer gelungen: Auf ihrem Foto ist nicht nur ein Prachtexemplar des Hauptspiegelbogens, sondern – wenigstens andeutungsweise – auch noch der Nebenspiegelbogen zu sehen. Sie gehen auf Reflexion des Sonnenlichtes an einem dünnen Wasserfilm im Watt zurück. Das Bild stammt von einem nur 7 mm × 8 mm großen Negativ.

Sonstige Licht- und Farbphänomene

Riesengroß, fast ein wenig beängstigend erscheint uns der volle Mond, wenn er kupferrot über den Horizont heraufsteigt – winzig dagegen, wenn er hoch am Himmel steht. Das gleiche gilt für die Sonne. Machen wir uns die Mühe, den Durchmesser der Sonne zu bestimmen, einmal, wenn sie flach über dem Horizont und einmal wenn sie hoch über uns steht, so zeigt sich, daß er stets gleich groß ist: etwa 32 Winkelminuten. (Wie man eine solche Messung mit einfachen Mitteln durchführen kann, ist in der Fachliteratur nachzulesen, z.B. bei Minaert 1992).

Natürlich gilt für den Mond wieder das gleiche. Sogar die Zahlenwerte stimmen überein. Der Zufall will es nämlich, daß uns beide Gestirne unter etwa dem gleichen Winkel erscheinen. Wer keine eigenen Versuche durchführen will, braucht nur die **Durchmesser der Sonne** auf unseren beiden Fotos zu vergleichen. Beide Bilder wurden mit der gleichen Objektiveinstellung aufgenommen.

Handelt es sich dann um eine optische Täuschung oder ist es ein physiologisches Phänomen?

Einschlägige Experimente haben ergeben, daß es sich um ein physiologisches Phänomen handelt. Tatsächlich empfindet man den auf- oder untergehenden Mond bis über 3,5 mal so groß wie den hoch am Himmel stehenden. Wieder gelten die gleichen Zahlen auch für die Sonne. Selbst Sternbilder erscheinen in Horizontnähe vergrößert. In der Ebene ist diese scheinbare Vergrößerung auffallender als im Bergland.

Und wie kommt dieser Effekt zustande? Tatsächlich sehen wir das Himmels-

Daß die Sonne bei Auf- und Untergang größer wirkt als wenn sie hoch am Himmel steht, beruht auf einer optischen Täuschung.

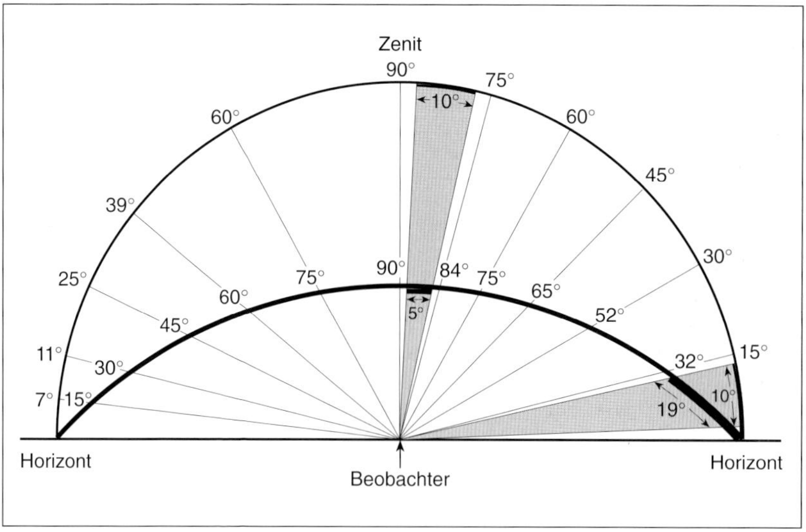

Scheinbares und tatsächliches Himmelsgewölbe.

gewölbe über uns nicht als eine Halbkugel, sondern als eine abgeflachte Schale.

Unsere Graphik zeigt zum Vergleich einen Querschnitt durch eine halbkugelförmige Wölbung und eine Wölbung, wie sie uns erscheint. Um den Effekt deutlich zu machen, sind zwei gleich breite (10°), aber verschieden hoch am Himmel stehende Objekte eingezeichnet: Das eine fast senkrecht über dem Beobachter, das zweite nur wenig über dem Horizont. Man sieht deutlich, daß das nahe am Horizont stehende auf dem scheinbaren Himmelsgewölbe sehr viel größer erscheint als das in der Nähe des Zenit stehende Objekt.

In der linken Hälfte der Graphik wird noch eine zweite interessante Konsequenz aus diesem „Gewölbeeffekt" sichtbar, nämlich, daß wir uns beim Schätzen von Höhenwinkeln gewaltig irren können. Ein Stern, der uns auf unserem abgeflachten Himmelsgewölbe 75° hoch erscheint, steht tatsächlich nur 60° über dem Horizont. Ein Flugzeug, das scheinbar 45° hoch fliegt, befindet sich tatsächlich nur in 25° Höhe. Mit diesem Problem sehen sich insbesondere Wetterbeobachter konfrontiert, wenn sie den Wolken-Bedeckungsgrad des Himmels zu schätzen haben.

Bei Auf- und Untergang erscheint die Sonne „gestaucht".

Beobachtet man die untergehende Sonne etwas genauer, so stellt man fest, daß sie, bevor sie hinter dem Horizont versinkt, ihre Form merklich verändert. Sie flacht ab, aus der kreisförmigen **Sonnenscheibe wird eine Ellipse**. Je freier die Sicht ist, je länger man also den Sonnenuntergang beobachten kann, desto auffälliger wird das Phänomen. Von Bergen aus ist es am deutlichsten zu sehen.

Was ist die Ursache? Es ist die Brechung der Sonnenstrahlen. Sie tritt auf, wenn ein Lichtstrahl in eine Substanz mit einer anderen „optischen Dichte" übertritt. Wie wir vom Regenbogen her wissen (s. Seite 91), bewirkt die Brechung, daß der Lichtstrahl geknickt und gleichzeitig in seine Spektralfarben zerlegt wird.

Was man unter „optischer Dichte" im einzelnen zu verstehen hat, braucht uns hier nicht weiter zu kümmern. Daß dichtere Luft auch eine höhere optische Dichte hat als dünnere Luft ist zumindest plausibel. Näheres dazu wird auf Seite 107 erläutert.

Nun ist die Luft bekanntlich in den unteren Schichten der Atmosphäre sehr viel stärker zusammengepreßt als in den oberen. Der Grund dafür: Luft ist erheblich schwerer, als man hinlänglich glaubt – 1 m^3 wiegt immerhin 1,2 kg –, deshalb lastet insbesondere auf den unteren Schichten der Atmosphäre ein erhebliches Gewicht.

Je höher man hinauf kommt, desto weniger Luft hat man noch über sich, desto geringer ist demnach das auflastende Gewicht und desto weniger komprimiert ist die Luft. In 5,5 km Höhe ist ihre Dichte auf die Hälfte zurückgegangen, in 11 km auf ein Viertel und so weiter.

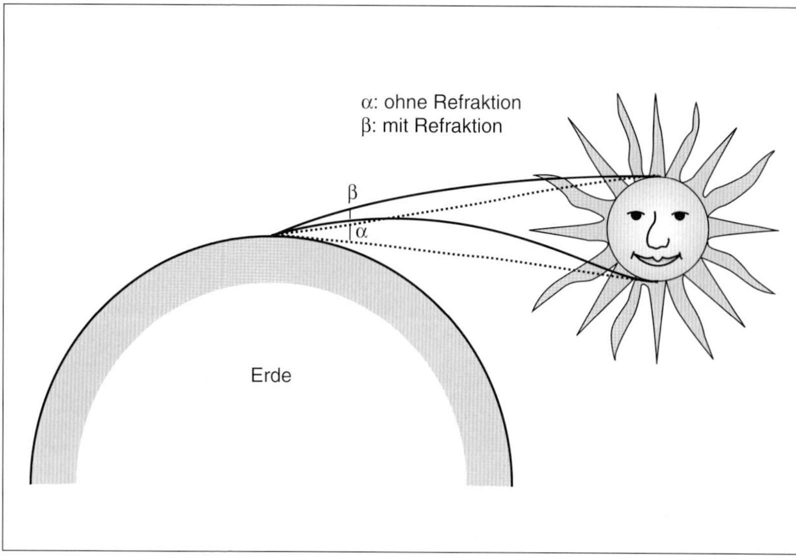

Auswirkung der atmosphärischen Refraktion auf die Form der Sonne.

Dadurch wird die Luft nach oben zu immer dünner, bis sie schließlich langsam in den luftleeren Weltraum übergeht.

Ein Lichtstrahl, der von außen auf die Atmosphäre trifft, wird also nach unten in optisch dichtere Schichten vordringen. Da die Dichte innerhalb der Atmosphäre kontinuierlich zunimmt, nicht abrupt wie beim Übergang von der Luft in den Regentropfen, dürfen wir bei unserem Lichtstrahl auch keine scharfen Knicke erwarten. Vielmehr kommt es zu einer stetigen Krümmung, wie in der Graphik gezeigt. Man nennt diesen Vorgang **Refraktion**.

Die Refraktion bewirkt demnach, daß alle Objekte am Himmel gehoben erscheinen, daß man also „unter den Horizont" blicken kann. Ein Stern ist wegen der Refraktion noch zu sehen, wenn er schon etwa 35 Winkelminuten unter dem Horizont steht.

Die Krümmung – und das ist besonders wichtig – wird umso stärker, je länger der Weg eines Strahles durch die Atmosphäre ist, das heißt, je flacher der Strahl auf die Atmosphäre trifft. Für die tief am Horizont stehende Sonne bedeutet das, daß ihr unterer Rand wegen der dort stärkeren Refraktion mehr gehoben wird als der obere. Der Unterrand rückt also scheinbar an den Oberrand heran, und das verleiht der Sonne ihre abgeplattete Form.

Die Graphik verdeutlicht die Zusammenhänge noch einmal: Der vom Unterrand der Sonne ausgehende Strahl ist stärker gekrümmt als der vom Oberrand der Sonne ausgehende Strahl. Deshalb erscheint die Sonne unter der Wirkung der Refraktion unter dem viel kleineren Winkel (ß), als sie ohne Refraktion (α) erscheinen würde.

Die sehr dunstige Luft läßt den unteren Rand der Sonne regelrecht „verlöschen".

Auch bei diesem Bild könnte man auf die Wirkung der atmosphärischen Refraktion tippen. Das wäre allerdings nicht korrekt. Beim genauen Betrachten wird man feststellen, daß die Sonne nur von unten, nicht aber von oben her abgeplattet ist. Sie hat nicht die Form einer Ellipse, sondern die eines von unten her angeschnittenen Kreises.

Hier taucht die **Sonne in eine Dunstschicht** ein, die nach unten hin dichter wird. Dadurch wird im unteren Bereich der Sonne soviel Licht weggestreut, daß dort das Sonnenlicht regelrecht verlischt (vgl. auch die Bemerkungen über Lichtstreuung auf Seite 20).

Der „grüne Strahl".

Das ist der berühmte **grüne Strahl**. Da er nur unter ganz bestimmten Bedingungen zu sehen ist, gehört er zu den extrem seltenen Naturerscheinungen. Nur wenn die Sonne beim Untergang noch sehr hell leuchtet, also die Luft trocken und sauber ist und gleichzeitig Berge und Wolken nicht mehr als 3° über den Horizont hinausragen, hat man eine Chance.

Der grüne Strahl ist ein sehr flüchtiges Phänomen: höchstens für ein paar Sekunden blitzt er auf. Während einer Südpolarexpedition konnte man ihn jedoch 35 Minuten lang beobachten, als die Sonne nach der langen Polarnacht zum ersten mal wieder erschien und sich dabei genau am Horizont entlang bewegte.

Die Erklärung ist recht einfach. Ursache ist wieder die atmosphärische Refraktion. Sie bewirkt (s. Seite 99) nicht nur eine Krümmung der Sonnenstrahlen, sondern auch eine spektrale Aufspaltung des Lichtes. Die untergehende Sonne wird dadurch sozusagen in verschiedenfarbige Sonnenbilder zerlegt.

Da die Krümmung von der Farbe abhängt – Blau wird am meisten, Rot am wenigsten gekrümmt – erscheinen die farbigen Sonnenbilder in der Vertikalen eine winzige Spur gegeneinander verschoben: Das blaue ganz oben, darunter das grüne, dann das gelbe und orangefarbene, am tiefsten das rote. Man sieht also scheinbar zuerst die „rote Sonne" untergehen, einen Moment später die „grüne", zuletzt die „blaue". Da das Licht der „blauen Sonne" von den Luftmolekülen restlos zerstreut wird, erscheint nach dem Untergang der „roten Sonne" für ein paar Sekunden der grüne Strahl als untergehende „grüne Sonne".

Kranz.

Diese Erscheinung wird als „Kranz" bezeichnet. Kränze um Sonne und Mond treten sehr häufig auf, überwiegend in Wolken, die aus Wassertropfen bestehen. In Eiswolken findet man sie seltener. Am bekanntesten ist der Kranz um den Mond, der auch gerne als „Mondhof" bezeichnet wird. Daß die Sonnenkränze weniger beachtet werden als der Hof um den Mond liegt daran, daß man üblicherweise vermeidet, ins grelle Sonnenlicht zu blicken. Betrachtet man jedoch die Sonne durch ein geschwärztes Glas, oder noch besser durch den Kamerasucher bei stark abgeblendetem Objektiv, so kann man den Kranz sehr oft beobachten. Kränze treten auch an beschlagenen Fensterscheiben auf, wenn man durch den Beschlag hindurch den Mond betrachtet. Kränze bestehen meistens aus mehreren farbigen Lichtringen. Normalerweise ist der innerste, der auch als „Aureole" bezeichnet wird, bläulich bis weißlich gefärbt. Er wird von einem gelblichen umschlossen, dem schließlich ein rötlicher folgt. Nicht selten wiederholt sich dieses Farbenspiel nach außen hin noch zwei- bis dreimal.

Kränze entstehen durch Beugung des Lichtes an den Wassertröpfchen (oder Eiskriställchen) in den Wolken. Durch die Umlenkung der Lichtstrahlen kommt es zu Überlagerungen, sogenannten Interferenzen, die ihrerseits die farbigen Ringe hervorrufen. Je kleiner die Tröpfchen sind, desto größer sind die Ringe eines Kranzes. Daraus ergibt sich zwangsläufig, daß die Farben umso kräftiger werden, je einheitlicher die Tröpfchengröße in der Wolke ist. Man kann aus der Größe des Kranzes sogar die Tröpfchengröße näherungsweise berechnen: Ist der (innerste) rötliche Ring n mal so groß wie der Mond bzw. die Sonne, so gilt für den Tröpfchendurchmesser d in Millimetern: $d = 0{,}076 / n$.

Auf unserem Foto ist der Durchmesser des rötlichen Ringes etwa 15mal so groß wie die Sonne, demnach beträgt die Tröpfchengröße etwa 0,005 mm oder 5 µm.

Die hier berechneten Durchmesser der Wolkentröpfchen stimmen mit den üblicherweise in Wolken vorgefundenen Größenspektren gut überein. In dünnen, mittelhohen Haufenwolken (Stratocumulus; vgl. Seite 169), wie wir sie hier vor uns haben, überwiegen Durchmesser zwischen 2 µm und 7 µm. In mächtig entwickelten Haufenwolken (Cumulus congestus; vgl. Seite 180), die kurz vor der Niederschlagsbildung stehen, bewegen sie sich schwerpunktmäßig zwischen 5 µm und 10 µm, ihr Spektrum reicht dort aber bis über 20 µm hinaus.

Daß die Größe eines Kranzes tatsächlich vom Tröpfchendurchmesser abhängt, läßt sich in jeder kühlen Mondnacht mit einem kleinen Experiment beweisen.

Dazu braucht man nur eine Fensterscheibe leicht anzuhauchen und gleichzeitig die Größe des dabei entstehenden Mondkranzes zu beobachten. Man wird feststellen, daß zunächst ein relativ großer Kranz entsteht, daß sich aber die Ringe bei fortgesetztem Anhauchen der Scheibe immer enger zusammenziehen.

Die Deutung des Vorganges ist nicht schwer: Zunächst bilden sich auf der Scheibe sehr kleine Wassertröpfchen; bei fortgesetzter Wasserdampfzufuhr aus der Atemluft werden sie jedoch größer und größer. Die Folge ist, daß die farbigen Ringe des Kranzes immer weiter schrumpfen.

Glorie um das Schattenbild des Wetterbeobachters auf der Zugspitze.

Wenn wir auf einem Berggipfel stehen und unser Schatten auf eine Nebel- oder aus flüssigen Tröpfchen bestehende Wolkenschicht fällt, können wir mit ein bißchen Glück um den Schatten unseres Kopfes eine **Glorie** beobachten. Darunter versteht man einen Kranz mit verschiedenfarbigen Ringen, ähnlich dem um Sonne oder Mond. Die Zahl der Ringe und auch ihr Durchmesser können ganz unterschiedlich sein.

Die Ähnlichkeit der Glorie mit dem Kranz deutet darauf hin, daß die physikalischen Ursachen gleich oder zumindest ähnlich sind. Dennoch konnte man lange Zeit keine erschöpfende Erklärung für das Phänomen finden. Heute weiß man, daß die Glorie durch Rückstreuung an den Nebeltröpfchen und anschließende Beugung entsteht. Hieraus erklärt sich auch ganz zwanglos, daß Glorien in einem gerade entstehenden Nebel mit seinen naturgemäß sehr kleinen Tröpfchen größer sind als in dichterem Nebel (s. dazu auch Seite 103), und ebenso auch, daß Glorien nur in Wasserwolken erscheinen können. In der Tat ist auch noch nie über Glorien in Eiswolken berichtet worden.

Nächste Seite: Wenn man über einer Hochnebeldecke fliegt – Meteorologen nennen solche schichtförmigen Wolken „Altostratus“ (s. dazu auch Seite 183) – kann man sehr häufig eine **Glorie um den Schatten des Flugzeuges** sehen.

Interessanterweise erscheint der Mittelpunkt des Glorienkreises genau an der Stelle des Flugzeuges, an der der Beobachter im Flugzeug sitzt. Das bedeutet, daß sozusagen jeder Passagier seine eigene Glorie sieht. Wenn also zwei Fluggäste aus verschiedenen Fenstern des Flugzeugs blicken, sehen sie „ihre“ Glorien

Glorie um den Schatten eines Flugzeuges.

an verschiedenen Stellen des Flugzeugschattens.

Dieses Phänomen tritt natürlich auch bei ortsfesten Beobachtern auf. Stehen zwei Personen auf einem Berggipfel so weit voneinander entfernt, daß sie zwei getrennte Schatten auf eine Nebelwand werfen, so sieht jeder von ihnen nur um sein eigenes Schattenbild, nicht aber um das seines Kollegen eine Glorie.

Und in jedem Fall ist sie so angeordnet, daß der Kopf – streng genommen die Augenpartie – des Schattenbildes den Mittelpunkt des Glorienkreises bildet.

Während eines Fluges sieht man, daß sich die Ringe manchmal ganz plötzlich zusammenziehen und sich kurz darauf schnell wieder aufblähen, je nachdem ob man gerade über einen dünneren oder über einen dichteren Teil der Hochnebelschicht fliegt. Solche Situationen machen in sehr eindrucksvoller Weise deutlich, wie die Größe der Glorie vom Durchmesser der Tröpfchen in der Wolke abhängt.

Brockengespenst.

Unter bestimmten Voraussetzungen verbindet sich mit einer Glorie eine wahrhaft gespenstische Szenerie. Sie besteht darin, daß der eigene Schatten in der Tiefe des Nebels riesig vergrößert scheint. Durch das Wallen des Nebels ändert sich seine Form und Größe ständig, kann scheinbar zurückweichen oder auf den Beobachter zustürzen, ohne daß er sich selbst bewegt. Dieses Phänomen bezeichnet man als **Brockengespenst**. Dieser Name hat mit dem höchsten Berg im Harz, dem 1142 Meter hohen Brocken zu tun. In seinen Nebelwänden ist es nämlich schon immer besonders gerne „erschienen".

Das Unheimliche daran ist, daß der Schatten des Beobachters dabei nicht auf eine senkrechte Wand fällt, sondern je nach der Dichte des Nebels bis zu mehreren Dekameter in ihn eindringt, bevor er sich endgültig darin verliert. Dadurch kommt es zu einer ungewohnten Perspektivenwirkung, die sich durch das Wallen des Nebels bis ins Gespenstische steigern kann.

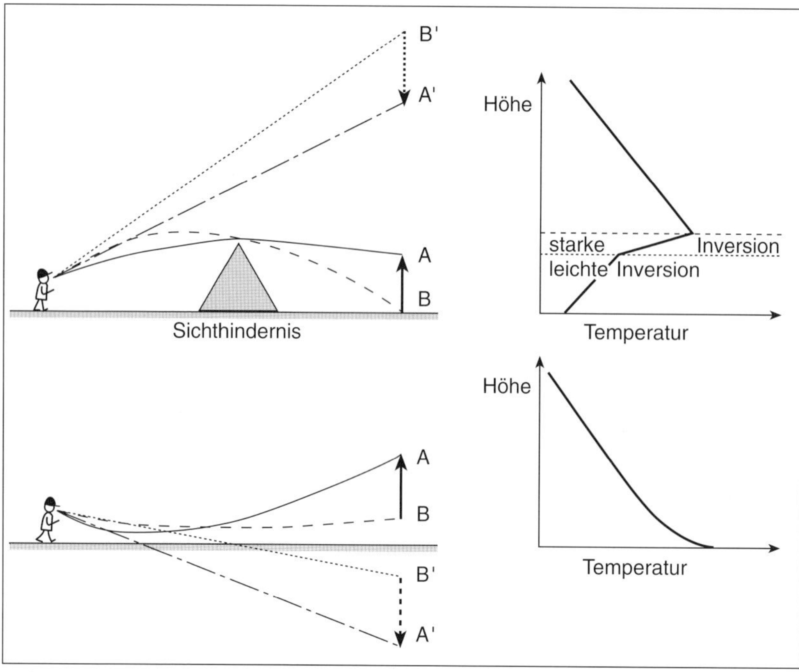

Luftspiegelungen und ihr Zustandekommen.

Die atmosphärische Refraktion (Brechung), so haben wir auf Seite 99 gesehen, geht auf die nach oben abnehmende Luftdichte zurück. Diese Dichteabnahme ist ihrerseits wieder eine Folge der Luftdruckabnahme. Nach einem fundamental wichtigen physikalischen Gesetz, der sogenannten „Gasgleichung", entscheidet aber nicht nur der Luftdruck über die Luftdichte, sondern auch die Lufttemperatur: Je höher die Temperatur ist, desto geringer ist die Dichte. Dieser Zusammenhang wird z.B. beim Heißluftballon genutzt. Der Ballon steigt in die Höhe, weil die darin befindliche heiße Luft eine geringere Dichte als die Umgebungsluft hat und deshalb leichter ist.

Normalerweise ist es in der Höhe kälter als unten. Die auch im Sommer schneebedeckten Gipfel zeigen das in überzeugender Weise. Es gibt aber auch Situationen, bei denen die Lufttemperatur mit der Höhe zunächst einmal zunimmt und erst ab einer bestimmen Höhe zurückgeht. Man spricht dann von Inversionen. Auf Seite 122ff. wird noch ausführlich über Inversionen zu sprechen sein. Im rechten oberen Teil der Graphik ist der Temperaturverlauf in einer Inversion dargestellt. Aufgrund der Temperaturzunahme geht in einer Inversion die optische Dichte nach oben hin viel schneller zurück als unter gewöhnlichen Bedingungen. Das hat zur Folge, daß die atmosphärische Refraktion er-

Obere Luftspiegelung auf dem Feldberg im Schwarzwald.

heblich verstärkt wird, die Lichtstrahlen also viel stärker konvex nach oben gebogen werden. Steigt die Lufttemperatur um mehr als 11 Grad pro 100 Meter Höhe (in der Graphik ist dieser Bereich besonders gekennzeichnet), dann wird die Krümmung so stark, daß Lichtstrahlen, die von einem auf der Erde befindlichen Objekt ausgehen (oder von ihm reflektiert werden), zur Erdoberfläche zurückgebogen werden. Die Graphik zeigt, wie sich diese Strahlenkrümmung auswirkt: Es werden dann Objekte sichtbar, die sonst hinter dem Horizont oder einem Hindernis verborgen sind. Diese Geisterbilder, die üblicherweise kurz als „Spiegelbilder" bezeichnet werden, erscheinen dem Beobachter oberhalb des Objektes, denn seine Blickrichtung ist ja die Tangente an die Refraktionskurve. Man spricht daher von der **oberen Luftspiegelung**.

Die von der Refraktion hervorgerufene Strahlenkrümmung ist am unteren Ende eines Objektes stärker als am oberen. Das ist von den Sonnenuntergangs-Phänomenen auf Seite 99 her schon bekannt. Deshalb erscheint einem Beobachter das durch Refraktion hervorgerufene obere Spiegelbild auf dem Kopf stehend, wie die Graphik deutlich macht.

Obere Luftspiegelung während einer extremen Inversionslage.

Das Foto zeigt **Luftspiegelungen**, die während winterlicher Inversionslagen an der Wetterstation auf dem Feldberg im Schwarzwald beobachtet wurden. Die kräftige Refraktion hat bewirkt, daß über die Höhen der Schwäbischen Alb hinweg die Spiegelbilder der Allgäuer Alpen sichtbar werden.

Da für das Zustandekommen der oberen Luftspiegelung eine starke Temperaturzunahme mit der Höhe – oder, in umgekehrter Richtung betrachtet, eine starke Temperaturabnahme zur Erdoberfläche hin – erforderlich ist, kann man dieses Phänomen vor allem in den Polargebieten, über Schneeflächen oder im Bereich kalter Meeresströmungen beobachten. So sieht man dort bei entsprechenden Temperaturbedingungen von einem am Horizont auftauchenden Schiff in vielen Fällen zunächst das auf dem Kopf stehende Spiegelbild in der Luft schweben. Von Cuxhaven aus ist gelegentlich ein Trugbild von Helgoland am Himmel zu erkennen, während Helgoland selbst von Cuxhaven aus nicht zu sehen ist.

Sehr komplizierte Spiegelbilder entstehen naturgemäß dann, wenn mehrere Luftschichten sehr unterschiedlicher Temperatur übereinander zu liegen kommen.

Untere Luftspiegelung.

Bei sonnenscheinreichem Wetter können sich dunkle Oberflächen gewaltig aufheizen; 45 °C und mehr sind keine Seltenheit (s. Seite 58 und Seite 281). Natürlich geht die Hitze der Straße auch in die Luft über, aber – und das ist das wesentliche – nur auf die unmittelbar auf der Straße aufliegende, unterste Schicht. Das führt dazu, daß die optische Dichte der Luft in Bodennähe drastisch abnimmt. Damit werden aber die Lichtstrahlen nicht mehr konvex nach oben, sondern konkav nach unten durchgebogen, wie der untere Teil der Graphik auf S.107 zeigt. Auf diese Weise erscheinen unterhalb des Objektes auf dem Kopf stehende **Spiegelbilder**. Beim Beobachter entsteht dann der Eindruck, die Objekte auf der Straße, also Fahrzeuge, Fußgänger und ähnliches, würden sich an einer silbrig glänzenden Wasseroberfläche spiegeln.

Die am Boden erhitzte Luft versucht natürlich – wie der Heißluftballon – nach oben zu steigen. Dieser Vorgang läuft aber keineswegs in Form einer aufschwebenden Luftschicht ab, vielmehr setzen sich viele kleine „Heißluftblasen" in Bewegung.

Dafür sinken an anderen Stellen kühlere Luftblasen von oben herab. Wir haben also eine riesige Zahl gleichzeitig jonglierter Luftpakete unterschiedlichster Dichte vor uns.

Die Lichtstrahlen, die in diese Luft eindringen, werden folglich in jedem Augenblick in eine andere Richtung umgelenkt, so daß nach außen hin der Eindruck heftigen Flimmerns entsteht.

Dieses Phänomen kann man sehr häufig über erhitzten Straßen, aber auch an Hausdächern oder anderen heißen Oberflächen beobachten.

Fatamorgana.

Auch die **Fatamorgana** – ein komplexer optischer Vorgang – hat mit Luftspiegelungen zu tun. Dabei werden nicht vorhandene Objekte – vor allem Wasseroberflächen, aber auch Gebäude, Säulenhallen oder ganze Städte – vorgegaukelt. Unser Foto zeigt ein solches Trugbild: Der See im Hintergrund des Bildes existiert überhaupt nicht; durch Spiegelungen des Himmels und des am Horizont erkennbaren Gebirges entsteht an der heißen bodennahen Luft ein wie Wasser wirkendes optisches Phänomen.

Der Name „Fatamorgana" geht auf das arabische Wort *margan* = Koralle zurück, das seinerseits vom lateinischen Wort *margarita* = Perle abgeleitet ist. Als Frauenname ist dieser auch aus der Artussage bekannte Name im italienischen Wort Fata Morgana enthalten, was zu deutsch heißt: „Die Fee Morgana". Auf deren Leidenschaft, die Menschen zu necken und zu täuschen, führte der Volksglaube die in der Straße von Messina häufig auftretenden und besonders eindrucksvollen Luftspiegelungen zurück. Man benannte das Phänomen deshalb kurzerhand nach der Fee.

„Zerklüftete Sonne“ als Folge einer sehr unregelmäßigen Temperatur- und Feuchteschichtung in der Atmosphäre.

Auch diese **zerklüftete Sonne** geht auf Brechungsvorgänge in der Atmosphäre zurück. Wir haben hier gleich mehrere Sprünge der optischen Dichte in ganz unterschiedlichen Höhen vor uns. Sie werden teils durch Temperaturinversionen, teils durch abwechselnd trockene und feuchte Luftschichten hervorgerufen. Dadurch wird das Bild der Sonne sozusagen in mehrere Schichten zerschnitten, die je nach der zugehörigen meteorologischen Situation nach oben oder nach unten gebrochen werden. Der Beobachter sieht dadurch die einzelnen Schichten nicht mehr in der „richtigen Reihenfolge“: verschiedene erscheinen zu hoch, andere zu tief, die eine oder andere fehlt völlig.

Wenn aber die Sonnenschichten nicht in der richtigen Reihenfolge abgebildet werden, dann paßt auch ihre Breite nicht mehr in das Gesamtbild: es erscheinen manche Schichten zu breit, andere zu schmal, insgesamt entsteht also der Eindruck einer zerklüfteten Sonne.

Hinter Wolken aus Wassertropfen (links) hat die Sonne einen scharfen, hinter Eiswolken (rechts) einen zerzausten Rand.

Zum Schluß unseres Streifzuges durch die Welt der optischen Phänomene in der Atmosphäre soll noch ein sehr häufig zu beobachtendes Phänomen beschrieben werden. Es besteht darin, daß die Sonne, wenn sie eine Nebelschicht oder eine Wolkendecke durchbricht, die ausschließlich oder überwiegend aus flüssigen Wassertröpfchen besteht, einen scharfen Rand hat, während sie durch Eiswolken immer mit einem zerzausten Rand erscheint. Der Unterschied im Erscheinungsbild der Sonne geht auf die unterschiedlichen Streuungseigenschaften zwischen Eiskristallen und Wassertröpfchen zurück. Das Phänomen dient sogar der Identifizierung der Wolken.

Im linken Foto haben wir einen dünnen herbstlichen Morgennebel vor uns, dessen Tröpfchen sich mehr und mehr auflösen. Die Sonne erscheint darin mit einem **messerscharfen Rand**. Auch die Wassertröpfchen in der „Kaminwolke", die vor der Sonne vorbeizieht, ändern daran nichts.

Im rechten Bild ist das **unscharfe Sonnenbild** in einer typischen, von vielen Eiskriställchen durchsetzten Aufgleitbewölkung zu sehen (was sich hinter diesem Begriff verbirgt, erfahren wir auf Seite 198). Diese Wolke verdichtet sich weiter und weiter, so daß die Sonne bald ganz hinter ihr verschwunden sein wird.

Wärmestrahlung

Wenn man einen Topf mit Wasser auf den Herd stellt und den Strom einschaltet, wird das Wasser warm. Der Grund dafür ist, daß die Herdplatte dem Wasser Energie aus dem elektrischen Strom zuführt. Je länger die Energiezufuhr anhält, desto heißer wird das Wasser.

Was soll diese Trivialität? Seit über 4 Milliarden Jahren führt die Sonne der Erde in jeder Sekunde ungefähr 50 Milliarden Kilowattstunden Strahlungsenergie zu. Mit ihr hätte sich der Erdkörper auf unvorstellbare Temperaturen aufheizen müssen. Tatsächlich hat sich jedoch seine Temperatur in all der Zeit so gut wie überhaupt nicht verändert! Warum ist sie trotz dieser gigantischen Energiemenge konstant geblieben? Die Antwort ist einfach: Weil die Erde stets die gleiche Energie, die sie von der Sonne zugestrahlt bekommt, selbst in den Weltraum zurückstrahlt! Man spricht von einem „Strahlungsgleichgewicht".

Allerdings erfolgt die Rückstrahlung in einem Wellenlängenbereich, den wir mit unseren Augen nicht wahrnehmen können und der uns deshalb üblicherweise auch nicht bewußt wird. Während das Spektrum des sichtbaren Lichtes zwischen 0,4 µm und 0,75 µm liegt, reicht die irdische Strahlung von 3 µm bis 60 µm. Man bezeichnet sie deshalb in der Meteorologie als **langwellige Strahlung**.

Auch wenn wir die langwellige Strahlung nicht sehen können, so entzieht sie sich doch nicht völlig der sinnlichen Wahrnehmung: Wenn sie auf unsere Haut trifft, wird sie von ihr absorbiert, und so empfinden wir eine typische Wärmewirkung. Man nennt sie deshalb auch gerne **Wärmestrahlung**. Für sie gelten zwei ganz einfache Regeln:

1. Alles, was auf der Erde vorhanden ist, sendet Wärmestrahlung aus: der Boden, die Pflanzen und alle Objekte, die auf ihm stehen, sämtliche Gewässer, aber auch die Atmosphäre mit ihren Gasen, Wolken und Verunreinigungen;
2. Je wärmer eine Strahlungsquelle ist, desto stärker ist die ausgesandte Strahlung.

Einige Beispiele für das Auftreten der Wärmestrahlung: Halten wir die Hand neben die Wange, so empfinden wir, daß von der Hand eine Wärmewirkung ausgeht, auch wenn sie die Wange überhaupt nicht berührt. Die Haut absorbiert die von der Hand ausgehende Wär-

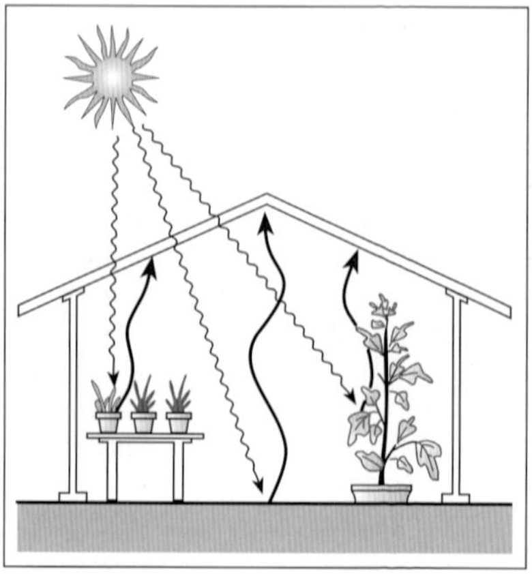

Graphik zur Erklärung des Glashauseffektes.

meausstrahlung und erwärmt sich dabei. Die Tatsache, daß wir uns nicht nur über, sondern auch neben dem Lagerfeuer wärmen können, geht auf die Wärmestrahlung des brennenden Holzes zurück. In einem lange nicht geheizten Zimmer bleibt es ungemütlich, selbst wenn man die Heizung voll aufdreht und das Thermometer weit über 20 °C zeigt. Der Grund: Die kalten Wände übertragen aufgrund ihrer schwachen Strahlung kaum Wärmeenergie auf unsere Haut, die ihrerseits jedoch viel Wärmestrahlung aussendet. Sie gibt also mehr Wärmestrahlung ab, als sie selbst erhält. Dadurch sinkt ihre Temperatur, was wir als unangenehme Kühle empfinden.

Spricht man von Wärmestrahlung, dann darf auch ein Hinweis auf den Glashauseffekt nicht fehlen. Zur Erklärung dient die Graphik auf S. 114. Wie allgemein bekannt ist, dringt die Sonnenstrahlung (die in der Graphik durch kurze Wellenlinien symbolisiert ist) ungehindert in das Glashaus ein. Sie trifft dort auf den Boden, die Stelltische und die Pflanzen und erwärmt sie. Die Folge davon ist, daß Boden, Stelltische und Pflanzen anfangen, zunehmend Wärmestrahlung auszusenden (in der Graphik durch lange Wellenlinien symbolisiert). Die Wärmestrahlung aber – und das ist er Ausgangspunkt für den Glashauseffekt – kann das Glas nicht passieren. Glas ist für diese Art von Strahlung undurchlässig! Damit ist die Strahlungsenergie im Glashaus gefangen und erwärmt es auf diese Weise samt Inhalt. Voraussetzung ist natürlich, daß die Lüftung geschlossen ist, sonst würde der Wind die Wärme wegtragen.

Einige Atmosphärengase, in erster Linie Wasserdampf und Kohlendioxid, haben übrigens die gleichen Strahlungseigenschaften wie das Glas: sie lassen die Sonnenstrahlung ungehindert passieren, halten aber die langwellige Wärmestrahlung der Erde zurück. Auf diese Weise kommt es zu einem „atmosphärischen Glashauseffekt“. Erst durch ihn wird die Erde bewohnbar. Ohne ihn würde ihre Mitteltemperatur nicht 14 °C, sondern -18 °C betragen. Wie wirksam der Glashauseffekt des Kohlendioxides ist, zeigt unser Nachbarplanet Venus. Die 95% Kohlendioxid in seiner Atmosphäre treiben die Temperatur dort auf 470 °C hoch.

Sichtbare und fühlbare Auswirkungen der Wärmestrahlung

Natürlich wird die Wärmestrahlung nicht nur von unserer Haut absorbiert, sondern auch von allen anderen Materialien in unserer Umwelt. Vom sichtbaren Licht her wissen wir, daß jede Oberfläche nur einen Teil der auftreffenden Strahlung absobiert, den Rest aber reflektiert. Im Bereich der Wärmestrahlung ist das nicht anders. Leider können wir mit unseren Augen nicht wahrnehmen, wieviel Wärmestrahlung die einzelnen Oberflächen reflektieren. Auf diese Weise geht uns ein interessanter Eindruck verloren, denn viele Materialien verhalten sich der Wärmestrahlung gegenüber ganz anders als dem sichtbaren Licht gegenüber. Ein Musterbeispiel ist der Schnee: fast 100% beträgt seine Albedo (vgl. Seite 55) im sichtbaren Bereich, fast 0% dagegen im Bereich der Wärmestrahlung. Er würde uns, könnten wir die Wärmestrahlung sehen, kohlrabenschwarz erscheinen – welch ein ungewohnter Anblick!

Schmelzteller um Baumstämme.

Diese Eigenschaft des Schnees ist die Ursache für die bekannten **Schmelzteller** um Baumstämme. Die tiefstehende Wintersonne trifft die meist dunklen Stämme (siehe Albedotabelle Seite 55) unter einem relativ stumpfen Winkel (Cosinusgesetz; siehe Seite 52). Dadurch erwärmen sich die Stämme und verstärken infolgedessen ihre eigene Wärmeausstrahlung, die vom umgebenden Schnee restlos absorbiert wird. Dabei steigt die Temperatur des Schnees an den angestrahlten Stellen auf über 0 °C, so daß er um den Stamm herum tellerartig abschmilzt.

Bild rechte Seite: Für die Ausbildung von Schmelztellern ist keineswegs ein massiger Baumstamm erforderlich. Zweige von zurückgeschnittenen Stauden, ein paar vertrocknete Grashalme oder die ersten aus dem Schnee spitzenden Krokusse lassen ebenso eindrucksvolle **Schmelzteller** entstehen. Je dunkler die Pflanzen, desto auffälliger die Teller.

Schmelzteller um Pflanzenreste.

Die Wärmestrahlung des Hauses hat den Schnee zum Schmelzen gebracht.

Erfahrene Hobbygärtner pflanzen wärmeliebende Gewächse gerne vor eine Hauswand und erziehen ihre Pfirsich- oder Aprikosenbäume an einem Spalier. Ihre Kübelpflanzen stellen sie dort auf, wo sie durch eine Hecke, eine Mauer oder die Garagenwand geschützt sind. Und ihre Weinreben lassen sie an der Hausmauer hochranken.

Agrarmeteorologen – das sind Leute, die sich mit den Zusammenhängen zwischen Wetter und Klima auf der einen und dem Pflanzenleben auf der anderen Seite befassen – sprechen in diesem Zusammenhang sogar vom **Spalierklima**.

Der Grund für dieses besonders pflanzenfreundliche Klima ist – die Wärmestrahlung. Die Mauern wärmen sich in der Sonne auf und geben an die davor stehenden Pflanzen „Wärmestrahlung“ ab, die diese wiederum gut nutzen können.

Auf unserem Foto ist die Strahlungswirkung einer Mauer im wahrsten Sinne des Wortes „sichtbar“ geworden. Die tiefstehende Wintersonne hat die Hauswand rechts im Bild spürbar erwärmt (s. Seite 53). Dadurch wurde es ihr möglich, viel Wärmestrahlung auszusenden und damit den vor ihr liegenden Schnee zu schmelzen. An der Form und dem Verlauf des Schmelzrandes kann man erkennen, wie sich die Wärmestrahlung mit der Entfernung von der Wand allmählich verliert.

Warum haben Biergärten ein besonderes Klima?

Das ist einer der beliebten bayerischen Biergärten, in denen es sich bei Bier, Brezen, Leberkäs' und Radi gemütlich zusammensitzen läßt. Im Jahr 1995 erschütterte jedoch ein Gerichtsurteil diese Biergartenidylle. Es entschied nämlich, daß die Biergärten um 22 Uhr geschlossen werden müssen. Um der „Obrigkeit" klar zu machen, daß es um diese Zeit unter den Kastanien noch lange nicht unangenehm kühl wird und damit auch kein Grund zum Heimgehen besteht, haben die Münchener noch im gleichen Jahr eine regelrechte „Biergarten-Revolution" ausgerufen.

Und was hat das **Biergartenklima** mit Wärmestrahlung zu tun? Eine ganze Menge! Dazu müssen wir uns freilich noch mit einem dritten wichtigen Gesetz über die Wärmestrahlung (vgl. Seite 114) vertraut machen. Dieses Gesetz lautet: Der Himmel (korrekt: die Atmosphärengase) sendet bei gleicher Temperatur 30% weniger Wärmestrahlung aus als alle anderen Objekte.

Dieses Gesetz hat für die gesamte Meteorologie fundamentale Bedeutung. Es erklärt beispielsweise, warum es in der Nacht kühler ist als am Tag. Wenn die Sonne untergegangen ist, verbleibt nur noch die Wärmestrahlung. So sind zwei Strahlungsströme wirksam: einer, der von der Erdoberfläche ausgesandt wird und nach oben gerichtet ist und ein zweiter, der von der Atmosphäre ausgeht und zur Erde gerichtet ist.

Die beiden sind aber, wie uns das dritte Gesetz lehrt, nicht gleich groß. Der vom Himmel ausgehende ist 30% kleiner als der vom Erdboden ausgehende. Damit gibt der Erdboden ständig mehr Wärme ab, als er vom Himmel erhält. Die logische Folge ist, daß es am Boden ständig kühler wird.

Das Laub der Bäume sendet 30% mehr Wärmestrahlung aus als der natürliche Himmel.

Und jetzt kommt wieder der Biergarten ins Spiel. Ein Biergarten wäre kein Biergarten, wenn er nicht von riesigen Kastanienbäumen bestanden wäre. Die **Kronen der Kastanien** bilden, wie das Foto zeigt, einen regelrechten zweiten Himmel über dem Garten. Einen Himmel, der aus Ästen, Zweigen und Blättern besteht. Einen Himmel also, der 30% mehr Wärmestrahlung aussendet als die Atmosphäre. Unter diesem Himmel erleidet der Erdboden keinen Wärmeverlust und kühlt deshalb abends und nachts auch nicht aus: Biergartenklima!

Dieser Strahlungseffekt begegnet uns im täglichen Leben öfter als man glauben möchte. Warum ist es nachts in einem Zelt wärmer als unter freiem Himmel? Weil die Zeltplane zu einem neuen Himmel mit 30% stärkerer Strahlung wird! Natürlich kommt noch dazu, daß die erwärmte Luft im Zelt zusammengehalten wird. Wer Karl May gelesen hat, weiß, daß die Beduinen in Felsspalten Schutz vor der Kälte der nächtlichen Wüste suchen. Die Erklärung ist einfach: der schwach strahlende Himmel wird dabei wenigstens teilweise von stärker strahlenden Felsen ersetzt.

Daß es in einer Loggia oder in einer Laube bis spät in die Nacht hinein gemütlich sein kann, hat genau den gleichen Grund. Und wenn die Gärtner ihre kälteempfindlichen Pflanzen am Abend vor einer Frostnacht mit Folie abdecken, nutzen sie (unter anderem) ebenfalls die guten Strahlungseigenschaften eines „künstlichen Himmels“.

Unter dem Blätterdach hat sich kein Reif gebildet.

Wer sich die bereits beschriebene **Wärmewirkung eines Blätterdaches** nicht so recht vorstellen kann oder wer den unsichtbaren Wärmestrahlen noch etwas mißtrauisch gegenübersteht, der möge sich von diesem Foto überzeugen lassen.

Es ist Herbst. In der vergangenen Nacht hat es den ersten Frost gegeben. Er ist heuer recht früh gekommen, die Bäume haben fast noch das volle Laub. Ringsum auf der Wiese hat sich Reif ausgebreitet – nur unter dem breit ausladenden Apfelbaum ist er ausgeblieben: Die Strahlung der Äste, Zweige und Blätter war um 30% stärker als die der Atmosphäre und diese 30% haben ausgereicht, die Temperatur über dem Gefrierpunkt zu halten. Damit sind hoffentlich auch die letzten Skeptiker überzeugt.

Auch die Wolken erhöhen – wie die Äste und Blätter der Bäume – die Wärmesstrahlung aus der Atmosphäre. Eine geschlossene, dichte Stratus-Decke (vgl. S. 172) kann sie um 25% verstärken. Sogar eine kaum sichtbare Cirrus-Schicht (vgl. S. 172, 199ff.) erhöht die Atmosphärenstrahlung noch um 5%.

Erfahrene Gärtner wissen schon, warum sie bei drohendem Spätfrost sehr genau auf die Bewölkung achten müssen: Bei bewölktem Himmel ist die Gefahr viel kleiner ist als bei wolkenlosem. Der Grund für dieses Phänomen ist eigentlich klar. Die Tröpfchen, aus denen die Wolken bestehen, senden – genauso wie alle anderen festen und flüssigen Materialen – 30% mehr langwellige Strahlung aus als die Gase der Atmosphäre.

Auch in Verpackungsschälchen kann sich ein Glashauseffekt einstellen.

Zum Schluß noch ein ganz besonderer Fall von Glashauseffekt. Im Gewächshaus führt er zu der erwünschten Erwärmung. In anderen Fällen kann er aber auch zu einer unerwünschten Überhitzung führen, etwa in einer sonnenbeschienenen, geschlossenen Telefonzelle oder einem in der Sonne abgestellten Auto.

Wer denkt aber schon daran, daß der Glashauseffekt sich auch in folienverschlossenen Verkaufsschälchen für Obst und Gemüse einstellen kann, wenn sie vor dem Geschäft in der Sonne stehen? Das Foto zeigt unten ein offenes und oben ein mit Folie verschlossenes Verkaufsschälchen mit Kirschen, die gemeinsam einen Tag lang der Sonne ausgesetzt waren. In den Früchten unter der Folie wurden Temperaturen bis über 50 °C gemessen. Aber auch ohne Messung sieht man ihnen nur zu deutlich an, welches Klima sich im verschlossenen Schälchen entwickelt hat.

Natürlich wissen die Verpackungsfachleute um diese Probleme und versuchen, Überhitzungen zu vermeiden, indem sie erstens Folien verwenden, die für Wärmestrahlung weitgehend durchlässig sind, so daß sich der Glashauseffekt erst gar nicht in diesem Maße einstellen kann. Zweitens stanzen sie Löcher in die Folien, so daß die Wärme – wie bei geöffneten Gewächshausfenstern – rasch nach außen abziehen kann.

Stabilität und Labilität der Atmosphäre

In der Physik erklärt man die Begriffe Stabilität und Labilität gerne mit einer Kugel, die im einen Fall in einer Mulde, im anderen auf einem Hügel liegen soll. Denken wir uns die Kugel zunächst in einer Mulde liegen. Versetzen wir ihr einen Stoß, so wird sie zwar zur Seite rollen, dann aber (nach einigen Schaukelbewegungen) an ihren Ausgangspunkt zurückkehren. Mit welchen Variationen wir den Versuch auch wiederholen, das Ergebnis wird stets das gleiche sein: die Kugel rollt zum tiefsten Punkt der Mulde zurück. Wir sagen daher: Sie befindet sich dort in einem **stabilen Zustand**, in den sie nach jeder Störung zurückkehrt. Ganz anders dagegen, wenn die Kugel auf einem Hügel liegt. Der kleinste Anstoß genügt und sie rollt den Hang hinunter, ohne jemals auf die Kuppe zurückzukehren. Wir sagen in diesem Fall: Die Kugel befindet sich in einem **labilen Zustand**.

Auch die Atmosphäre kann sich in einem stabilen oder in einem labilen Zustand befinden. Dazu müssen wir ein kleines Gedankenexperiment durchführen. Wir stellen uns einen Luftwürfel mit einem Kubikmeter Inhalt vor. Er soll auf der Erdoberfläche liegen und durch eine gedachte Hülle gegen seine Umgebung thermisch vollkommen isoliert sein. Diesen Würfel setzen wir nun nach oben in Bewegung und verfolgen dabei seine Temperatur. Dabei stellen wir fest, daß er sich je hundert Meter um 1 Grad abkühlt. Bewegen wir ihn wieder nach unten, dann erwärmt er sich mit der gleichen Rate. Diese Temperaturänderung um 1 Grad je 100 Meter stellt eine Art Normalverhalten dar und wird als **adiabatisch** bezeichnet. Sie tritt immer dann auf, wenn einzelne, begrenzte Luftvolumina – nennen wir sie der Einfachheit halber **Luftpakete** – vertikal bewegt werden.

In der Atmosphäre kann die Temperaturschichtung allerdings ganz erheblich von diesem Wert abweichen. In vielen Fällen sinkt die Temperatur mit der Höhe viel langsamer als 1 Grad pro 100 Meter oder nimmt sogar nach oben hin zu. Insbesondere bei den spätherbstlichen oder frühwinterlichen Hochdrucklagen treten häufig solche Temperaturschichtungen auf. Man spricht dann von **unteradiabatischen** Verhältnissen. Eine Zunahme der Temperatur mit der Höhe bezeichnet man als **Inversion**.

In den untersten Dekametern der Atmosphäre kann es bei intensiver Sonneneinstrahlung aber auch vorkommen, daß die Temperatur nach oben hin um mehr als 1 Grad pro 100 Meter abnimmt. Diese Schichtung heißt konsequenterweise **überadiabatisch**. Auch wenn sommerliche Warmluft von kühler Meeresluft abgelöst wird, stellt sich im Übergangsbereich zwischen den beiden Luftmassen eine teilweise stark überadiabatische Schichtung ein, weil die kühle Luft in der Höhe schneller vorankommt als am Boden. Wir werden uns diese Vorgänge auf Seite 184 mit den „Augen“ eines Radargerätes noch genauer anschauen.

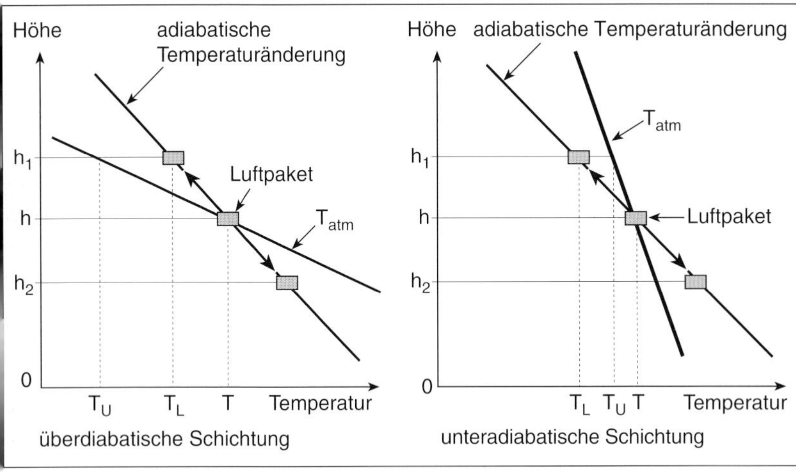

Graphik zur Erklärung von Stabilität und Labilität der Atmosphäre.

Wiederholen wir jetzt unser vorhin beschriebenes Gedankenexperiment in einer Atmosphäre mit einer unteradiabatischen Schichtung. Die rechte Hälfte der Abbildung oben demonstriert den Vorgang.

Die dicke, mit T_{atm} bezeichnete Linie zeigt die in der Atmosphäre herrschende Temperaturschichtung. Wir starten mit unserem Luftpaket, dessen Temperatur T sein soll, in der Höhe h und bringen es von dort aus auf das Niveau h_1. Dabei kühlt es sich adiabatisch (also um 1 Grad je 100 Meter) auf die Temperatur T_L ab. Da die Schichtung der Atmosphäre unteradiabatisch ist, herrscht in der Umgebung unseres Luftpaketes jetzt die gegenüber T_L deutlich höhere Temperatur T_U. Die Luft in unserem Luftpaket ist demnach kälter als die Umgebung, deshalb dichter und somit auch schwerer als die Umgebungsluft. Die Folge ist, daß das Luftpaket wieder auf das Ausgangsniveau zurücksinkt – genauso wie die Kugel in der Mulde! In einer Inversion ist der Abwärtstrend natürlich noch viel ausgeprägter. Hätten wir das Luftpaket aus dem Ausgangsniveau h auf die Höhe h_2 gebracht, so wäre es dort wärmer als die Umgebung angekommen und wie ein Heißluftballon zum Ausgangsniveau zurückgekehrt. Wir können also eine unteradiabatisch geschichtete Atmosphäre als **stabil** bezeichnen, weil jede Störung von selbst rückgängig gemacht wird.

Auf der linken Hälfte der Graphik können wir unser Gedankenexperiment in einer überadiabatisch geschichteten Atmosphäre wiederholen. Auch dort ist die Temperaturschichtung in der Atmosphäre wieder durch eine dicke, mit T_{atm} bezeichnete Linie dargestellt. In diesem Fall kommt das Luftpaket bei h_1 wärmer als die Umgebung an und wird deshalb weiter und weiter in die Höhe getrieben. Das Niveau h_2 erreicht es kälter als die Umgebung, so daß es bis zum Boden herabstürzen wird. Eine Rückkehr auf das Ausgangsniveau ist völlig ausgeschlossen. Man kann deshalb eine überadiabatatisch geschichtete Atmosphäre als **labil** bezeichnen.

Wir haben vorhin gesagt, überadiabatische Schichtungen stellen sich ein, wenn sommerliche Warmluft von kühler Meeresluft abgelöst wird. Die dabei als Begleiterscheinung von Gewittern auftretenden Sturmböen sind nichts anderes als Luftpakete, die aus großer Höhe zum Erdboden herabstürzen und dort zur Seite umgelenkt werden.

Phänomene bei stabiler Schichtung

Das Foto zeigt Kamine eines Münchener Heizkraftwerkes, die mächtige Dampffahnen (s. Seite 158) ausstoßen. Das Auffällige daran ist jedoch, daß sich diese Fahnen nicht vertikal ausbreiten, sondern sich als gleichbleibend schmales Band durch das ganze Bild ziehen. Leider kann das Foto nur einen Ausschnitt aus der Szene zeigen. In Wirklichkeit blieb die flache Form dieser Dampffahnen noch viele Kilometer weit erhalten, bis die Fahnen sich im Dunst der Ferne verloren. Woher kommt dieses ungewöhnliche Ausbreitungsverhalten?

Zum Zeitpunkt der Aufnahme lag eine mächtige herbstliche Inversion über der Stadt. Die Temperaturzunahme mit der Höhe hatte eine außerordentlich **stabile Schichtung** zustandekommen lassen, die jede Vertikalbewegung zu unterbinden vermochte. Dadurch konnten die Dampffahnen wegen ihrer hohen Temperaturen zwar noch etliche Meter über die Schornsteinöffnung aufsteigen, nach Abkühlung auf Lufttemperatur werden sie jedoch in konstanter Höhe festgehalten (s. auch Seite 125).

Fadenförmige Schornsteinfahne bei einer Inversion.

Bei einer stabilen Luftschichtung breitet sich eine Schonsteinfahne fadenförmig aus.

Langgezogene, gleichmäßig dicke, fadenförmige Rauch- oder Dampffahnen weisen stets auf eine **stabile Atmosphärenschichtung** hin. Allerdings werden Kamine häufig so hoch gebaut, daß ihre Emissionen oberhalb der regelmäßig entstehenden bodennahen Inversionen freigesetzt werden (vgl. Seite 135). In solchen Fällen kann eine bodennahe Inversion auch dann vorhanden sein, wenn die Form der Fahne nicht inversionstypisch ist.

Wie entstehen eigentlich Inversionen? Für uns sind nur zwei Arten von Inversionen interessant: Die Absinkinversion und die Strahlungsinversion.

Absinkinversionen entstehen im Bereich mächtiger Hochdruckgebiete insbesondere im Spätherbst und im Winter. Dort herrschen langsam ablaufende, aber sehr ausdauernde Absinkvorgänge. Die aus großer Höhe nach unten verlagerten Luftschichten werden dabei zusammengepreßt und es entsteht eine Inversion.

Die abendliche Abkühlung geht, wie auf Seite 118 bereits gesagt wurde, darauf zurück, daß der Erdboden mehr Wärme ausstrahlt, als er von der Atmosphäre zugestrahlt bekommt. Die Abkühlung geht deshalb vom Boden aus. Er wird kälter als die auf ihm liegende Luft – und das heißt nichts anderes, als daß eine Inversion entstanden ist. Auch ihr Name „Strahlungsinversion" erklärt sich damit von selbst.

Die Bildung von Inversionen ist in Wirklichkeit viel komplizierter als hier skizziert. Eine detaillierte Erklärung dieser Vorgänge findet man in Fachbüchern der Meteorologie.

Der Dampf aus einer Lokomotive bleibt bei stabiler Luftschichtung in einer festen Höhe.

Auch der von einer Dampflokomotive ausgestoßene Dampf bleibt während **winterlicher Inversions-Situationen** immer streng in der gleichen Höhe. Das Foto zeigt die Tegernseebahn in Oberbayern während einer Nostalgiefahrt. Auch hier ist der temperaturbedingte Auftrieb des Dampfes gut zu erkennen, der sich jedoch mit der Abkühlung auf Lufttemperatur schnell erschöpft (s. auch Seite 124).

Es war also durchaus nicht ganz falsch, wenn man früher aus der Form der Rauch- und Dampffahne von Lokomotiven auf das kommende Wetter geschlossen hat. Bei einer vertikal nur wenig entwickelten Fahne, so wie auf unserem Foto, konnte man mit beständigen Wetter rechnen. Hat sie aber eine mächtige Mäanderform angenommen, so war das eher ein Zeichen für einen bevorstehenden Wetterwechsel.

Bei der Härtsfeld-Bahn (Aalen-Neresheim) wollte man sich aber nicht nur auf vage Wetterzeichen verlassen. Dort hat man Züge gleich direkt zur Verbreitung der Wetterberichte eingesetzt. Dazu wurden an der Lokomotive je nach der amtlichen Wetterprognose Tafeln mit unterschiedlichen Wettersymbolen angebracht. So wußte jeder, der den Zug fahren sah, sofort, welches Wetter er zu erwarten hatte.

Inversionen blockieren Vertikalbewegungen; aufsteigende Luft wird deshalb gezwungen, horizontal auszuweichen.

In einer Inversion breiten sich Schornsteinfahnen gerne fächerartig aus. Man bezeichnet diese Form als Fanning-Typ.

Solche Dampfsäulen zeigen sich, wenn sich während einer langanhaltenden Hochdruckperiode eine mächtige Inversion aufgebaut hat. In solchen Fällen regt sich manchmal tagelang kein Lüftchen. Der aus dem Kühlturm quellende Dampf kann deshalb „kerzengerade" in die Höhe steigen (s. auch Seite 299). Dabei kühlt er sich langsam bis auf Lufttemperatur ab. Von diesem Zeitpunkt an hat er natürlich keinen Auftrieb mehr und unterliegt somit ausschließlich den Stabilitätskräften der **Inversion**. Das heißt, er kann sich nur noch in horizontaler Richtung ausbreiten.

Nach außen hin manifestiert sich dieser Vorgang durch einen scharfen rechten Winkel in der Dampfwolke. Im Prinzip ist das der gleiche Vorgang, der uns auch in den Bildern auf den Seiten 124 und 125 bereits begegnet ist.

Wenn eine Inversion eine Ausbreitung und damit auch Verdünnung von Luftbeimengungen in vertikaler Richtung unterbindet, dann stellt sich natürlich die Frage nach Ausbreitung und Verdünnung in horizontaler Richtung. Hier liegen die Verhältnisse nun allerdings ganz anders: seitlich erfolgt nämlich eine sehr rasche Ausbreitung. Die von einer Emissionsquelle ausgehenden Luftbeimengungen breiten sich in Form eines flachen, sich strömungsabwärts immer weiter öffnenden Fächers aus. Unter Umweltfachleuten wird diese Ausbreitungsform deshalb als **Fanning-Typ** bezeichnet. Auf dem Foto zeigt sich die Fächerform der Wasserdampfwolke sehr deutlich.

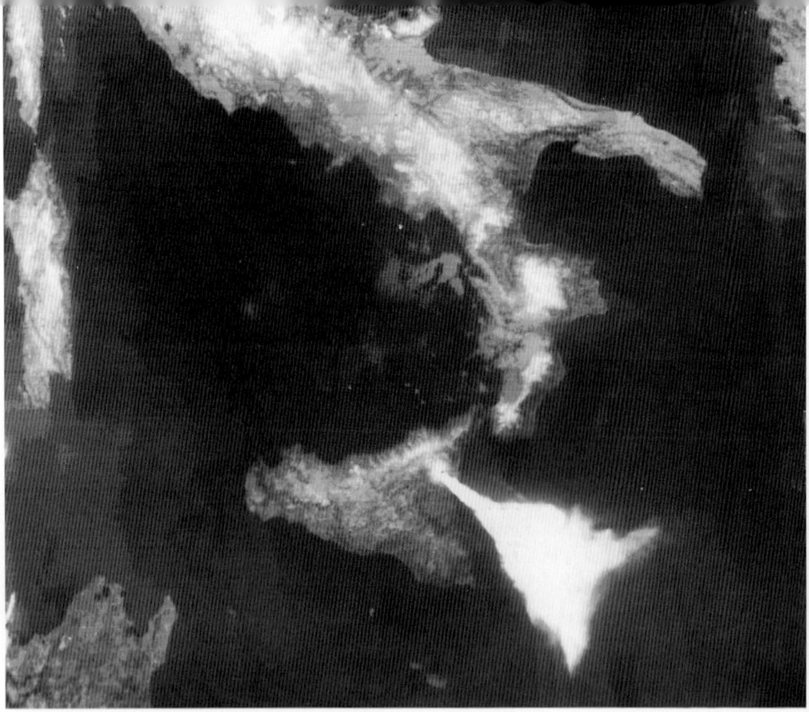

Fächerförmige Eruptionsfahne des Ätna.

Dieses Satellitenbild zeigt die Eruptionsfahne des Ätna vom 17. August 1979. Wie man sieht, stellt sie ein Musterbeispiel für eine **inversionsbedingte Fanningform** dar.

Da das Bild nicht mit sichtbarem Licht, sondern mit Wärmestrahlung (s. Seite 114) aufgenommen wurde, bedarf es noch einiger ergänzender Erläuterungen: In dieser Abbildung werden die strahlenden Oberflächen umso heller abgebildet, je kälter sie sind. Da die Aufnahme um 2 Uhr nachts gemacht wurde, ist das Meer wärmer als das Festland, die tiefergelegenen Landflächen wärmer als die Hochländer. Weitaus am kältesten ist offensichtlich die Eruptionsfahne. Das läßt darauf schließen, daß sie in großer Höhe schwebt, jedenfalls viel höher als die höchsten Berge. Natürlich wird man sich fragen: Gibt es denn in so großen Höhen auch Inversionen und wie kommt eine solche Inversion zustande? In der Tat sinkt die Temperatur der Atmosphäre (über Süditalien) bis etwa 12 km Höhe kontinuierlich auf etwa -60 °C. Darüber nimmt sie jedoch wieder langsam zu. Das heißt, oberhalb von etwa 12 km Höhe finden wir tatsächlich eine Inversion, die, wie Messungen belegen, viele Kilometer hoch reicht. Dieser Temperaturanstieg geht auf das in dieser Höhe vorhandene Ozon zurück, das bekanntlich die gefährliche UV-Strahlung absorbiert und sich dabei erwärmt. Wir dürfen also davon ausgehen, daß sich die Eruptionsfahne in einer Höhe von mindestens 12 km befindet.

So präsentiert sich eine dunst- und stauberfüllte Inversion von einem Berggipfel aus.

Dieses Foto zeigt den Blick vom Gipfel des etwa 1700 Meter hohen Herzogstandes, einem der bekanntesten Bayerischen Berge, ins Voralpenland hinaus. Es ist später Oktober und das langanhaltende Altweibersommer-Hoch hat eine ungefähr 1500 Meter mächtige **Inversion** entstehen lassen.

Da Inversionen bekanntlich alle Vertikalbewegungen rigoros unterbinden, können sich die Luftverunreinigungen, die im Lauf der Zeit in die Inversion eingetragen wurden, nicht nach oben verdünnen. Sie sammeln sich zusammen mit Wasserdampf, Dunst und natürlichen Luftbeimengungen wie etwa aufgewirbeltem Staub und ähnlichem in immer höherer Konzentration an, bis die Inversion als graubraune Schicht deutlich sichtbar wird (s. auch Seite 37).

Diese Situation haben wir gerade vor uns: Die Inversion überdeckt wie eine schmutzige Brühe das gesamte Voralpenland. Über ihrer beinahe messerscharfen Obergrenze jedoch wölbt sich der blaue Himmel wie frisch gewaschen. Dort ist die Schichtung näherungsweise adiabatisch, so daß sich Luftverunreinigungen rasch in vertikaler Richtung verdünnen können.

In einer Inversion sammeln sich, insbesondere im Bereich von Städten und Ballungsräumen mit ihren unzähligen Abgas- und Schadstoffquellen, erhebliche Mengen der verschiedensten chemischen Substanzen, Stäube und Aerosole an. Sie stellen das Ausgangsgemisch für die Entstehung des wohlbekannten **Sommersmog** wie auch für den **Wintersmog** dar.

Inversionen, insbesondere langandauernde, zählen deshalb, vom Standpunkt der Luftreinhaltung aus gesehen, zu den besonders kritischen Wetterlagen.

Wolkenschicht an einer Inversionsobergrenze.

In den stadtfernen Reinluftgebieten bleibt zwar innerhalb von Inversionen die Konzentration von schädlichen Luftbeimengungen kleiner als in städtischen Ballungsräumen, eine Anreicherung mit Staub, Wasserdampf, Dunst- und Wolkentröpfchen erfolgt aber auch dort. Vor allem bildet sich an der **Inversionsobergrenze** gerne eine Wolkenschicht aus. In der gut durchlüfteten Schicht oberhalb der Inversion ist die Luft jedoch sauber und klar.

Außergewöhnlich starke Inversionen zusammen mit der bis zur Mitte unseres Jahrhunderts noch völlig hemmungslosen Rauch-Emission aus ungezählten Fabrikschornsteinen führten in London in den 50er- und 60er-Jahren zu einer Reihe von schweren Smog-Katastrophen. Eine der schlimmsten ereignete sich im Dezember 1952. Die Konzentration des beim Verbrennen schwefelhaltiger Kohle entstandenen Schwefeldioxides in der Luft stieg auf das 10fache des Normalwertes an. Das aggressive Gas löste sich in den Nebeltröpfchen zu ätzender schwefliger Säure. Im stinkenden, beißenden Nebel konnte man kaum 10 Meter weit sehen. Neben seiner zerstörerischen Wirkung auf die gesamte Umwelt waren ungezählte Asthma- und Bronchitisanfälle zu beklagen. Die Sterblichkeitsrate verdoppelte sich. Die Zahl der Todesfälle infolge von Lungenerkrankungen stiegen auf das Siebenfache.

Zum Glück hat man aus diesen Katastrophen gelernt und dem Umweltschutz inzwischen den ihm gebührenden Stellenwert zuerkannt.

Oberhalb einer Inversion beträgt – wie hier – die Sichtweite oft mehrere Hundert Kilometer.

Über einer Inversion stellt sich manchmal eine geradezu unglaubliche Fernsicht – bis zu mehreren hundert Kilometern – ein. Der Grund dafür ist leicht einzusehen: einerseits werden Luftverunreinigungen dort sehr wirksam verdünnt, andererseits werden aus der darunter liegenden Sperrschicht keine neuen Luftinhaltsstoffe nachgeliefert. So ist es im Herbst ganz normal, daß man vom 1456 Meter hohen Gipfel des Großen Arber, dem höchsten Berg des Bayerischen Waldes, aus mühelos die Alpengipfel sehen kann. Auf unserem Foto, das auf dem Lusen, einem 1373 m hohen Berg des Bayerischen Waldes aufgenommen wurde, erscheint der knapp 300 km entfernte Dachstein wie „zum Greifen“ nahe.

Bei manchen Inversionen treten ganz unglaubliche Temperaturschichtungen auf. So wurde am 30. Januar 1986 um 7.00 Uhr über Augsburg in einer 250 Meter mächtigen bodennahen Inversion ein Temperaturanstieg von über 15 °C gemessen. In der durch einen Felseneinsturz in 1270 Meter Höhe entstandenen Doline Gstettneralm bei Lunz in Österreich sind schon Temperaturanstiege von 31 °C auf 90 Meter Höhe gemessen worden.

Nebelerfülltes Tal bei einer Inversionslage.

Wenn die Luft in einer Inversion sehr feucht ist und die Inversions-Situation lange genug anhält, kann sich darin so viel Wasserdampf anreichern, daß aus ihr eine dichte Nebelschicht wird. Das sind Situationen, die sich im Wetterbericht so anhören: „In den Tälern neblig-trüb bei Temperaturen um –10°; auf den Bergen ab 1000 bis 1200 Meter sehr mild mit guter Fernsicht." Ein Beispiel möge eine solche Situation belegen. Am 15. Januar 1997 um 7 Uhr konnte man in den Wettermeldungen lesen:

Wie an der Temperaturschichtung leicht zu erkennen ist, lag die **Inversionsobergrenze** knapp über 1000 Meter. Die tieferen Lagen waren von teilweise sehr dichtem, gefrierendem Nebel erfüllt, der sich jedoch ab etwa 600 Meter Höhe allmählich zu lichten begann. Über der Inversion finden wir die gewöhnliche Temperaturabnahme mit der Höhe, in der sich eine grandiose Fernsicht einstellt. Unser Foto zeigt, wie sich solche Wetterlagen vom Gipfel der Zugspitze aus zu präsentieren pflegen.

Station	Höhe (in Meter)	Wetter	Temperatur (in °C)
München	447	gefrier. Nebel	-13,0
Garmisch-Patenkirchen	720	leicht bewölkt	-9,1
Hohenpeißenberg	977	wolkenlos	+8,6
Großer Arber	1446	wolkenlos	+7,2
Wendelstein	1835	wolkenlos	+6,8
Zugspitze	2962	wolkenlos	+0,4

Talinversion: dicker Nebel aufgrund hoher Luftfeuchtigkeit und tiefer Temperaturen.

Im Lauf langanhaltender herbstlicher Hochdrucksituationen wachsen die Inversionen ganz langsam zu immer mächtigeren Schichten heran. Die Folge ist, daß tiefergelegene Landesteile sehr bald in Dunst und Nebel versinken, während man in höhergelegenen Gebieten, in den Mittelgebirgen und vor allem im Alpengebiet oft bis weit in den November, manchmal sogar bis in den Dezember hinein oberhalb der **Inversion** bleibt und herrlichstes Wetter genießen kann. Im Herbst und im Winter bekommt man im Alpenvorland doppelt so viel Sonnenwärme zu spüren wie in Norddeutschland.

Wollte man dem Sonnengott einen Tempel errichten, dann sollte man das auf dem Hohenpeißenberg, einem Solitärberg südlich des Ammersees, tun. Mit durchschnittlich über 1800 Stunden Sonnenschein im Jahr ist der Hohenpeißenberg der sonnigste Punkt in Deutschland.

Rekordhalter bei der längsten Sonnenscheindauer ist allerdings das Klippeneck am Südrand der Schwäbischen Alb mit einer Höhe von ebenfalls 1000 Meter. An der dortigen Wetterstation wurden im Jahr 1959 nicht weniger als 2329 Stunden gemessen.

Der höchste Monatswert der Sonnenscheindauer stammt mit 414 Stunden von der nördlichsten Wetterstation Deutschlands: Kap Arkona auf der Insel Rügen. Er wurde im Juli 1994 erreicht.

Wie bei Gewässern läßt der Wind auch an Inversionsobergrenzen Wellen entstehen.

Weht über der Inversion ein entsprechend starker Wind, so entstehen an der Inversionsobergrenze Wellen – ähnlich wie an einer Wasseroberfläche (s. Seite 321) – nur um ein Vielfaches größer und mächtiger. Sie machen sich durch riesige **Wogen in der Wolkendecke** bemerkbar, so wie wir sie auf unserem Bild bei Sonnenaufgang beobachten können. Ist der Wind so stark, daß er innerhalb der Wellentäler tief genug in die Inversion eindringen kann, so kommt es darin zu einer immer weiter fortschreitenden Durchmischung, die sie innerhalb kurzer Zeit völlig auflösen kann.

Ein kräftiger Wind ist das einzige Wetterelement, das eine Inversion zerstören kann. Manche extremen Winter-Inversionen sind sogar so zäh, daß nur ein mächtiger Sturm in der Lage ist, sie wegzuräumen. Bleibt er aus, so kann sie sich in tieferen Geländelagen oft über Wochen, ja sogar Monate halten, während sich im höhergelegenen Gelände bereits der Frühling zeigt. Erst ein massiver Wetterwechsel mit erheblichen labilen Umlagerungen führt in solchen Fällen wieder zur Zufuhr frischer und sauberer Luft.

Der warme Dampf aus dem Schornstein ist in der Lage, die Inversion zu durchstoßen.

Inversionen sind immer wieder gut für ungewöhnliche Fotos. Hier steht der Beobachter auf dem Hohenpeißenberg (s. auch Seite 253) und blickt auf die unter ihm liegende Inversion. Etliche Kilometer vom Standort entfernt quillt eine mächtige Dampffahne (s. Seite 158) aus einem Schornstein. Der Dampf verläßt den Kamin so warm, daß er infolge seines Auftriebs die Sperrwirkung der Inversion durchbrechen und so bis über ihre Obergrenze hinaus hochsteigen kann.

Bei Industrieanlagen nutzt man diesen „Heißluftballoneffekt" bewußt zur Luftreinhaltung: Zunächst macht man sich durch Messungen ein Bild über die gewöhnlichen und extremen Inversionshöhen. Dann berechnet man, wie hoch die freigesetzten Emissionen aufgrund ihrer Temperatur noch über die Schornsteinöffnung aufsteigen können. Diesen Höhenschritt bezeichnet man als **Schornsteinüberhöhung**. Schließlich wird die Schornsteinhöhe so festgelegt, daß sie zusammen mit der Schornsteinüberhöhung eine größere Höhe ergibt als die Inversionsobergrenze. Damit ist gewährleistet, daß die ausgestoßenen Emissionen im Bereich der „labilen" Schichtung oberhalb der Inversion rasch verdünnt werden.

Sonnenaufgang über einer nebelerfüllten Inversion.

Schon wieder ein Sonnenaufgang am Meer? Wir stehen hier auf dem Gipfel des gut 1400 m hohen Großen Arber im Bayerischen Wald. Im Lauf einer langen winterlichen Hochdruckwetterlage hat sich eine gut 1000 m mächtige Inversion entwickelt. Nur die Gipfel einiger benachbarter Berge ragen noch aus ihr heraus. Dem Beobachter an der Wetterstation, der dieses Foto aufgenommen hat, präsentiert sich die Umgebung allerdings schon fast wie das weite Meer mit einigen verstreuten Inseln.

Ob sich das Bild am nächsten Morgen noch einmal wiederholen wird? Man darf es bezweifeln. Die Wolken über der Inversion deuten auf einen „Aufzug" hin, dem eine Wetteränderung folgen wird.

Unter einem **Aufzug** versteht man eine Wolkenentwicklung, die mit sehr feinen hohen Eiswolken beginnt, sich mit immer dichteren Wolken fortsetzt und schließlich mit mächtigen Regenwolken endet. Ein Aufzug deutet auf das langsame Heranrücken einer Warmluftmasse hin.

Detaillierte Informationen über die Wettervorgänge im Zusammenhang mit einem Aufzug findet man im Kapitel Wolken auf der Seite 198.

Neujahrsraketen erleuchten eine nebelerfüllte Talinversion von innen.

Hier haben wir noch einen ganz besonderen Leckerbissen zum Thema **Inversion**. Ende Dezember 1990 hatte sich in den bayerischen Alpen und im nördlichen Alpenvorland eine mächtige Inversion aufgebaut. In ihr konnte sich im Lauf der Zeit viel Wasserdampf anreichern, der eine mächtige Nebelschicht entstehen ließ. Beim Neujahrsfeuerwerk 1991 wurde diese Schicht von innen her von unzähligen Raketen in allen Farben illuminiert. Dadurch kam es zu einem fast magisch wirkenden Lichtspektakel, das bis weit ins Voralpenland hinaus zu verfolgen ist.

Natürlich spielt auch hier die Lichtstreuung eine wesentliche Rolle. Man kann teilweise im Innern des Nebels sogar einzelne „Lichtbälle“ erkennen, die zeigen, wie weit die Streuvorgänge an den Nebelteilchen reichen. Was es mit der Lichtstreuung auf sich hat, wie sie sich auswirkt und welchen physikalischen Hintergrund sie hat, ist in den beiden ersten Kapiteln dieses Buches sehr ausführlich beschrieben.

Form der Schornsteinfahne bei adiabatischer Atmosphärenschichtung.

Phänomene bei labiler Schichtung

Ein einziger Blick genügt, um zu sehen: Hier haben wir es mit ganz anderen Ausbreitungsbedingungen zu tun als bisher. Der Dampf, der auf diesem Bild aus dem Schornstein quillt, zeigt ein heftiges Auf und Ab; die Fahne bewegt sich in Form immer größer werdender Mäander, während sie kontinuierlich immer höher steigt.

Und noch etwas ist anders als auf dem Bild auf Seite 124/125: der Dampf wird rasch dünner, nach nur wenigen hundert Metern hat sich die Fahne schon fast vollständig aufgelöst.

Hier haben wir es mit einer annähernd **adiabatischen Temperaturschichtung** zu tun (labile Schichtungen gibt es, wie wir auf Seite 122 gesehen haben, ja nur in Ausnahmefällen). Hier werden Vertikalbewegungen in keiner Weise behindert; man sieht der Fahne sogar in der Momentaufnahme noch ihre bewegte Dynamik an.

Solche Situationen sind lufthygienisch sehr wertvoll, denn alle Verunreinigungen, die in die Luft gelangen, werden infolge der kräftigen Durchmischung in diesem Moment rasch verdünnt und unschädlich gemacht.

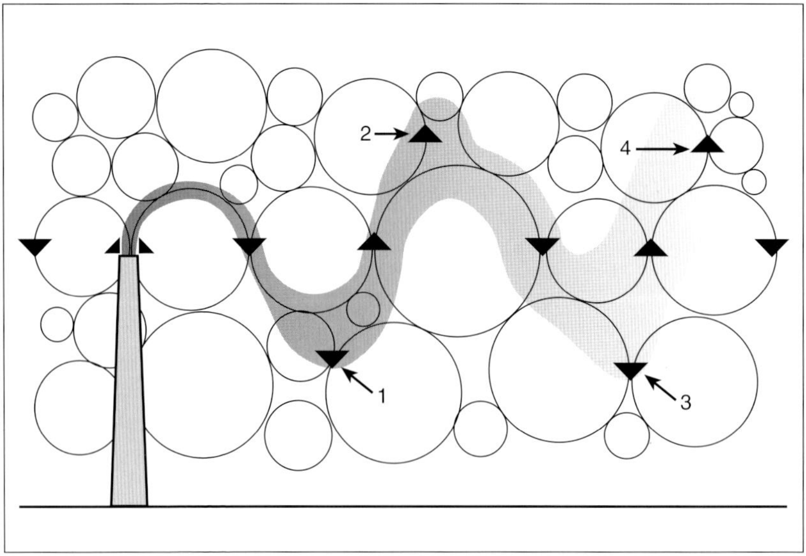

Auswirkungen der Luftturbulenz auf eine Schornsteinfahne.

Diese Graphik soll erklären, wie es zu einer solchen mäanderförmigen Schornsteinfahne kommt. Analysiert man die Feinstruktur der Luftbewegung bei einer adiabatischen oder labilen Schichtung, so stellt man fest, daß sie sich aus vielen unterschiedlich großen Wirbeln zusammensetzt. Im Windkapitel (s. Seite 309ff.) werden wir auf diese Wirbel ausführlich zu sprechen kommen. Man nennt diese Bewegungsform **turbulent**. Unsere Graphik zeigt, wie man sich die Wirbel bei turbulenter Luftbewegung vorzustellen hat: wie unterschiedlich große Walzen, die sich gegenseitig in Bewegung halten. Bei einigen – für unsere Betrachtungen wichtigen – Wirbeln zeigen Pfeile die Rotationsrichtung an. Unsere Graphik stellt natürlich eine Momentaufnahme dar. In Wirklichkeit wird dieses Wirbelmuster vom Wind am Betrachter vorbeigezogen. Dabei verändert sich auch seine innere Struktur: Verschiedene Wirbel zerfallen allmählich, andere entstehen neu; auch die Rotationsgeschwindigkeiten variieren ständig.

Denken wir uns jetzt mitten in dieser turbulenten Luftbewegung einen Kamin, dem eine „Dampffahne" entströmt. Wie gut zu erkennen, wird sie sofort von einem Wirbel erfaßt und im Uhrzeigersinn strömungsabwärts weggeführt. Im abwärts gerichteten Ast dieser Wirbelbahn kommt sie in den Einflußbereich des nächsten Wirbels, der sie entgegen dem Uhrzeigersinn weiterführt und an den Nachbarwirbel weitergibt. Während dieses Vorganges werden Teile der Fahne auch von darüber- oder darunterliegenden Wirbeln erfaßt (1 bis 4) und die Fahne dadurch auseinandergezerrt, so daß sich sich im mäandernden Auf und Ab rasch verdünnt.

Hier hat ein Luftwirbel eine Schornsteinfahne fast bis zum Boden gedrückt.

Das Bild auf dieser Seite zeigt einen Wirbel, der eine Dampffahne sogar in eine fast vollständige Rotation zwingt, so daß sie – entgegen der generellen Windrichtung – zum Kamin zurückgeblasen wird.

Da bei einer adiabatischen oder labilen Schichtung die Luftteilchen eine fortgesetzte Schleifenbahn durchlaufen, bezeichnet man diesen Schichtungstyp im Jargon der Luftreinhaltungs-Fachleute als **Looping-Typ**.

Die drei Bilder auf der rechten Seite wurden kurz hintereinander aufgenommen. Sie zeigen, mit welcher Dynamik sich die Form einer Schornsteinfahne bei einer adiabatischen Temperaturschichtung in turbulenter Luftbewegung verändern kann.

Rechte Seite: drei Phasen der Bewegung einer Schornsteinfahne bei adiabatischer Atmosphärenschichtung, kurz hintereinander aufgenommen.

Form der Schornsteinfahne bei einer leicht stabilen Atmosphärenschichtung.

Natürlich gibt es zwischen dem **Fanning-Typ** und dem **Looping-Typ** einen kontinuierlichen Übergang – je nach der herrschenden Temperaturschichtung. Auf diesem Bild ist die Form einer Dampffahne bei einer nur leicht stabilen Schichtung zu sehen. Man sieht es sofort: Die mächtigen Mäander sind verschwunden, nur da und dort lassen sich noch einige, allerdings spürbar gedrosselte Vertikalbewegungen erahnen. Sie führen dazu, daß die Fahne stromanwärts immer voluminöser wird, also die Form einer Keule annimmt. Die Ausbreitungsfachleute bezeichen diesen Zustand leicht unteradiabatischer Temperaturschichtung nach der vorwiegenden Form von Abgasfahnen als **Coning-Typ**.

Der Schichtungstyp spielt insbesondere bei der Ausbreitung von Luftverunreinigungen eine wichtige Rolle. Darauf wurde schon mehrfach hingewiesen. Zur Berechnung der Ausbreitungsbedingungen wären natürlich gemessene Werte der Temperaturschichtung am besten. Der dafür erforderliche Aufwand ist jedoch sehr hoch und deshalb für die Praxis nicht zu rechtfertigen.

Deshalb hat man in der „Technischen Anleitung zur Reinhaltung der Luft" (TA Luft) ein Schema zur näherungsweisen Abschätzung des Schichtungstyps vorgelegt. Es stützt sich auf Angaben über die Tageszeit, die Bedeckung des Himmels mit Wolken und die Windgeschwindigkeit. Mit seiner Hilfe läßt sich eine von 6 Stabilitätsklassen festlegen, die dann den Ausbreitungsrechnungen zugrundegelegt werden kann.

Föhnwetter und Föhnwolken

Föhnwetterlage

In Bayern ist der Föhn an allem schuld. Er gilt dort nicht nur als plausible, ja selbstverständliche Erklärung für Kopfschmerzen, Mattigkeit und Abgeschlagenheit, sondern auch als glaubwürdige Entschuldigung für jeden „geschossenen Bock".

Fragen wir das Lexikon nach dem Föhn, so bekommen wir zunächst eine wenig aufschlußreiche Antwort: Der Name komme vom lateinischen Wort **favonius**, was soviel wie „Frühlingswind" bedeute. Er sei ein warmer, trockener Fallwind, der im Alpenvorland regelmäßig vorkomme und der von typischen Wolkenformen begleitet werde. Keine Silbe über Befindensstörungen, Kopfschmerzen oder andere Auffälligkeiten. Schließen wir uns dem Lexikon an und gehen wir dem meteorologischen Steckbrief des Föhns nach: „Warmer, trockener Fallwind mit typischen Wolkenformen".

Föhn entsteht immer dann, wenn sich ein Tiefdruckgebiet von Westen her dem europäischen Festland nähert. Tiefdruckgebiete sind eigentlich nichts anderes als riesengroße Luftwirbel mit senkrechter Achse, die gegen den Uhrzeigersinn rotieren. Wenn sich ein solches Gebilde von Westen her nähert, kommt der Alpenbereich zunächst in den süd-nordwärts gerichteten Strömungsast auf seiner Ostseite (Vorderseite). Er zwingt Mittelmeerluft, über die Alpen zu strömen. Und dieses Überströmen der Alpenbarriere ist es, was einen gewöhnlichen Südwind zum Föhn macht.

Phasen der Föhnentstehung

Phase 1: Staubewölkung beim Aufgleiten
Wie auf Seite 198 bereits besprochen, kühlt sich die Luft beim Aufsteigen je hundert Meter um ziemlich genau ein Grad ab. Wesentlich ist nun, daß warme Luft mehr Wasserdampf mit sich führt als kalte. Als grobe Faustregel gilt: bei 5 Grad kann ein Kilogramm Luft höchstens 5 Gramm Wasserdampf enthalten, bei 10 Grad knapp 8 Gramm und bei 20 Grad etwa 15 Gramm. Machen wir nun ein kleines Gedankenexperiment, dessen Ablauf wir an der Graphik auf S. 145 verfolgen können. Sie zeigt im linken Teil, was beim Überströmen des Alpenhauptkammes vor sich geht und im rechten Teil die dabei ablaufenden Temperaturänderungen.

Starten wir am südlichen Fuß der Alpen in einer Höhe von 500 Metern. Die Mittelmeerluft soll 20 Grad warm sein und pro Kilogramm 8 Gramm Wasserdampf enthalten. Bis sie auf ihrem Weg über die Alpen 1000 Meter gestiegen ist – in der Graphik ist dieser Weg mit (A) gekennzeichnet – ist ihre Temperatur von 20 Grad auf 10 Grad gesunken. Sie kann also ihren Wasserdampf gerade noch halten (B). Aber sie ist dann ja längst noch

Föhn über dem „Sudelfeld“ bei Bayerischzell.

Staubewölkung in der aufsteigenden Luft.

nicht „über den Berg“, bis zum Alpenhauptkamm geht es noch ein gutes Stück bergan und dabei schreitet die Abkühlung immer weiter fort. Ist aber ihre Temperatur erst einmal unter 10 Grad gesunken, so kann sie nicht mehr ihre gesamte Wasserdampflast tragen. Sie ist also gezwungen, sich eines Teiles davon zu entledigen. Das macht sie, indem sie einen Teil davon in Form von winzigen Tröpfchen ausscheidet, die als sogenannte **Staubewölkung** am Himmel sichtbar werden (C). Wie tourismusfeindlich sich Staubewölkung präsentieren kann, zeigt das Foto oben.

Mit der Kondensation setzt nun eine erhebliche Veränderung im thermischen Verhalten der Luft ein: ab diesem Zeitpunkt sinkt die Temperatur beim weiteren Aufgleiten je hundert Meter nicht mehr um 1,0 Grad, sondern (physikalisch vereinfacht dargestellt) nur mehr um

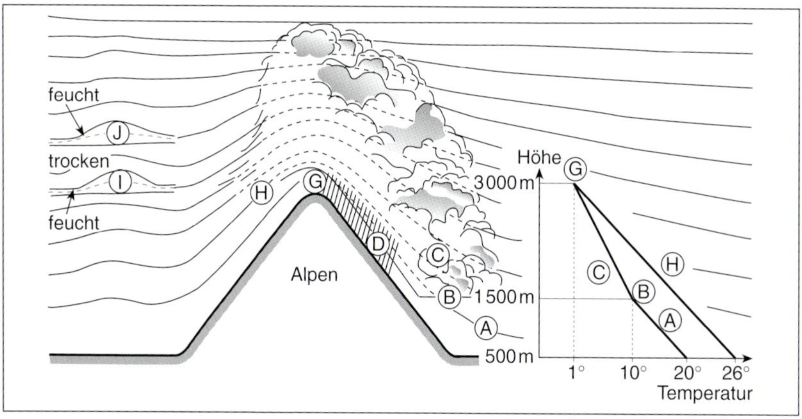

Schematische Darstellung der Vorgänge beim Föhn.

Erste Föhnphase.

etwa 0,6 °C. Versuchen wir, uns dieses Phänomen anhand von Erfahrungen aus dem Alltagsleben klar zu machen.

Dazu denken wir uns einen Topf mit kaltem Wasser und einem Thermometer auf dem Herd stehen. Schalten wir den Strom ein, so können wir am Thermometer ein stetiges Steigen der Wassertemperatur feststellen, bis das Wasser zu sieden anfängt. Ab diesem Augenblick bleibt die Temperatur konstant, obwohl weiterhin Wärme vom Herd auf das Wasser übertragen wird. Wohin verschwindet dann die zugeführte Wärme? Sie verschwindet überhaupt nicht, denn nach einem fundamentalen Lehrsatz der Physik kann Energie nicht verschwinden. Sie „versteckt" sich lediglich in dem beim Sieden entstehenden Wasserdampf. Man bezeichnet die im Wasserdampf steckende, nicht mehr meß- und fühlbare Wärme als **latente Wärme.**

Die latente Wärme ist recht beachtlich: bei einem Liter Wasser beträgt sie 0,7 kWh – das ist mehr als fünf mal soviel wie man benötigt, um die gleiche Wassermenge von 0 auf 100 °C zu erhitzen.

Wenn nun umgekehrt Wasserdampf zu flüssigem Wasser kondensiert, dann kehrt diese Wärme aus ihrem „Versteck" zurück. Sie wird wieder meß- und fühlbar und nimmt erneut die Fähigkeit an, ihre Umgebung zu erwärmen. Sie entpuppt sich auf diese Weise als eine echte Heizung.

Zurück zur Föhnbildung: Beim Kondensieren des Wasserdampfes auf der Alpensüdseite wird die in ihm enthaltene latente Wärme frei und wirkt dem Abkühlungsvorgang entgegen. Dadurch verlangsamt sich der Temperaturrückgang auf den schon genannten Wert von 0,6 °C je 100 Meter Höhe (C).

Föhnmauer.

Phase 2: Föhnmauer
Auch wenn die Abkühlung infolge der freigesetzten latenten Wärme gebremst wird, so geht sie doch unerbittlich weiter; je höher die Luft steigt, desto kühler wird sie. Dadurch wird immer mehr Wasser ausgeschieden.

Die Wolken werden immer dichter und mächtiger, bis es schließlich zu regnen anfängt (in der Graphik zur Erklärung der Föhnvorgänge auf der Seite 145 ist dieser Punkt mit (D) gekennzeichnet). Und wenn die Wolken schließlich am Alpenhauptkamm angekommen sind (das ist die Stelle, die in der Graphik auf der Seite 145 mit (G) gekennzeichnet ist), haben sie fast ihr ganzes Wasser ausgeregnet.

An diesem Punkt erreicht die Bewölkung gleichzeitig ihre größte Mächtigkeit. Sie steht dann wie eine riesige Mauer über den Berggipfeln. Die Meteorologen bezeichnen sie deshalb sehr anschaulich als **Föhnmauer**.

In der Tat kann die Föhnmauer bei einer kräftigen Föhnentwicklung so mächtig werden, daß sie die Tropopause, also den schon mehrfach zitierten Wetterplafond (s. Seite 128), erreicht.

Auf der Föhnseite stürzt die Luft wie ein Wasserfall ins Tal.

Phase 3: Abgleiten

Nach dem Überschreiten des Alpenhauptkammes geht es über die Nordhänge wieder hinunter wie bei einem Wasserfall (in der Graphik zur Erklärung der Föhnvorgänge auf der Seite 145 ist dieser Bereich mit (H) bezeichnet). Dabei wird es natürlich wieder wärmer und die Wolken fangen an, sich **aufzulösen**. Da die Luft ihren ganzen Wasserdampf als Regen südlich der Alpen zurückgelassen hat, fegt sie jetzt als trockener Wind ins Voralpenland hinaus und in Oberbayern klagt man über Kopfweh!

Die Tatsache, daß die Luft trotz der Erwärmung die Hänge hinunterstürzt, stößt immer wieder auf ein gewisses Unverständnis. Warum sollte erwärmte Luft nach unten sinken, wo doch allgemein bekannt ist, daß warme Luft nach oben steigt? Man darf diesen Vorgang nicht ausschließlich aus der Sicht der Temperatur betrachten, sondern muß sich auch die Strömungsvorgänge klar machen.

Wie bereits gesagt, liegt in etwa 10 km Höhe die sogenannte Tropopause, eine Art Wetterplafond, wie ein Deckel auf der unteren Atmosphäre. Beim Überströmen der Alpen werden die Luftmassen zwischen den Berggipfeln und der Tropopause eingezwängt. Haben sie diese Barriere hinter sich gelassen, so weitet sich das Strömungsfeld wieder. Die Luft breitet sich also lediglich über den gesamten zur Verfügung stehenden Raum aus, und dazu muß sie auch nach unten strömen.

Daß der Föhn in Gipfellagen zu gewaltigen Stürmen anschwellen kann, läßt sich mit den Geländemodellen auf Seite 316 (Modell rechts, mitte) bequem erklären.

Die ersten Föhnwolken entstehen.

Phase 4: Erwärmung beim Abgleiten
Jetzt müssen wir allerdings den **Erwärmungsvorgang** auf der **Alpennordseite** (Bereich (H) in der Graphik auf Seite 145) noch etwas unter die Lupe nehmen.

Erinnern wir uns: Auf der Alpensüdseite hatte es kräftig geregnet. Nehmen wir der Einfachheit halber an, **sämtliches** Wasser sei dabei aus der Luft entfernt worden (was natürlich der Wirklichkeit nicht ganz entspricht!). Wenn in der Luft kein Wasser mehr vorhanden ist, kann natürlich auch kein Wasser verdunsten und dabei latente Wärme binden. Das bedeutet: Die Luft kann sich von Anfang an um 1 Grad pro 100 Meter erwärmen (H). Das hat eine außerordentlich wichtige Konsequenz: die Luft kommt in den bayerischen Gebirgstälern viel wärmer an, als sie in Italien gestartet ist. Und damit haben wir die Erklärung dafür, daß der Föhn ein warmer Wind ist.

Auf der nächsten Seite werden die Temperaturänderungen der Luft im Verlauf der einzelnen Föhnphasen anhand eines kleinen Rechenbeispiels noch verdeutlicht.

Voll ausgebildete Föhnwolken am nördlichen Alpenrand.

Ein kleines Rechenexempel soll die Zusammenhänge noch etwas vertiefen.

Betrachten wir doch die gleiche Luft wie vorhin. Sie soll am Fuß der Südalpen 500 Meter über dem Meeresspiegel mit 20 °C starten. In 1500 Meter Höhe, wo die **Wolkenbildung** (s. Seite 145) einsetzt, ist sie dann noch 10 °C warm. Bis zum Alpenhauptkamm in 3000 Meter Höhe kühlt sie sich um weitere 15 × 0,6 Grad gleich 9 Grad ab und erreicht die Alpengipfel mit einer Temperarur von 1 °C. Auf der Alpennordseite sinkt sie etwa 2500 Höhenmeter und erwärmt sich dabei um 25 × 1 Grad, erreicht also das bayerische Alpenvorland (500 Meter über dem Meeresspiegel) mit 26 °C und ist somit 6 Grad wärmer als am Start.

Wie wirksam die „Föhnheizung" sein kann, soll das Beispiel vom 18. April 1983 zeigen. An diesem Tag meldeten die Wetterstationen Mailand und Udine anhaltende Dauerniederschläge. Das Quecksilber kletterte auf bescheidene 11 °C. Im Alpenvorland dagegen herrschten bei strahlendem Sonnenschein Temperaturen über 22 °C!

Föhnwolken können sehr eindrucksvolle Gebilde sein.

Phase 5: Bildung der Föhnwolken
Beim Überströmen der Alpen kann es zu kräftigen Luftturbulenzen kommen. Wer sich das nicht vorstellen kann, soll einmal über die Kante eines Papierblattes blasen und auf Seite 309 dazu nachlesen. Das Rauschen und Zischen, das man beim Blasen hört, ist die kleine Ausgabe der Turbulenzen am Alpenhauptkamm.

Innerhalb solcher Schwingungen kann die Luft wieder hochgehoben und dabei erneut abgekühlt werden, so daß der in ihr noch enthaltene Restwasserdampf auskondensiert. Dabei entstehen die langen, schlanken, zigarren- oder zeppelinförmigen **Föhnwolken**, die stets parallel zu den Alpen verlaufen (in der Graphik zur Erläuterung der Föhnvorgänge auf der Seite 145 ist diese Stelle mit (I) bezeichnet).

Der zerzauste und ausgefranste Rand dieser Wolken erklärt sich aus ihrer Entstehungsweise. Da sich dieser Vorgang noch viele Male wiederholen kann, findet man oft eine lange Folge von Altocumulus lenticularis, so der wissenschaftliche Name dieser Wolke (s. Seite 172), die bis weit ins Alpenvorland hinausreichen kann.

Der Föhn kann, so wie hier, über 200 km weit reichen.

Erscheinungsformen und Auswirkungen des Föhns

Daß bei Föhn die Berge scheinbar vor der Haustür liegen, erklärt sich aus der großen Lufttrockenheit. Während feuchte Luft leicht zur Dunstigkeit (s. Seite 31) neigt, ist trockene durchsichtig wie Kristall und gewährt einen brillanten **Fernblick**.

Dieses Bild wurde etwa 100 km nördlich des Alpenrandes aufgenommen. Selbst in dieser großen Entfernung ist die Reihenanordnung der Föhnwolken noch deutlich zu erkennen.

Wie oft gibt es eigentlich Föhn? Längst nicht so oft wie allgemein angenommen wird! Am häufigsten tritt er naturgemäß in den großen, nach Norden gerichteten Alpentälern auf, dicht gefolgt von den vorgelagerten Fluß- und Seeniederungen. Während am unmittelbaren Alpenrand der „welsche Wind" über 40 mal im Jahr bläst, stehen in München die Föhnwolken nur knapp 10 mal am Himmel. An die dreimal jährlich stößt der Föhn sogar bis an die Donau vor.

Unter bestimmten Voraussetzungen türmen sich mehrere Föhnwolken als sogenannte „Moazagottl-Wolken“ übereinander.

In der Atmosphäre ist die Luftfeuchtigkeit in der Vertikalen manchmal sehr unterschiedlich verteilt, das heißt, es liegen abwechselnd trockenere und feuchtere Schichten übereinander. Dann kann es passieren, daß sich innerhalb der feuchteren Schichten zwei oder mehrere **Föhnwolken übereinander** ausbilden, so wie auf diesem Foto.

Die Graphik auf Seite 145 zeigt, wie die Wolken zustandekommen. Es können auch „Lenticularis-Wolken“ mit einer Art „Stockwerkstruktur“ entstehen, wie auf der nächsten Seite zu sehen. Dann ist die Wolke in den feuchteren Schichten breiter, in den trockeneren Schichten dagegen schmäler. Der Volksmund bezeichnet diese Wolkenformen als „Moazagottl-Wolken“, angeblich eine Verstümmelung des Namens Gottlieb Matz, eines Schäfers aus dem Riesengebirge, der sich ein Leben lang mit diesen Wolkenformen befaßt hat.

Und wo bleiben die Kopfschmerzen, die Mattigkeit? Sie hängen möglicherweise mit den Turbulenzen zusammen, die auch die Föhnwolken entstehen lassen. Diese Turbulenzen lösen Luftdruckschwingungen aus, vergleichbar dem Schall, aber mit Frequenzen, die für unser Gehör zu langsam sind. Man bezeichnet sie als „Infraschall“. Obwohl er von unseren Ohren nicht wahrgenommen wird, erreicht er doch unser Zentralnervensystem und löst dort die bekannten Befindensstörungen aus.

„Moazagottl-Wolken“ können sich auch im Flachland bilden.

Unter Fachleuten wird allerdings noch eine andere Erklärung diskutiert. Wird eine Luftmasse durch eine andere abgelöst, dann treten an der Grenze zwischen den Luftmassen stets sogenannte „Spherics“ auf.

Das sind kleine elektrische Entladungen zwischen Wolkenbereichen mit positiver und solchen mit negativer elektrischer Ladung. Man könnte sie sich so ähnlich wie Blitze vorstellen, jedoch ohne auffällige Leuchterscheinung und ohne Donner. Stille Entladungen zwar, die aber doch mit den Blitzen etwas Gemeinsames haben: sie senden nämlich elektromagnetische Stoßwellen aus, auf die unser Zentralen Nervensystem sehr sensibel reagiert. Da die Föhn-auslösenden Tiefdruckgebiete stets Luftmassengrenzen – auch Störungsausläufer oder Fronten genannt – enthalten, ist diese Erklärung durchaus plausibel.

Es gibt noch weitere, sehr unterschiedliche Theorien über die **Föhnauswirkungen**, die sich zum Teil auch widersprechen.

Einige Wissenschaftler lehnen einen Zusammenhang zwischen Föhn und Wohlbefindensstörungen sogar gänzlich ab. Eines scheint jedoch festzustehen: Föhn macht nicht krank! „Er kann jedoch bei entsprechend disponierten Menschen die Erscheinungen, zu denen sie ohnehin neigen, früher auslösen oder verstärken“ sagt der Münchener Medizinmeteorologe Walter Sönning (1990).

Daß sich der Föhn auf die Psyche der Menschen auswirken und damit überdrehte Reaktionen auslösen kann, steht allerdings fest. Ihn aber als Schuldigen am eigenen Fehlverhalten hinzustellen wäre nicht nur ungerecht, sondern auch falsch.

Föhn oder nicht Föhn – das ist hier die Frage!

Es ist längst nicht alles Föhn, was danach aussieht! Obwohl es auf den ersten Blick eigentlich völlig klar zu sein scheint, hat die **Wolke am Gipfel des Matterhorns** nichts mit Föhn zu tun. Sie entsteht bei Nordwind über dem Gipfel und driftet langsam nach Süden, wo sie sich allmählich wieder auflöst.

Vermutlich entsteht sie auf folgende Weise: Die riesige Südflanke des Berges kommt bei wolkenarmem Himmel in den Genuß stundenlanger Sonnenbestrahlung. Dadurch können sich vor allem ihre schneefreien Bereiche über die Temperatur der umgebenden Luft erwärmen.

Diese Erwärmung teilt sich natürlich auch der den Hang berührenden Lufthaut mit. Und da erwärmte Luft bekanntlich aufsteigt, ist nicht schwer, einzusehen, daß sich auch diese Lufthaut am Hang entlang nach oben in Bewegung zu setzen beginnt. Da erwärmte Luft zusätzlichen Wasserdampf aufnehmen kann, kommt sie relativ feucht in der Gipfelregion an. Dort vermischt sie sich mit der kalten Luft des Nordwindes und kühlt sich dabei ab – so weit, daß sie den mitgebrachten Wasserdampf nicht mehr halten kann. Es kommt zur Kondensation und die kondensierten Wassertröpfchen lassen eine Wolke entstehen, die der Nordwind in südlicher Richtung mit sich fortführt. Im Prinzip entsteht diese Wolke auf die gleiche Weise wie Mischungsnebel (s. Seite 165). Daß die Südflanke des Matterhorns auf unserem Foto nicht besonnt erscheint, liegt übrigens daran, daß sie durch die mächtige Gipfelwolke abgeschattet wird.

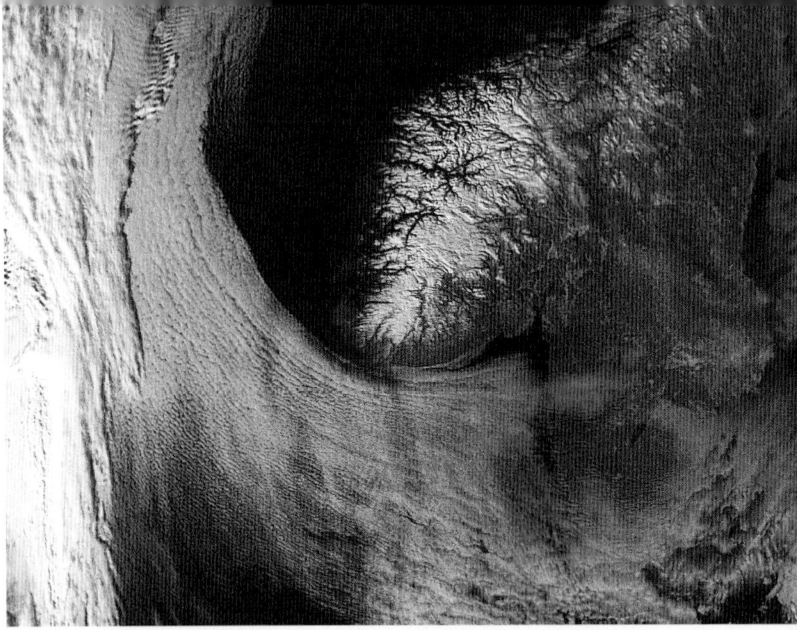

Dieses Satellitenfoto zeigt Föhnvorgänge an den skandinavischen Gebirgen.

Auf unserem Satellitenbild begegnen uns wieder echte **Föhnvorgänge**, diesmal in Skandinavien. Hier streicht eine kräftige nordöstliche Strömung über die verschneiten Gebirge Südnorwegens. An ihrer Süd- bis Südwestflanke kommt es zu einer föhnigen Erwärmung, die zur Auflösung der Wolken führt. Dadurch werden die Gebirgsstrukturen mit den in sie hineinreichenden Fjorden gut erkennbar, aber auch die Meeresoberfläche wird frei. In der über der Nordsee einsetzenden Bewölkung sind die typischen Föhnwolkenstrukturen – hier aus Strömungsgründen halbkreisförmig angeordnet – deutlich zu erkennen.

Um Föhneffekte auszulösen, brauchen die Berge nicht besonders hoch zu sein: selbst die Mittelgebirge haben ihre Föhnwirkungen. Das äußert sich sogar in den Karten der Jahresniederschläge. Das obere Bild auf Seite 157 zeigt **Jahresniederschlagssummen in Bayern**. Gebiete mit besonders hohen Niederschlägen sind violett und blau, trockene Gegenden orange und rot getönt. Darunter ist die Topographie Bayerns zu sehen.

Nun muß man wissen, daß in Mitteleuropa bei Regenwetter der Wind aus West bis Nord weht, zumindest aus dem Sektor West bis Nord. Das hat zur Folge, daß an den Nordwestseiten der Mittelgebirge häufig Stau- und an ihren Südostseiten entsprechend oft Föhneffekte auftreten.

Demnach ist zu erwarten, daß die Nordwestseiten niederschlagsreicher sind als die Südostseiten. Auf unserer **Niederschlagskarte** ist das genau zu verfolgen: Alle Mittelgebirge zeigen regenreiche Nordwest- und regenarme Südostseiten, an denen die föhnigen Abtrocknungsvorgänge stellenweise sogar relative Trockengebiete entstehen lassen.

Jahresniederschlagssumme von Bayern.

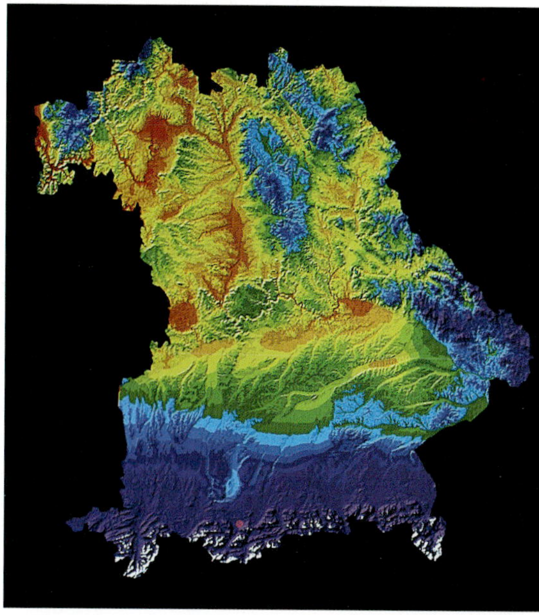

Topographie von Bayern.

Vom Wasserdampf zum Wetter

Wenn jemand fragen würde, wo man Wasserdampf sehen kann, dann wäre man vielleicht über diese banale Frage zunächst etwas erstaunt und würde vermutlich aufzuzählen beginnen, wo überall Dampf ausströmen kann: aus ungezählten Fabrikschloten und Kühltürmen, aus Dampfkesseln und aus Kochtöpfen. Sicher wird man auch an Dampflokomotiven, vielleicht an die kleinen Dampfwölkchen denken, die sich an kalten Wintertagen vor der eigenen Nase bilden und, und, und ... – Doch leider wäre nicht ein einziges dieser Beispiele richtig. Wasserdampf kann man nämlich überhaupt nicht sehen. Wasserdampf ist ein farbloses, unsichtbares Gas; genauso wie Sauerstoff, Stickstoff oder Kohlendioxid.

Das, was man landläufig als „Dampf" bezeichnet, sind in Wirklichkeit winzige Wassertröpfchen, die durch Kondensation von Wasserdampf entstanden sind.

Daß **Wasserdampf** tatsächlich erst nach der Kondensation sichtbar wird, kann man häufig an Schornsteinen beobachten: Unmittelbar an der Schornsteinöffnung ist zunächst nichts vom ausströmenden Wasserdampf zu sehen. Erst nach einigen Metern erscheinen die ersten feinen weißen Fasern. Sie wachsen durch ständig fortschreitende Kondensation rasch zu mächtigen Wolken heran.

Wasserdampf ist ein unsichtbares Gas, erst nach dem Kondensieren werden winzige Tröpfchen sichtbar.

Durch fortlaufende Kondensation wird eine Schornsteinfahne immer dichter.

Auch auf diesem Foto bildet sich die **Kondensfahne** erst weit hinter dem Kamin. Sie ist zunächst kaum erkennbar, durch anhaltende Kondensation wird aus ihr aber eine beachtliche Wolke, die sich deutlich vom Rosa des abendlichen Himmels absetzt.

Warum kondensiert denn der ausgestoßene Wasserdampf überhaupt? Der Grund dafür ist, daß warme Luft mehr Wasserdampf enthalten kann als kalte (s. Seite 145). Das aus dem Schornstein ausströmende Wasserdampf-Luft-Gemisch hat eine viel höhere Temperatur als die Umgebung. Beim Vermischen mit der Umgebungsluft kühlt es sich ab. Da aber kühlere Luft nicht mehr soviel Wasserdampf mit sich führen kann, muß ein Teil durch Kondensation ausgeschieden werden. Die Temperatur, bei der die Kondensation einsetzt, nennt man in der Meteorologie die **Taupunktstemperatur** oder kurz den **Taupunkt**. Je weiter der Taupunkt unterschritten wird, desto dichter und mächtiger wird die Kondensfahne.

Beim Verbrennen von Flugzeugtreibstoff entstehen erhebliche Mengen an Wasserdampf, die mit den heißen Abgasen ausgestoßen werden. Beim Vermischen mit der teilweise sehr kalten Umgebungsluft kühlt er sich ab, wobei es zum Auskondensieren des Wasserdampfes kommt: Es entsteht ein Kondensstreifen. Auch hier dauert es eine gewisse Zeit, bis die Abgase weit genug abgekühlt sind. Aus diesem Grund taucht der Kondensstreifen erst ein Stück hinter den Triebwerken auf (s. Seite 208ff.).

Nebel

Die Luft enthält immer eine mehr oder weniger große Menge Wasserdampf. Das läßt sich mit einem kleinen Experiment ganz schnell beweisen: Man gießt dazu eine Flasche Bier – frisch aus dem Kühlschrank – ins Glas. Noch während des Einschenkens kann man beobachten, wie sich das Glas beschlägt (bei sehr trockener Luft oder in einem geheizten Raum kann der Versuch allerdings mißlingen!). Durch das kalte Bier wurde das Glas und damit auch die mit dem Glas in Berührung stehende Luft unter die Taupunktstemperatur abgekühlt. Dadurch kam es zur Kondensation des Wasserdampfes und die kondensierten Wassertröpfchen haben sich auf dem Glas abgesetzt. Man braucht also Luft nur tief genug abzukühlen, um eine Kondensation des Wasserdampfes zu erzwingen. Wenn keine entsprechend kalte Oberfläche vorhanden ist, auf der sich der kondensierte Wasserdampf absetzen kann, bleiben die entstehenden Tröpfchen in der Luft schweben. Findet dieser Vorgang in großer Höhe statt, so bezeichnet man die kondensierten Tröpfchen als **Wolken**, findet er in unserer unmittelbaren Umgebung statt, dann spricht man von **Nebel**. Zwischen Wolken und Nebel besteht daher – physikalisch gesehen – kein prinzipieller Unterschied. Man sagt in der Meteorologie auch gerne: „Nebel ist eine auf dem Boden aufliegende Wolke.“

Nebel entsteht, wenn kondensierte Wassertröpfchen in der Luft schweben bleiben.

Flacher Wiesennebel.

Die verschiedenen Nebelarten

In der Natur gibt es eine ganze Reihe von Vorgängen, die zur Abkühlung der Luft unter die Taupunktstemperatur und damit zur Nebelbildung führen.

Zunächst ist dazu an die ganz normale nächtliche Kühle zu denken. Warum die Temperatur nachts zurückgeht, wurde bereits auf Seite 118 besprochen.

Die Abkühlung geht vom Boden und von den darauf stehenden Objekten, insbesondere von den Pflanzen, aus. Der Wasserdampf, der an ihren Oberflächen kondensiert, wird als **Tau** bzw. bei Temperaturen unter 0 °C als **Reif** bezeichnet. Über die Vorgänge, die sich dabei abspielen, und die Muster, nach denen der Wasserdampf kondensiert, wird auf Seite 289 berichtet.

Setzt sich die Abkühlung so weit fort, daß auch die Temperatur der Luft unter den Taupunkt sinkt, dann kann es (wenn die Luft feucht genug ist) zur Nebelbildung kommen.

Da die nächtliche Temperatur viel mit Wärmestrahlung zu tun hat (s. Seite 118), bezeichnet man den Nebel, der auf diese Weise entsteht, auch gern als **Strahlungsnebel**.

Zuvor wurde gesagt, die Abkühlung gehe vom Erdboden aus. Das ist der Grund dafür, daß sich der Strahlungsnebel zunächst unmittelbar am Boden bildet und dann im Lauf der Nacht zu einer immer dickeren Schicht heranwächst.

Ist die Luft nur mäßig feucht, dann entstehen auch nur flache Nebelbänke, die kaum über die Höhe von Sträuchern und Bäumen hinauswachsen. Und darüber spannt sich dann der klare, blaue Himmel.

Flacher Nebel im Morgenrot.

Im Licht der Morgensonne können solche flache Nebelschichten, wie dieses Foto zeigt, in prächtigem Gold und Rot erstrahlen.

Bekannt für ihren Nebelreichtum sind die Moore. Der Grund für die häufigen Nebel dort ist aber nicht etwa der nasse Boden, sondern die Tatsache, daß Moorböden (aus bodenphysikalischen Gründen) nachts besonders kalt werden und deshalb die Temperatur dort oft unter den Taupunkt sinkt.

Nebel hat nicht nur seine bekannten Schattenseiten, er hat auch schon dazu beigetragen, Krieg und Belagerung zu verhindern. So berichtet Carl Meichelbeck in seiner 1724 erschienenen Chronik des Bistums Freising über die Zeit der Hunnenkriege: „Es haben die Hunnen hier in der Stadt Freysing 6. ganze Tag ... auff das grausambste gewüttet. Weilen aber der Heilige Bischoff Lantpertus mit betten und weinen den Himmel erwaichet / ist der Domb = Kirchen (also dem Freisinger Dom!) nichts geschehen. Der Domb-Berg zu Freysing seye dazumahl beständig mit Nebl überzogen gewesen / also / daß die Barbaren den Domb nicht ersehen konnten."

Morgennebel in einem Flußtal.

Auch über Wiesen bilden sich oft zähe Nebel aus. So verhindert das dichte Wurzelgestrüpp des Grases (s. Seite 281), daß nachts die Bodenwärme zur Oberfläche fließen kann. Aus diesem Grund wird es über Wiesen besonders kalt. Damit steigt die Wahrscheinlichkeit, daß die Taupunktstemperatur unterschritten wird und daß es zu Nebel kommt.

Auch alle Stellen im Gelände, an denen Kaltluft aus der Umgebung zusammenfließt, sind besonders nebelreich.

Die **Nebelhäufigkeit** wird auf diese Weise zu einem wichtigen Kriterium bei der Beurteilung des Geländeklimas. Wo es viel Nebel gibt, gibt es auch viel Frost! Solche Geländelagen sind naturgemäß für den Anbau frostempfindlicher Kulturen, z.B. Wein, nicht oder nur sehr bedingt geeignet. Der Agrarmeteorologe (s. Seite 117) achtet deshalb, wenn er eine Geländelage klimatologisch bewerten soll, sehr sorgsam auf Häufigkeit und Dichte des Nebels im Gelände.

Nebelstimmungen können sehr unterschiedlich sein. Der Standort, an dem dieses Foto aufgenommen wurde, ist genau der gleiche wie der bei den Bildern auf Seite 160 und 162.

Kommt feuchte Luft mit kalten Oberflächen in Kontakt, so bildet sich Berührungsnebel.

Im Winter kann man nach dem Einbruch feuchter, milder Meeresluft häufig beobachten, daß sich über noch vorhandenen Schneeresten Nebel bildet, die schneefreien Flächen dagegen nebelfrei bleiben. Auf unserem Bild stehen die Nebelschwaden ausschließlich über dem schneebedeckten Acker im linken Bildteil. Straße, Wald und apere Flächen sind frei von Nebel.

In solchen Fällen liegt der Taupunkt der Luft wenige Grad über Null. Die Temperaturen sowohl der Luft als auch schneefreier Bodenflächen sind höher als die Taupunktstemperatur. Lediglich die schmelzende Schneefläche hat mit 0 °C eine Temperatur unter dem Taupunkt. Nur dort, wo die Luft über die Schneereste streicht, wird demnach der Taupunkt unterschritten und es kommt zur Nebelbildung. Aus naheliegenden Gründen bezeichnet man Nebel, der auf diese Weise entsteht, als **Berührungsnebel**.

Wenn im Herbst die ersten kühlen Nächte auf den bevorstehenden Winter aufmerksam machen, ist die Zeit der „rauchenden" Flüsse und Seen gekommen. In den Morgenstunden sieht man dann dicht über der Oberfläche der Gewässer eine riesige Zahl von winzigen Nebelschwaden oder Nebelsäulchen scheinbar regungslos schweben. Man nennt dieses Phänomen völlig unsinnigerweise **Seerauchen** oder **Flußrauchen**, denn es hat ja mit Rauch nicht das Geringste zu tun. Es handelt sich hierbei vielmehr um eine Nebelart, die dadurch entsteht, daß sich feuchte, warme Luft beim Vermischen mit kalter Luft unter die Taupunktstemperatur abkühlt.

Dieser Vorgang soll mit Hilfe einer kleinen Graphik (rechts) erläutert werden. In ihr ist in der Waagerechten die Temperatur und in der Senkrechten der Wasserdampfgehalt der Luft aufgetra-

Flußrauchen gehört in die Gruppe der Mischungsnebel.

gen. Die geschwungene Kurve gibt an, wieviel Wasserdampf die Luft höchstens enthalten kann. Man nennt sie kurz die „Sättigungsfeuchte“. Denken wir uns jetzt eine kühle Herbstnacht. Die Lufttemperatur soll in dieser Nacht bis auf 5 °C zurückgehen. Außerdem soll die Luft, wie häufig in der Nacht, feuchtegesättigt sein, also in jedem m³ etwa 7 Gramm Wasserdampf enthalten. Der Diagrammpunkt (1) kennzeichnet diese Situation. Gewässer kühlen im Lauf des Herbstes nur langsam aus. Für unseren Fluß oder unseren See dürfen wir also ohne weiteres eine Temperatur von 15 °C annehmen.

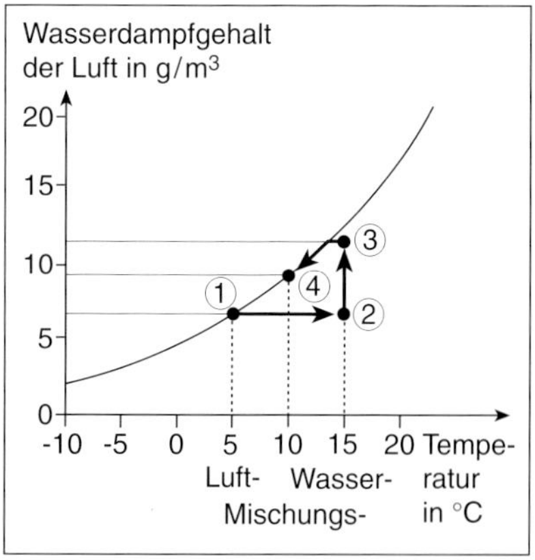

Entstehung von Mischungsnebel.

Wenn sich jetzt die kalte Luft vom Ufer her über das Gewässer schiebt, wird sie sich dort, wo sie mit dem warmen Wasser in Berührung kommt, spürbar erwärmen. Nehmen wir an, bis auf die Temperatur des Wassers. Das entspricht dem Diagrammpunkt (2). Warme Luft kann aber bekanntlich mehr Wasserdampf mit sich führen als kalte. Unser Diagramm zeigt auch um wieviel: Bei 15 °C sind es etwa 13 Gramm und damit

Flußrauchen an einem kalten Wintertag.

6 Gramm pro m^3 mehr als bei 5 °C. Was liegt also näher, als daß Wasser verdunstet und sich der dabei entstehende Wasserdampf in der Luft anreichert. Nehmen wir an, auf 11 Gramm pro m^3, entsprechend dem Diagrammpunkt (3).

Die Luft, die sich an der Wasseroberfläche erwärmt hat, ist dabei gleichzeitig auch leichter geworden. Die Folge davon ist, daß sich einzelne Luftvolumina wie winzige Heißluftballone nach oben in Bewegung setzen. Dabei vermengen sie sich mit der nicht erwärmten Luft und es stellt sich in ihnen eine Mischtemperatur ein. Wollen wir außerdem annehmen, die Mischtemperatur entspreche genau dem Mittel aus der Luft- und der Wassertemperatur, also 10 °C (Diagrammpunkt 4). Bei dieser Temperatur kann die Luft aber nicht einmal mehr 9 Gramm Wasserdampf je m^3 mit sich führen. Die Folge davon ist, daß während der Abkühlung in jedem Luftvolumen (auf den Kubikmeter umgerechnet) gut 3 Gramm Wasserdampf kondensieren müssen, die schließlich als kleine Nebelsäulchen sichtbar werden, wie wir sie vom Foto her bereits kennen.

Mischungsnebel bildet sich auch gerne im Winter, wenn bei Lufttemperaturen weit unter Null Grad ein Fluß nicht oder nur teilweise zugefroren ist.

Natürlich ist auch der Dampf (vgl. Seite 158), der aus der Kaffeetasse, dem Suppenteller oder dem Kochtopf aufsteigt, physikalisch nichts anderes als ein Mischungsnebel. Und auch das Wölkchen, das sich an kalten Wintertagen vor den Nüstern eines angestrengt laufenden Pferdes oder vor unserer eigenen Nase bildet, gehört in die Klasse der Mischungsnebel.

Mischungsnebel über einer nassen, von der Sonne beschienenen Straße.

Wenn nach einem sommerlichen Regenschauer die Sonne wieder aus dem Gewölk hervorbricht und auf die regennassen Straßen scheint, fängt der Asphalt an, heftig zu „dampfen". Auch dort bildet sich eine Art **Mischungsnebel**. Der dunkle Asphalt erwärmt sich in der Sonne sehr rasch, mit ihm die noch vorhandenen Regenwasserreste und natürlich auch die unmittelbar auf ihm liegende, unterste Luftschicht. Das Regenwasser verdunstet und steigt mit der erwärmten Luft nach oben, wo sie sich mit kühlerer Luft vermischt und dadurch unter den Taupunkt abgekühlt wird. Auch Autos, Hausdächer, große Pflanzenblätter und viele andere Oberflächen kann man auf die gleiche Weise „dampfen" sehen, wenn die Sonne sie in noch nassem Zustand bescheint.

Jeder Mischungsnebel, egal ob er sich über einem Gewässer, über einer nassen Oberfläche oder über feuchtem Ackerboden bildet, ist stets mehr oder weniger stark strukturiert. Das ist auch auf diesem Foto gut zu erkennen. Der Grund dafür ist, daß die erwärmte Luft immer in Form kleiner Luftblasen aufsteigt. Im meteorologischen Fachjargon spricht man in solchen Fällen gerne von „Luftpaketen". Der Vorgang ist im Prinzip der gleiche, wie er uns auch auf der Seite 174 bei der Entstehung von Haufenwolken noch begegnen wird, wenn auch in einer ganz anderen Größenordnung.

Mischungsnebel über feuchtem Boden nach kurzem Sonnenschein.

Damit sich Mischungsnebel bildet, muß die erwärmte Oberfläche nicht unbedingt tropfnaß sein. Auch über einem feuchten Ackerboden kann sich dieses Phänomen einstellen, wenn er von der Sonne beschienen wird. Dazu reichen oft ein paar Sekunden Sonnenschein aus.

Im vorliegenden Fall, den das Foto dokumentiert, hatte es kurz vorher aufgehört zu regnen. Dann war die Bewölkung da und dort aufgerissen. Durch ein Loch in den Wolken war nur wenige Augenblicke lang Sonnenstrahlung auf den Boden gefallen. Diese Erwärmung hat ausgereicht, Mischungsnebel entstehen zu lassen.

Inzwischen ist das Wolkenloch vorbeigezogen und der Boden liegt wieder im Schatten, die Nebelschwaden sind jedoch immer noch zu sehen.

Äcker dampfen häufig auch, wenn sich herbstlicher Morgennebel in den Vormittagsstunden auflöst und die Sonne auf den vom Nebel angefeuchteten Boden scheint.

Die winzigen Nebeltröpfchen werden von der Luftbewegung mitgeführt.

Die Wassertröpfchen, aus denen Nebel besteht, sind sehr klein. Ihre Durchmesser liegen etwa zwischen 1 µm und 10 µm. Aus diesem Grunde können die Nebeltröpfchen jeder Luftbewegung folgen und machen so Luftbewegungen leicht erkennbar. Auf dem Foto fließt von links her kalte Luft von einem Hügel herab über die Straße in eine tiefer gelegene Geländemulde. Ihr folgt eine bestenfalls einen halben Meter dicke Nebelschicht, die den Luftstrom sichtbar macht.

Bei Geländeklima-Untersuchungen macht man sich die Eigenschaft des Nebels, den Luftströmungen zu folgen, gerne zunutze. Auf diese Weise findet man heraus, wo und in welcher Form nächtliche Kaltluft durch das Gelände fließt. Wenn natürlicher Nebel ausbleibt, erzeugt man ihn sogar künstlich mit Nebelpatronen, um auf diese bequeme Art und Weise **Kaltluftabflüsse** analysieren zu können.

Natürlich verraten sich auch nach oben gerichtete Luftströmungen durch die mitgeführten Nebelschwaden. So kann man im Gebirge in den frühen Morgen- und Vormittagsstunden häufig die in der Nacht entstandenen Talnebel hangaufwärts ziehen sehen. Sie zeigen damit an, daß die Morgensonne die Hänge bereits spürbar erwärmt hat. Diese Erwärmung überträgt sich natürlich auch auf die dem Boden aufliegende Luft und setzt diese hangaufwärts in Bewegung. In der Meteorologie bezeichnet man solche Luftbewegungen als „Hangaufwind". Im Lauf des Nachmittages schläft der Hangaufwind ein, bis mit der abendlichen Abkühlung der „Hangabwind“ einsetzt. Wir werden auf diese beiden Windarten auf den Seiten 286 und 303 noch zu sprechen kommen.

Wolken

Wenn man seinen Blick zum Himmel oder in die Ferne richtet, bekommt man Wolken, Wolken und nochmals Wolken zu sehen. Zu 70% Prozent ist der Himmel über Mitteleuropa im Jahresdurchschnitt mit Wolken bedeckt. Sie regen zum Schauen und Staunen an, können aber auch so bedrohlich werden, daß sie uns Angst einflößen. Der Wolkenhimmel hat die Künstler aller Epochen so beeindruckt, daß sie ihre Empfindungen mit Worten, Farben oder Noten verewigt haben. Wolken vermitteln aber nicht nur eine vielseitige Formenvielfalt und Ästhetik. Ihr Entstehen, ihre Veränderung oder ihr Verschwinden enthüllt oft genug verborgene, aber spannende und interessante Vorgänge in der Atmosphäre.

Bis in unser Jahrhundert hinein war für den Menschen der Blick zum wolkenübersäten Himmel eine der wichtigsten Informationsquellen über das bevorstehende Wetter. Heute ist vielen Zeitgenossen das Verständnis für die Wolkenformen und ihre Aussagekraft verlorengegangen. Und das ist sehr schade, denn durch richtiges Deuten von Wolkenbildern und deren Veränderung kann man auch heute noch den Wetterbericht auf die lokalen Verhältnisse hin ergänzen und recht sichere Vorhersagen über die Wetterentwicklung in den nächsten Stunden treffen. Es ist also nicht nur interessant, sondern auch nützlich, über Wolken ein wenig Bescheid zu wissen.

Versuchen wir zunächst, Ordnung in die Wolkenvielfalt zu bekommen.

Wolkenklassifikation

Die fast unendliche Vielfalt der Wolkenformen vom zarten weißen Federwölkchen bis zur kohlrabenschwarzen Gewitterwand läßt es beinahe unmöglich erscheinen, sie in ein überschaubares Gliederungsschema zu zwängen. Aber so wie es gelungen ist, Ordnung in die Pflanzen- und Tierwelt zu bringen, und wie man in der Chemie und der Medizin Systematiken entwickelt hat, so hat man auch für die Wolken eine Klassifikation geschaffen, die die Himmelsgebilde in Familien, Gattungen, Arten und Unterarten einteilt. J. B. de Lamarck (1744-1829), Professor der Zoologie in Paris, vor allem aber Wolkenforscher aus Leidenschaft, und L. Howard (1772-1864), Londoner Pharmazeut und Liebhabermeteorologe, haben fast identische Schemata vorgelegt, aber nur das von L. Howard konnte sich durchsetzen, weil er lateinische Namen vergeben hatte. Eine solche Einteilung schlug in der wissenschaftlichen Welt ein, denn man war von anderen Fachgebieten her lateinische Bezeichnungen gewöhnt. Howards Einteilung erschien 1803, ergänzt mit einer Reihe von Skizzen. Sie stellt – mit einigen Ergänzungen versehen – noch heute das Gerüst für den Internationalen Wolkenatlas dar. Das ist ein dickleibiger Bildband, den die Weltorganisation für Meteorologie, eine Unterorganistion der UNO, kurz WMO genannt, herausgibt. Er enthält neben der Wolkensystematik

Fotos und Beschreibungen aller bekannten Wolkenformen und die einschlägigen Beobachtungsvorschriften. Der Deutsche Wetterdienst hat zusätzlich zur deutschsprachigen Lizenzausgabe auch noch die „Stereowolkentafeln“ herausgebracht, die, wie der Name sagt, 3-D-Bilder von besonders markanten Wolken zeigen.

Bereits 1879 wurde der Wolkenatlas mit ersten Fotos illustriert. 1896 erschienen die ersten Farbaufnahmen in einem als „international“ bezeichneten Wolkenatlas. Mit den Fortschritten in der Fototechnik wurden auch die Abbildungen von Ausgabe zu Ausgabe besser. Trotz der zur damaligen Zeit bereits durchaus zufriedenstellenden Qualität der Farbfotografien ließ das Oberkommando der Kriegsmarine 1944 einen Wolkenatlas mit Aquarellen des Naturwissenschaftlers und Künstlers E. Mylius (1846-1929) erstellen. Schade, daß dieses Werk dem Krieg und nicht der Ästhetik diente, stellt es doch eine gelungene Synthese zwischen Kunst und Naturwissenschaft dar. Auf dem Foto (unten) ist eine **Tafel aus dem Atlas** abgebildet.

In der internationalen Klassifikation werden die Wolken zunächst einmal nach der **Höhe** eingeteilt, in der sie sich aufhalten. Manchmal wird dafür in Anlehnung an biologische Systematiken sogar ein eigenes Gliederungsmerkmal verwendet: die Familie. Die zur Familie der „hohen Wolken“ gehörenden schweben in Höhen zwischen 7 km und – in mittleren Breiten – 13 km. Die Untergrenzen der „mittelhohen Wolken“ liegen zwischen 2 und 7 km, die der tiefen unter 2 km. Tiefe Wolken können sogar auf dem Boden aufliegen. Man spricht in diesem Zusammenhang gerne von „Wolkenstockwerken“.

Eine Besonderheit stellen die Wolken mit „starker vertikaler Entwicklung“ dar. Zu ihnen zählen die mächtigen Regen-

Aquarell aus dem Wolkenatlas von E. Mylius (1846-1929).

Internationale Wolkenklassifikation (Auszug)

Familie	Gattung	Symbol	häufige Arten/Unterarten
hohe Wolken	schleierförmig: **Cirrus** (Ci)		uncinus: hakenförmig fibratus: feinflockig spissatus: grobflockig flocccus: hohe Schäfchenwolke radiatus: strahlenförmig
	haufenförmig: **Cirrocumulus** (Cc)		undulatus: wellenförmig lacunosus: wabenförmig
	schichtförmig: **Cirrostratus** (Cs)	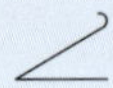	nebulosus: nebelartig
mittelhohe Wolken	haufenförmig: **Altocumulus** (Ac)		floccus: mittelhohe Schäfchenwolke lenticularis: linsenförmig castellanus: zinnenförmig translucidus: durchlässig für Sonnenlicht opacus: undurchlässig für Sonnenlicht
	schichtförmig: **Altostratus** (As)	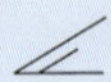	duplicatus: zweischichtig translucidus: (s. Ac) radiatus: strahlenförmig
tiefe Wolken	haufenförmig: durch Turbulenz hervorgerufen: **Stratocumulus** (Sc)	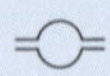	lenticularis: linsenförmig castellanus: zinnenförmig vesperalis: abendliche Auflösungsform
	durch Konvektion hervorgerufen: **Cumulus** (Cu)		humilis: niedrig mediocris: mittelhoch congestus: hochaufgetürmt fractus: (vom Wind) zerfetzt pileus: mit einer Wolkenkappe
	schichtförmig: **Stratus** (St)		nebulosus: hochnebelförmig fractus: (vom Wind) zerfetzt
stark vertikal entwickelte Wolken	haufenförmig: **Cumulonimbus** (Cb)		calvus: (an der Oberfläche infolge Vereisung) glatt capillatus: (an der Oberfläche) faserig incus: amboßförmig mammatus: busenförmig virga: Fallstreifen
	schichtförmig: **Nimbostratus** (Ns)	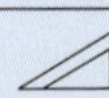	virga: Fallstreifen

Freundliche Wolken und ...

und Schauerwolken. Sie erstrecken sich mindestens über zwei, oft sogar über drei „Stockwerke“.

Das eigentliche Gliederungsmerkmal ist jedoch die **Wolkengattung**. In jedem „Stockwerk“ gibt es grundsätzlich zwei Gattungen: eine mit haufenförmigen und eine mit schichtförmigen Wolken. Im Bereich der hohen Wolken kommt noch eine dritte dazu, die schleierförmigen Wolken.

Der Gattungsname setzt sich aus zwei Teilen zusammen: Der erste bezeichnet jeweils das „Stockwerk“, in dem sich die betreffende Wolke aufhält. Bei hohen Wolken lautet er: „Cirro-“, bei mittelhohen: „Alto-“, bei tiefen: „Strato-“ (oder wird – wie bei Cumulus und Stratus – ganz weggelassen!) und bei stark vertikal entwickelten Wolken: „Nimbo-“. Der zweite Teil dient zur Beschreibung der Wolkenform: „-cumulus“ weist auf eine haufenförmige, „-stratus“ auf schichtförmige Wolke hin. Wie es sich bei Regeln so gehört, gibt es auch hier wieder eine Ausnahme: Die stark vertikal entwickelte Haufenwolke heißt nicht „Nimbocumulus“ sondern „Cumulonimbus“.

Die formelhaften Kurzbezeichnungen der Wolken folgen – mit einigen Ausnahmen – dem gleichen Schema. Der groß geschriebene erste Buchstabe bezeichnet das Stockwerk: „C-“ für hoch, „A-“ für mittelhoch, „S-“ für tief und „N-“ für stark vertikal entwickelt. Mit dem klein geschriebenen zweiten Buchstaben wird die Wolkenform bezeichnet: „-c“ für haufenförmig und „-s“ für schichtförmig.

Zu jeder Gattung gibt es eine mehr oder weniger lange Reihe von Arten und Unterarten, deren Bezeichnung dem Gattungsnamen folgt. So ist eine „Altostratus translucidus“ eine mittelhohe, schichtförmige Wolke, durch die die

... unfreundliche Wolken.

Sonne noch erkennbar ist, und eine „Cumulonimbus incus" ist eine Haufenwolke mit starker vertikaler Entwicklung, die die Form eines Ambosses hat. Auch für die Artenbezeichnungen gibt es natürlich Kurzformeln.

Wir wollen bei unserem kleinen Streifzug durch die Welt der Wolkenformen jedoch nicht der strengen Klassifikation folgen, sondern eine sehr einfache und anschauliche Einteilung vornehmen, die sich an der Entstehungsweise der Wolken orientiert. Sie enthält nur zwei Gruppen:

1. haufenförmige Wolken,
2. schleier- und schichtförmige Wolken.

Haufenförmige Wolken

Die Erdoberfläche nimmt innerhalb recht kleiner Areale ganz unterschiedli-

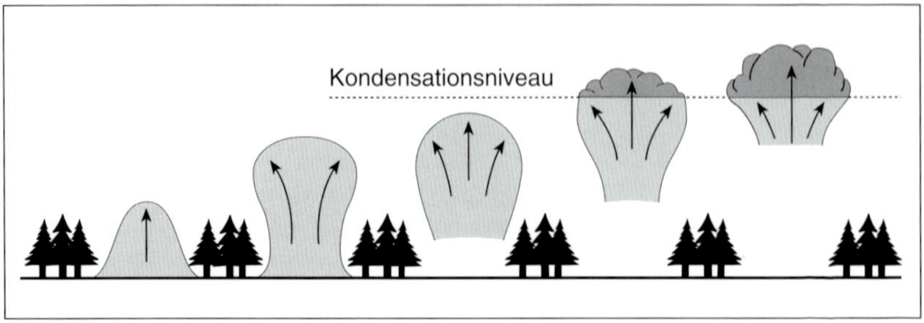

Entstehung der Cumulus-Wolken.

Kondensationsniveau, von einem Berggipfel aus betrachtet.

che Temperaturen an. Allgemein werden dunkle Bereiche wärmer als helle und trockene Bereiche wärmer als feuchte. So bleiben offene Wasserflächen wie Seen oder Flüsse, aber auch Wiesen und Wälder relativ kühl, während sich Fels, Sand, Siedlungen, Straßen und Eisenbahnanlagen, aber auch Felder mit reifem Getreide (aus dem keine Feuchtigkeit mehr verdunstet!), stark erhitzen (s. auch Seite 281). Die auf der Erdoberfläche aufliegende Luft nimmt stets die Temperatur des Untergrundes an, dadurch kommen wärmere und kühlere Luftvolumina nebeneinander zu liegen.

Da die wärmere Luft leichter ist als die kühlere, beginnt sie in Form von einzelnen, isolierten Blasen – wie Heißluftballone – aufzusteigen. In der Meteorologie nennt man diesen Vorgang **Konvektion** oder auch **Thermik**.

Während des Aufsteigens kühlen sich die Luftblasen allmählich ab: wie auf Seite 122 erläutert um ziemlich genau 1 °C je 100 Meter.

Mit sinkender Temperatur kann aber die Luft immer weniger Wasserdampf mit sich führen (vgl. Seite 144). Dadurch wird sie ab einer bestimmten Höhe – man nennt sie „Kondensationsniveau" – gezwungen, Wasser in Form kleinster Tröpfchen auszuscheiden: eine Wolke ist entstanden.

Wie man auf dem Foto gut erkennen kann, haben Wolken, die auf diese Weise entstehen, eine **messerscharfe Untergrenze**.

Der Beobachter steht hier auf einem Berg ganz knapp über dem Kondensationsniveau, aufgrund der Perspektivenwirkung erscheinen die Untergrenzen der beiden Wolken jedoch in etwas unterschiedlichen Höhen.

Eine ungewöhnlich breite Cumulus-Wolke.

Die von der Thermik zum Aufsteigen veranlaßten Luftblasen haben üblicherweise Durchmesser von 200 bis 500 m, können aber auch 1 km erreichen. Sie steigen mit Geschwindigkeiten von 3 bis 5 m/s.

Einer Thermikblase folgt bereits einige Minuten später die nächste. Sie hat stets eine größere Auftriebsgeschwindigkeit als die Vorgängerin. Auf diese Weise bildet sich innerhalb kurzer Zeit ein regelrechter „Aufwindschlauch“. Aus solchen vertikalen Luftströmungen beziehen Segelflieger die Kräfte, die sie in die Höhe tragen.

In Ausnahmefällen können die von der Thermik in Bewegung gesetzten Luftblasen aber auch mehrere Kilometer Durchmesser erreichen. Einen solchen Fall haben wir hier vor uns. Die riesige Wolke, die sich über die ganze Breite des Bildes zieht, hat einen Durchmesser von mehreren Kilometern. Hier wird die **scharfe Wolkenuntergrenze**, die sich über die gesamte Breite in absolut konstanter Höhe dahinzieht, besonders deutlich.

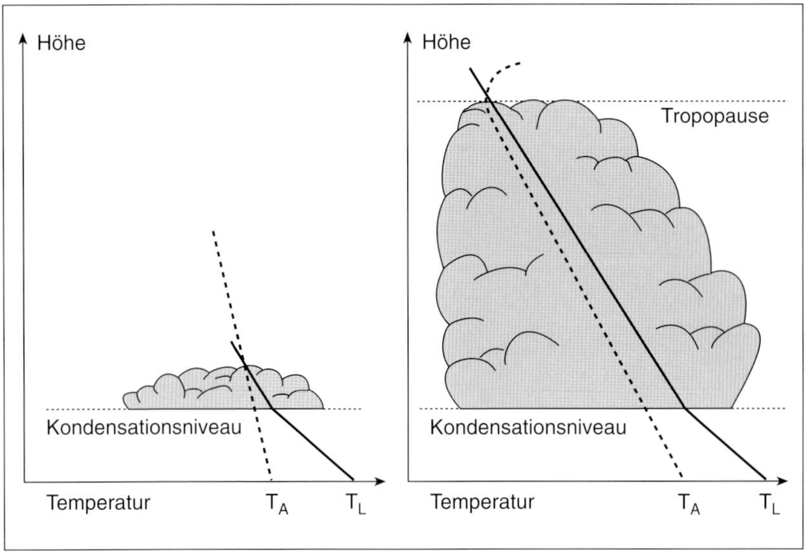

Graphik zur Erklärung der Wolkenhöhe.

In dieser Graphik sind die thermischen Vorgänge während der Wolkenbildung dargestellt. Denken wir uns eine Luftblase, die sich an der warmen Bodenoberfläche gegenüber der Umgebungsluft (T_A) auf T_L aufgeheizt hat. Sie beginnt nun, wie ein Heißluftballon aufzusteigen. Verfolgen wir, wie sich dabei ihre Temperatur ändert: Zunächst kühlt sie sich – wie bekannt – um 1 °C je 100 Meter ab. Mit Erreichen des Kondensationsniveaus setzt die Wolkenbildung ein. Wie deutlich zu erkennen ist, verlangsamt sich gleichzeitig die Abkühlung.

Der Grund dafür ist einfach: Bei der Kondensation wird latente Energie freigesetzt (die physikalischen Zusammenhänge wurden bereits im Zusammenhang mit der Föhnbildung auf Seite 144ff. ausführlich erläutert). Die Temperatur sinkt dann nur mehr um etwa 0,6 °C je hundert Meter Steighöhe.

Nun darf man aber die Temperatur der Luftblasen während ihrer Reise nach oben nicht isoliert betrachten: man muß sie immer im Vergleich zur Temperatur der Umgebung sehen.

Nehmen wir einmal an, die Atmosphäre wäre stabil geschichtet, so daß die Temperatur der Umgebungsluft mit der Höhe um weniger als 1 °C je 100 Meter zurückgeht (vgl. Seite 122). Diese Situation ist in der linken Hälfte der Graphik dargestellt.

Dann wäre unsere Luftblase trotz anfänglicher Überhitzung bald nur noch so warm wie ihre Umgebung. Damit wäre sie dann auch genauso schwer wie ihre Umgebung. Sie würde jeglichen Auftrieb verlieren und keine Neigung mehr zeigen, noch weiter aufzusteigen. Die dabei entstehende Wolke würde sehr bald aufhören zu wachsen und damit relativ flach bleiben.

Cumulus humilis-Wolken.

Hier haben wir eine Wolke, die unter stabilen Atmosphärenbedingungen entstanden ist. Ihre Untergrenze liegt tiefer als 2 km, damit zählt sie zur Familie der tiefen Wolken. Da es sich um eine durch Konvektion entstandene Haufenwolke handelt, gehört sie in die Gattung **Cumulus**, und da sie sehr flach ist, bekommt sie noch die Artenbezeichnung **humilis** (flach). Solange die Atmosphäre stabil geschichtet ist, steht keine Wetteränderung ins Haus. Deshalb bezeichnet man diese niedrigen Cumulus-Wolken gerne als **Schönwetter-Cumuli.**

Wieviel Wasser mag eine solche Wolke enthalten? Dazu ein kleines Rechenexempel: Nehmen wir vereinfachend an, sie habe eine kreisrunde Basis mit einem Kilometer Durchmesser und eine halbkugelförmige Gestalt. Dann errechnet sich ihr Volumen V zu:

$V = {}^{1}/_{2} \times {}^{4}/_{3} \times \pi \times r^3$;

das ist die Formel für das Volumen einer Halbkugel. Dabei steht r für den Radius. Mit r = 500 m errechnet sich ein Wolkenvolumen von 262 Mio. m^3.

Wolken dieser Art enthalten etwa 1 Gramm Wasser pro m^3. Damit enthält die gesamte Wolke etwas mehr als 250 m^3 Wasser.

Das scheint auf den ersten Blick sehr viel. Doch stellen wir noch eine weitere Rechnung auf. Wir dürfen näherungsweise annehmen, daß dieses Wasser auf einer Fläche von der Größe der Wolkenbasis verdunstet ist. Sie mißt 785000 m^2. Rechnet man das in der Wolke enthaltene Wasser auf diese Fläche um, so wäre am Boden eine Wasserschicht von nur etwa ${}^{1}/_{3}$ mm Höhe verdunstet.

Cumulus mediocris-Wolke.

Was passiert aber, wenn die Atmosphäre nicht stabil geschichtet ist? Wenn die Temperatur mit der Höhe verhältnismäßig rasch abnimmt?

Dieser Fall ist im rechten Teil der Graphik auf Seite 177 behandelt. Dann bleibt die aufsteigende Warmluftblase bis in große Höhen hinauf wärmer als die Umgebungsluft. Und entsprechend hoch türmt sich dann auch die dabei entstehende Wolke auf. Erst die an der Tropopause, dem auf Seite 128 schon besprochenen Wetterplafond, einsetzende Inversion stoppt den Quellungsprozeß. Dabei können mächtige Wolkengebirge mit Höhen bis zu 13 km – also höher als die höchsten Berge der Erde – entstehen. Im feuchtheißen Klima der Tropen können sie sogar bis zu 16 km Höhe erreichen.

Die dabei entstehenden Wolken gehören ebenfalls zum Cumulus-Typ. Je nach Höhenentwicklung heißen sie dann „mediocris“, wenn sie sich mäßig hoch entwickeln und „congestus“, wenn sie sich hoch entwickeln. Erstrecken sie sich sogar über mehrere Wolkenstockwerke, so werden sie als Cumulonimbus bezeichnet. Die hier abgebildete Wolke wäre dem Typ **Cumulus mediocris** zuzuschreiben.

Cumulus congestus-Wolke.

Wir haben vorhin erfahren, daß die Temperaturschichtung in der Atmosphäre darüber entscheidet, ob eine Cumulusentwicklung im Stadium „humilis" stehenbleibt oder ob sich ein Cumulus mediocris, ein Cumulus congestus oder gar ein Cumulonimbus entwickelt. Natürlich spielt darüber hinaus auch der Wasserdampfgehalt der Luft eine Rolle. Die Temperaturabnahme von 0,6 Grad pro 100 Meter in der aufsteigenden Luftblase (oberhalb des Kondensationsniveaus) ist natürlich nur ein grober Mittelwert. Aus sehr feuchter Luft kondensiert viel mehr Wasserdampf als aus trockener Luft. Und wenn viel Wasserdampf kondensiert, wird auch viel latente Wärme frei. Die Folge ist, daß die Temperatur sehr feuchter Luft beim Aufsteigen relativ langsam zurückgeht. Daraus folgt zwangsläufig, daß die Wolkenentwicklungen höher werden.

Das deckt sich auch mit der allgemeinen Erfahrung, daß es bei feuchtem, schwülheißem Wetter zu verbreiteten hochreichenden Quellwolken mit häufigen Schauern und Gewittern kommt. Die Wolke auf diesem Bild entwickelt sich allmählich vom Typ „Cumulus humilis" zum Typ **Cumulus congestus**.

Cumuluswolken haben eine typische, „blumenkohlartige“ Oberfläche.

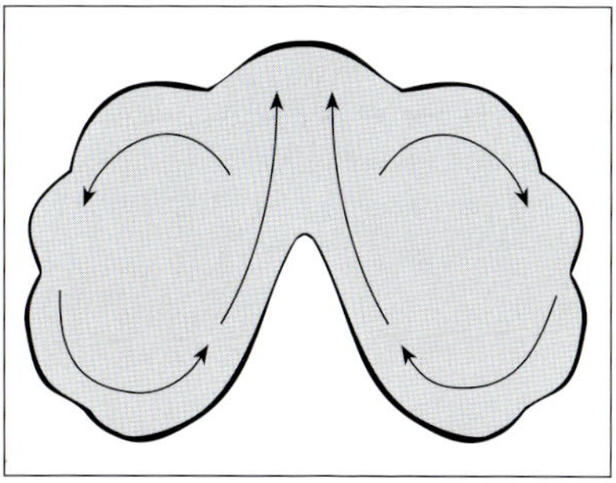

Zirkulation in den „Blumenkohl-Röschen“ einer Cumulus-Wolke.

Alle bisher vorgestellten cumulusartigen Wolken haben eine unverwechselbare Besonderheit: die **blumenkohlartige** Oberseite. Sie ist typisch für alle auf Konvektion (s. Seite 175) zurückgehenden Wolkenarten.

Die hochbrodelnden Luftmassen formen sich zu isolierten halbkugeligen Zellen, deren grundsätzliche Struktur in der Graphik zu sehen ist. Sie bilden eine Zirkulation aus, deren Haupstoßrichtung im Zentrum liegt und nach oben weist. Die Wolke wächst dadurch in Form unzähliger kleiner Türmchen, die nach außen hin wie die Röschen eines riesigen Blumenkohles ausehen.

Cumulonimbus mit Amboß.

An der Tropopause, dem schon mehrfach erwähnten Wetterplafond (s. Seite 128), werden aufsteigende Luftblasen gestoppt, eine weitere Vertikalentwicklung von Wolken also unterbunden.

Wohin aber dann mit den von unten her nachströmenden Luftmassen? Sie werden einfach schirmartig seitlich auseinandergeschoben.

Im Prinzip ist zwischen den Vorgängen an der Tropopauseninversion und Inversionen in tieferen Schichten kein Unterschied. Die Vorgänge bei einer mächtigen Cumulonimbus-Entwicklung dürfen wir uns also genauso vorstellen wie bei dem aus einem Kühlturm aufsteigenden „Dampf" auf der Seite 127. Und ebenso wie dort ein leichter Höhenwind die Dampfwolke einseitig abdriften ließ, verblasen in den meisten Fällen Höhenwinde die Schirme von Cumulonimbuswolken mehr oder weniger nach einer Seite. Deshalb sind sie oft nicht kreisförmig symmetrisch, sondern amboßförmig nach einer Seite entwickelt. Und wegen dieser typischen Form werden sie auch so bezeichnet: **Cumulonimbus incus** (*incus* lat. = Amboß).

Nicht jede Wolke, die danach aussieht, ist tatsächlich eine Cumulonimbus-Wolke.

Obwohl diese Wolke auf den ersten Blick sicher den Eindruck eines Pracht-Cumulonimbus macht, hat sie doch mit diesem Wolkentyp überhaupt nichts zu tun. In Wirklichkeit handelt es sich hier um zwei voneinander völlig unabhängige Wolkensysteme: ein **cumulusförmiges** am Horizont und darüber hoch am Himmel eine **Cirrostratus**- (s. Seite 172) und **Altostratus**- (s. Seite 172) **Schicht**. Während die „blumenkohlförmige“ Wolkenbank bestenfalls der Art Cumulus mediocris zuzuordnen ist, scheinen die hohen Schichtwolken außerordentlich kompakt und mächtig zu sein. Aber auch hier trügt der Schein: Infolge der Beleuchtung von unten her wirken sie gewaltiger als sie tatsächlich sind.

Man sieht an diesem Beispiel, daß Wolkenbilder manchmal gar nicht so leicht zu deuten sind, wie man es auf den ersten Blick glauben möchte. Insbesondere während der Dämmerung, wenn die Wolken zu dunkeln beginnen, erweckt selbst ein dünner Wolkenschleier schnell den Eindruck einer mächtigen Wolkenwand.

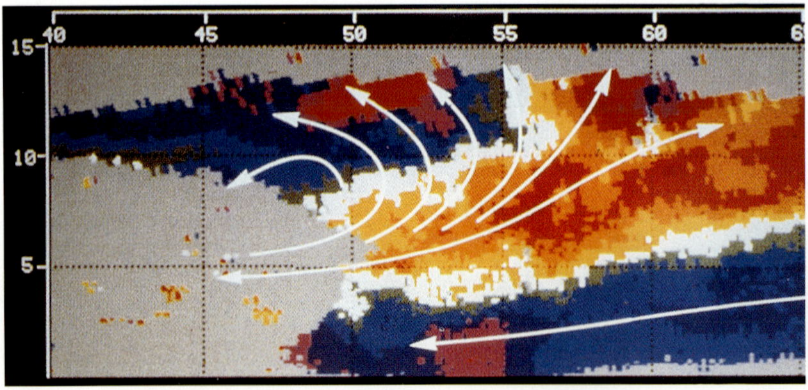

Querschnitt durch eine Cumulonimbus-Wolke auf dem Radarschirm.

Zu mächtigen **Cumulonimbus-Wolken** mit gewaltigen Amboß-Entwicklungen und schweren Schauern, Hagel und Gewittern kommt es regelmäßig, wenn sommerlich schwül-heiße Subtropenluft von kühler Meeresluft aus Nordwesten verdrängt wird.

Um die dabei ablaufenden Vorgänge verstehen zu können, verfolgen wir die Entwicklung mit dem Auge eines Radargerätes.

Die Antenne ist nach Nordwesten gerichtet, blickt also der heranrückenden kühlen Luft entgegen, die sich von rechts nach links über den Radarschirm schiebt. Die Höhe (in km) ist an einer auf der linken Seite eingeblendeten Höhenskala abzulesen. Nach Südosten gerichtete Luftbewegungen werden vom Radarcomputer blau, nach Nordwesten gerichtete rot dargestellt. Bereiche mit reinen Vertikalbewegungen färbt er weiß, solche ohne jede Bewegung grau ein. Einige zusätzlich eingezeichnete Pfeile sollen die Bewegungen noch unterstreichen.

Wie deutlich zu sehen ist, schiebt sich die kühle Meeresluft beim Vordringen in einer etwa 5 km mächtigen Schicht unter die vorhandene Warmluft. Die Warmluft wird dadurch hochgehoben und an der Tropopause in etwa 13 km Höhe zum seitlichen Ausweichen gezwungen. Ein Teil der Warmluft stößt dabei mächtig nach Südosten vor und bildet einen weit ausladenden Amboß. Die Wolkenentwicklung in Richtung Nordwesten geht im allgemeinen Gewölk unter, so daß man auf dem Radar davon nichts erkennen kann.

Im Prinzip wird hier die Wolkenbildung durch den gleichen Vorgang ausgelöst wie bei allen bisher besprochenen Fällen, nämlich durch Hebung und Abkühlung von feuchtwarmen Luftmassen.

Der Amboß hat eine andere Struktur als die Cumulonimbus-Wolke.

Während die Hebung bisher auf Thermik zurückzuführen war, ist es jetzt – bildhaft ausgedrückt – die Keilwirkung der vordringenden kühlen Meeresluft.

Wie es innerhalb solcher Wolken zur Hagelbildung kommt, ist auf Seite 224ff. beschrieben. Das Bild wurde mit dem Radargerät „POLDIRAD" der Deutschen Forschungs- und Versuchsanstalt für Luft- und Raumfahrt (DLR) aufgenommen und bearbeitet.

Betrachtet man den **Amboß einer Cumulonimbus-Wolke** etwas genauer (Bild oben), so stellt man fest, daß er nicht die gewohnte blumenkohlartige Struktur besitzt, sondern eine mehr faser- oder schleierartige. Das kommt daher, daß er überwiegend aus Eiskristallen besteht, während die blumenkohlartigen Partien flüssige Tröpfchen enthalten.

Ein Prachtexemplar einer Cumulonimbus-Wolke mit Amboß zeigt Seite 224 im Zusammenhang mit der Hagelbildung.

Cumulonimbus calvus-Wolke.

Natürlich sind nicht nur amboßförmige Wolkenteile vereist. Beim aufmerksamen Beobachten einer Cumulus-Entwicklung wird man feststellen, daß ab einer bestimmten Entwicklungsphase die Blumenkohlköpfchen von glatten, faserigen Strukturen abgelöst werden. Bei der Wolke auf unserem Foto ist es gerade soweit: Während die unteren Partien noch die typischen Blumenkohlstrukturen der Tröpfchenwolken zeigen, vollzieht sich in den mittleren und oberen derzeit der Übergang zu den faserigen Strukturen der Eiskristallwolken.

Das ist der Augenblick, in dem die Bildung von Niederschlag einsetzt. Es ist immer wieder zu beobachten, daß nur solche Wolken Niederschlag spenden, die in ihrem oberen Teil vereist sind. Dies hat den großen Geophysiker, Glaziologen und Meteorologen Alfred Wegener bereits Anfang unseres Jahrhunderts auf die Idee gebracht, daß das Zusammenspiel von Eiskristallen und unterkühlten, flüssigen Wolkentröpfchen zur Niederschlagsbildung führen könnte. Wie dieses Zusammenspiel funktioniert, ist auf Seite 215 näher erläutert.

Für vereiste Cumulonimbus-Wolken hat die Wolkenklassifiktion eine eigene Artenbezeichnung: **Cumulonimbus calvus**.

Böenwalze.

Manchmal bildet sich an der Grenze zwischen warm-feuchter Mittelmeerluft und vorrückender kühler Atlantikluft eine bedrohlich-schwarze Wolkenwalze aus. Da sie regelmäßig mit heftigen Windböen verbunden ist, bezeichnet man sie in der Meteorologie als **Böenwalze**. Im Radarbild würde sie an der Spitze der von Nordwesten her vorstoßenden Meeresluft erscheinen. Dort finden, wie man sieht, heftige, gegeneinander gerichtete Luftbewegungen statt: Unmittelbar am Boden stößt die kühle Meeresluft nach Südosten vor, nur wenig darüber wird die warme Luft nach Nordwesten abgedrängt. Solche Bewegungen führen gerne zur Ausbildung von langgestreckten Wirbeln mit waagerechter Rotationsachse, die als Böenwalze sichtbar werden.

Das Wort „Böen" im Namen Böenwalze macht deutlich, daß in ihrem Bereich heftige Winde üblich sind. In der Tat treten die schwersten Sturmböen bei einem Luftmassenwechsel stets unmittelbar an der vordersten Spitze der Kaltluftzunge auf – dort, wo sich auch die Böenwalze ausbildet. Daß gerade dort der Wind so heftig werden kann liegt daran, daß dort auch die stärkste Labilisierung der Luftschichtung stattfindet (vgl. auch Seite 122).

Diese Cumulus-Wolken tragen regelrechte Häubchen, „Pileus“ genannt.

Im Inneren von Cumuluswolken ist die Temperatur üblicherweise höher als in der Umgebung; (s. dazu Seite 175). Dadurch bläht sich das Wolkenvolumen auf. Dabei wird die Luftschicht oberhalb der Wolke angehoben und dabei natürlich adiabatisch abgekühlt (s. Seite 122).

Es gibt immer wieder Schichten, die feuchter und solche, die trockener sind. Wird eine wasserdampfreichere Schicht oberhalb einer sich mächtig entwickelnden Cumuluswolke angehoben, dann kann es passieren, daß in ihr der Taupunkt unterschritten wird und Kondensation eintritt. Das heißt, über unserem Cumulus entsteht eine eigenständige, meist sehr zarte, schleierförmige Schichtwolke. In seltenen Fällen besteht sie sogar aus mehreren sandwichartig übereinander liegenden Schichten. Für den Beobacher am Boden entsteht der Eindruck, als habe der Cumulus eine Haube übergezogen. Der Wolkenatlas bezeichnet diese Wolkenart deshalb sehr treffend als **pileus** (lat. = Haube, Kappe).

„Castellanus“ heißt diese Wolkenform, weil sie wie ein wehrhaftes Kastell aussieht.

Gelegentlich trifft die von Nordwesten her eindringende kühle Meeresluft in Höhen zwischen 4 und 7 km Höhe schon um viele Stunden früher ein als am Boden. In solchen Fällen sind die mit dem Vorstoß kühler Luft verbundenen Wolkenbildungs-Prozesse auf eine eng begrenzte Höhenschicht von bestenfalls einigen tausend Metern begrenzt. In solchen Fällen kommt es zur Entstehung einer außerordentlich interessanten Wolkenform. Aus meist langgestreckten Wolkenbänken wachsen kleine, voneinander isolierte Wölkchen zinnenartig in die Höhe, so daß die Wolkenbank den Eindruck einer wehrhaften Burgmauer annimmt. Aufgrund der Ähnlichkeit mit mittelalterlichen Kastellen hat man dieser Wolkenform den Namen **Altocumulus castellanus** gegeben. Oft verlieren die „Castellani“ schon bald nach ihrer Entstehung die Verbindung zur Basis, verselbständigen sich zu unauffälligen, cumulusförmigen Wolken und verschwinden nicht selten wieder.

Gleichwohl darf man aber an Tagen, an denen bereits morgens am Himmel „Castellani“ erscheinen, noch mit Gewittern rechnen. Sind sie doch ein Zeichen dafür, daß kühle Meeresluft im Anmarsch ist. In der Höhe ist sie ja bereits eingetroffen. Es ist also nur noch eine Frage der Zeit, bis sie sich bis zum Boden durchsetzt und die zur Schauer- und Gewitterbildung notwendigen Umlagerungsvorgänge einleitet.

Gewitterstimmung an einem schwülheißen Sommernachmittag.

Wenn der Himmel an einem schwülheißen Sommernachmittag so aussieht wie auf diesem Foto, dann darf man sicher noch mit einem „himmlischen Feuerwerk“ rechnen.

Die **fahlblaue Himmelsfarbe** (s. Seite 14, 31) zusammen mit den entfesselten Wolkenentwicklungen zeugen von sehr hoher Luftfeuchtigkeit. Längst hat der Wasserdampf damit begonnen, insbesondere an den hygroskopischen Salzkriställchen, aber auch an anderen Luftinhaltsstoffen auszukondensieren und so einen dichten weißlichen Dunstschleier über den Himmel zu ziehen. Die Himmelsfarbe läßt darüber hinaus auf eine massive Überhitzung des Bodens oder Herannahen wesentlich kühlerer Luft mit einem bevorstehenden heftigen Wetterwechsel schließen.

Abziehende Schauer.

Diese Fotos zeigen, wie kleinräumig Schauer sein können und wie schnell sich das Wetter ändern kann. Gerade erst sind die letzten Tropfen eines Sommergewitters auf den Boden geplatscht – die abziehenden Schauerwolken verdecken noch den größten Teil des Himmels –, da hellt sich das Gewölk plötzlich auf. Und nach wenigen Minuten erstrahlt die Natur wieder frisch gewaschen im Licht der Sonne. Lediglich die aus ein paar letzten Wolkenresten hängenden **Fallstreifen** (s. Seite 172) oder ein **Regenbogen** erinnern daran, daß es hier noch vor kurzem wie aus Kübeln gegossen hat.

Wie die Kulissen auf einer Theaterbühne sind die einzelnen Wolkenbänke hintereinander angeordnet (Erklärung s. Graphik).

Betrachtet man einen völlig gleichmäßig mit **Cumulus-Wolken** übersäten Himmel, so hat man den Eindruck, am eigenen Standort stünden stets weniger Wolken als zum Horizont hin. Auch dieses Foto zeigt über dem Beobachtungsstandort reichlich blauen Himmel, der in der Ferne immer spärlicher wird und schließlich völlig verschwindet. Der Grund für diese Fehleinschätzung liegt darin, daß der zwischen den Wolken sichtbare Himmelsstreifen, wie die Graphik zeigt, aus Gründen der Perspektive umso schmaler wird, je weiter die Wolken entfernt sind, bis er schließlich ganz verschwindet. Bei höher entwickelten Wolken stellt sich dieser Effekt natürlich schneller ein als bei flachen Wolken.

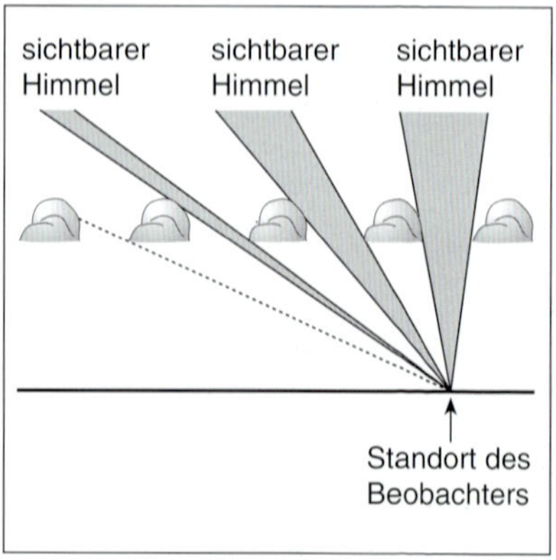

Graphik zur Erklärung des Phänomens, daß der Himmel in der Ferne dichter bewölkt erscheint als in der Nähe des Standortes.

Wenn mit abendlicher Abkühlung die Wasserdampf-Nachlieferung vom Boden her nachläßt, fallen die Cumulus-Wolken in sich zusammen: Cumulis vesperalis.

Wenn mit der zum Abend hin tiefer sinkenden Sonne die Aufheizung des Bodens nachläßt, schläft auch die Konvektion ein. Damit hört der Nachschub von Wasserdampf auf und die Cumuluswolken fangen an, langsam zusammenzufallen. Das erste Anzeichen dafür ist, daß die Blumenkohlstrukturen verschwinden und die Wolkenoberflächen glatt werden. Im weiteren Verlauf werden die Wolken immer dünner und verschwinden bis Sonnenuntergang oft gänzlich. **Cumulus vesperalis** heißen diese abendlichen Wolkenformen (nicht ganz offiziell!).

In diesem Zusammenhang sei auf eine ebenso verbreitete wie falsche Wetterregel hingewiesen: „Bei zunehmendem Mond wird das Wetter besser". Wie kommt es zu diesem Irrtum? Aus astronomischen Gründen steht der zunehmende Mond immer am Abend-, der abnehmende immer am Morgenhimmel. Wenn gegen Abend die Wolken vom Himmel verschwinden – und damit scheinbar eine Wetterbesserung verkünden – ist der Mond stets im Zu-, niemals aber im Abnehmen. Obwohl die beiden Phänomene gleichzeitig auftreten, haben sie dennoch nichts miteinander zu tun, so daß daraus auch keine Wetterregel abgeleitet werden darf.

Cumulonimbus mammatus-Wolke.

Wenn ein heftiger Schauer oder ein Gewitter vorbei ist und die schweren Wolken abziehen, sieht man aus dem Restgewölk häufig die im Vergleich zu sonstigen Wolkenformen recht untypischen beutel- oder busenförmigen Regensäcke oder Gewittersäcke herunterhängen. Die internationale Wolkenklassifikation führt sie unter dem Namen **Cumulonimbus mammatus**. Sie können insbesondere im gelben oder rötlichen Licht der untergehenden Sonne zu einem imposanten Himmelsschauspiel werden.

Es soll schon vorgekommen sein, daß Fotos von Regensäcken auf dem Kopf stehend abgedruckt wurden, weil man sich nicht vorstellen konnte, daß es Wolken gibt, die sich nach unten entwickeln.

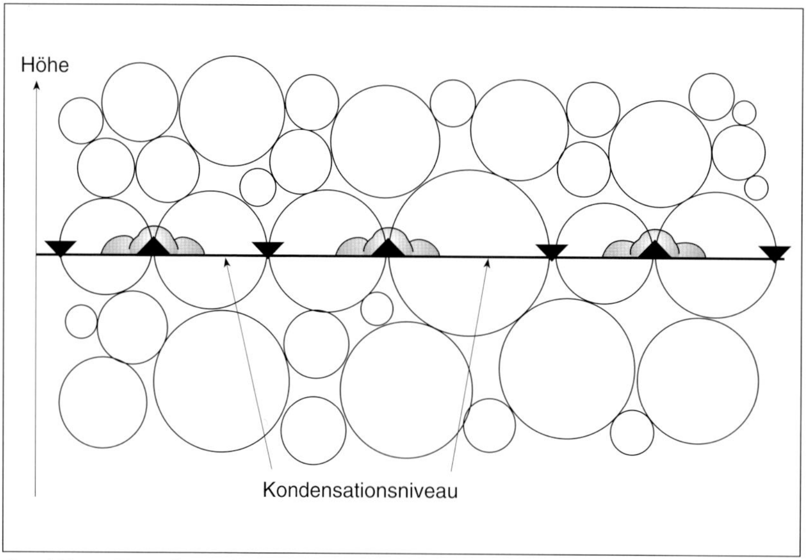

Graphik zur Entstehung der Stratocumulus-Wolke (vergl. Seite 139).

Auf der Seite 139 über Labilität und Stabilität der Atmosphäre sind wir auf den Begriff „Turbulenz" gestoßen. Im turbulenten Zustand – dieser herrscht stets bei adiabatischer oder labiler Schichtung – ist die Luft von einer riesigen Zahl von unterschiedlich großen Wirbeln mit (überwiegend) waagerechten Rotationsachsen erfüllt.

Nun kann es passieren, daß Wirbel, die sich im oder knapp unter dem Kondensationsniveau befinden, Luftvolumina erfassen und über das Kondensationsniveau hinaus nach oben stoßen. Dabei sinkt natürlich die Temperatur der Luftvolumina: Wie schon mehrfach gesagt um 1° pro 100 Meter. Werden sie weit genug gehoben und ist in der Luft ausreichend Wasserdampf vorhanden, dann kann es sogar passieren, daß die Taupunktstemperatur unterschritten wird. Dabei kommt es dann zur Kondensation von Wasserdampf und damit zur Bildung von Wolken. Die Wolkenklassifikation führt sie unter dem Namen **Stratocumulus**.

Diese Darstellungsweise ist natürlich stark schematisiert, in Wirklichkeit sind die Verhältnisse sehr viel komplizierter.

In der Graphik sind bei den Wirbeln knapp ober- und unterhalb des Kondensationsniveaus die Rotationsrichtungen mit eingezeichnet.

Stratocumulus-Wolke.

Stratocumulus-Wolken sind meist nur flach ausgebildet und haben keine Blumenkohl-Stuktur. Sie sehen eher aus wie zerrupfte Wattebäusche. Je nach dem Wasserdampfgehalt der Luft und der Temperaturschichtung schweben sie einzeln am Himmel oder verteilen sich gleichmäßig darüber.

Solange **Stratocumulus-Wolken** nicht ins Quellen kommen und damit in den Cumulus-Typ übergehen, verkünden sie anhaltend störungsfreies Wetter.

Wolken aus der Asam-Kapelle des Freisinger Domes.

Wolken dieser Art wird man im Wolkenatlas vergeblich suchen. Nennen wir sie einfach **Cumulus Asamus** nach ihren genialen Schöpfern, den Brüdern Cosmas Damian Asam (1686-1739) und Egid Quirin Asam (1692-1750), die zu den berühmtesten bayerischen Barockkünstlern gehören. Ihr Lieblingsthema war die aufgehende Sonne, die einen Himmel voller Wolken mit dem Gold ihres Lichtes übergießt. Es wären aber keine Asamschen Wolken, wenn nicht lausbübische Puttenengel – halb stuckiert, halb gemalt – auf ihnen herumpurzeln und allerhand Neckereien und Schabernack treiben würden, so wie es barocker Lebensfreude entsprach.

Wenn Sie, verehrte Leserin, verehrter Leser, einmal eine Barockreise nach Bayern unternehmen sollten, dann besuchen Sie doch die Klosterkirchen in Weltenburg oder Rohr in Niederbayern, oder werfen Sie einen Blick in die Gewölbe der Stiftskirche in Osterhofen an der Donau oder des Freisinger Doms, aus dem übrigens unser Foto stammt. Überall werden Ihnen „Cumulus Asamus-Wolken" in Hülle und Fülle begegnen. Natürlich stehen die Brüder Asam hier nur stellvertretend für alle Künstler des 18. Jahrhunderts, die ihre Kirchen mit barockem Gewölk verziert haben.

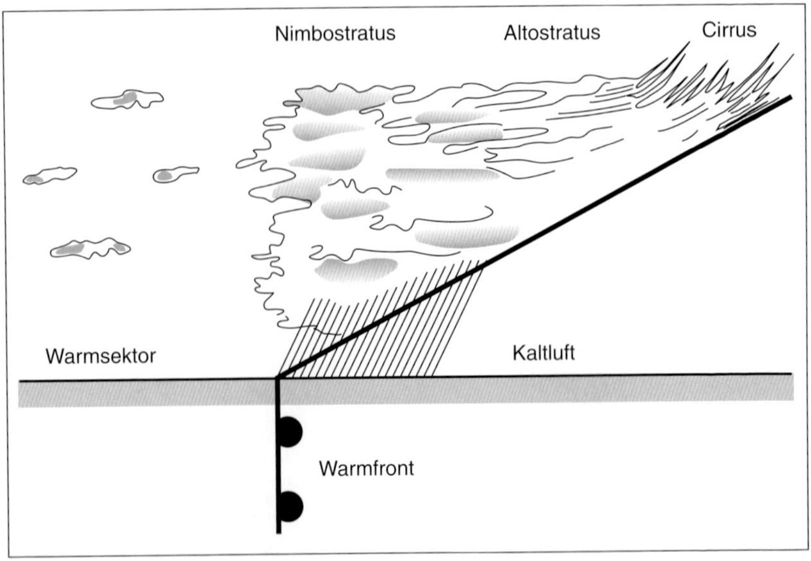

Wolkenformen an einer Warmfront.

Schleier- und schichtförmige Wolken

Schleier- und schichtförmige Bewölkung bildet sich, wenn warme Luft auf kalte Luft aufgleitet. Meistens passiert so etwas im Bereich von Tiefdruckgebieten. Da die warme Luft leichter ist als die kalte und darüber hinaus durch die Strömungsvorgänge in einem Tief Sogwirkungen nach oben bestehen, schiebt sich die warme Luft wie auf einer schiefen Ebene über die kalte.

Durch den Kontakt mit der kalten Luft einerseits, durch die Hebung und die damit verbundene adiabatische Abkühlung andererseits kommt es innerhalb der Warmluft zur Kondensation und zur Wolkenbildung. Aus unserer Zeichnung ist auch zu erkennen, wie dick die Bewölkung sein wird. An der Spitze der Warmluftzunge kann sie naturgemäß nur sehr flach sein. Weiter hinten, wo die Warmluftschicht dicker ist, kann sich eine mächtige Wolkenmasse ausbilden, aus der gleichmäßiger, stundenlang anhaltender Regen oder Schnee fällt.

Links von der Kaltluft verschwindet die Bewölkung spontan. Auch das ist klar, denn in diesem Bereich gibt es weder einen Kontakt mit der Kaltluft noch ein Aufgleiten als Voraussetzung für Abkühlung und Kondensation.

Da sich ein solches Wolkensystem von Westen bis Südwesten her im Lauf etlicher Stunden über einem Beobachtungspunkt hinwegschiebt, sieht man von der Erde aus die Wolkenbilder in genau der Reihenfolge über sich hinwegziehen, wie sie hier von rechts nach links aufgereiht sind. Die Meteorologen bezeichnen einen solchen Vorgang als **Aufzug**.

Cirrus uncinus-Wolke.

Wir verfolgen die Wolkenformen, wie sie bei einem Aufzug der Reihe nach am Himmel erscheinen. Als erste zeigen sich ganz dünne, feine feder- oder krallenförmige Wolken. **Cirrus uncinus** ist ihr wissenschaftlicher Name. Sie schweben in 10 bis 13 km Höhe bei Temperaturen zwischen -50 °C und -70 °C. Bei solchen Temperaturen gefrieren die kondensierten Wassertröpfchen auch ohne Kristallkeime sofort zu Eis.

Oft ziehen die „Cirren" einen scheinbar endlos langen Wolkenschweif hinter sich her. Er entsteht dadurch, daß aus den Cirrus-Wolken feine Eiskristalle herausfallen, die der Wind erfaßt und mit sich forträgt.

Den Cirruswolken sieht man sofort an, daß sie sehr dünn sind. Meist ist der blaue Himmel hinter den feinen Fasern bequem zu erkennen. In der Tat enthält ein Kubikmeter Luft aus einer Cirruswolke kaum mehr als hundert Eiskriställchen. Das bedeutet, daß man beim Durchfliegen von Cirrusschleiern unter Umständen überhaupt nicht merkt, daß man sich in einer Umgebung befindet, die dem Beobachter am Boden als Wolke erscheint.

Ein Cirren-übersäter Himmel.

„Bei Frauen und Cirren kann man sich irren!“ Dieses Sprichwort ist in Meteorologenkreisen gut bekannt. Gemeint ist damit, daß Cirren nicht in jedem Fall auf Wolkenverdichtung und Wetterverschlechterung hinweisen müssen. Es gibt auch Situationen, bei denen der Himmel voll von prächtigsten Cirren ist und das Wetter dennoch sonnig und trocken bleibt. Wenn die Cirruswolken immer gleich dünn bleiben, ihre Form behalten und der Himmel unverändert dunkelblau durch die Wolkenfedern schimmert, dann kann man davon ausgehen, daß das Wetter bleibt, wie es ist.

Verändern sie jedoch ihre Form, werden sie dichter und beginnen sie zusammenzuwachsen, dann sind das untrügliche Zeichen dafür, daß ein Aufzug mit Regen- oder Schneefällen bevorsteht.

Bild Seite 201 oben: Diese faserige Cirrus-Wolke erinnert an die Form eines Fisch-Skelettes, wobei die flockigen Teile das Rückgrat und die beiderseitig gruppierten Fasern die Gräten darstellen. Der wissenschaftliche Name ist **Cirrus fibratus vertebratus**. Trotz der auf den ersten Blick sehr ungewöhnlich wirkenden Form sind Wolken dieser Art gar nicht so selten. Sie bilden sich häufig, wenn sich eine Cirrus-Schicht auflöst.

Cirrus fibratus vertebratus: „Fischgrätencirrus".

Bild rechts: Die hohen, krallenförmigen **Cirrus uncinus-Wolken** wachsen nicht zwangsläufig zu Cirrostratus zusammen. Manchmal werden sie einfach dichter, flockig wie kleine Wattebäusche und sinken in geringere Höhen herunter. Sie heißen dann nicht mehr Cirrus, sondern „Altocumulus". Nach wie vor fallen aus ihnen Eiskristalle heraus, die der Wind zu langen Fahnen verweht. Aber auch aus diesen Wolken wird in ein paar Stunden eine einheitliche graue Wolkenschicht, aus der es ruhig und gleichmäßig regnet.

Altocumulus-Wolken mit Fallstreifen.

Cirrus-Wolken, die in Cirrostratus-Wolken übergehen.

Hier ist der Wolkenaufzug schon einige Stunden im Gang. Die einst eigenständigen Cirrus uncinus-Wolken sind jetzt kräftig am Zusammenwachsen. Im linken unteren Bildbereich hat sich schon eine zusammenhängende Schichtwolke gebildet, die nach der Wolkenklassifikation **Cirrostratus** heißt.

In diesem Stadium ist der Wetterumschwung bereits deutlich zu erkennen. Das Himmelslicht wird diffus, die Schatten hellen sich mehr und mehr auf, verschwinden schließlich ganz. Wo die Wolkenschicht noch dünn genug ist, flammen jetzt die verschiedensten Halos auf (s. Seite 79). Hinter den dichteren Wolken wird die Sonne zu einem diffusen, kleiner und kleiner werdenden Lichtfleck, bis sie im allmählich grau werdenden Wolkenbrei untertaucht.

Wo noch einzelne Wolken oder dichtere Wolkenstrukturen mit schattenwerfenden Rändern übriggeblieben sind, malt die Sonne strahlende Lichtfächer in die dunsterfüllte Luft. Je nachdem, wie hoch die Sonne im Vergleich zu den Wolken steht, öffnen sie sich nach oben oder nach unten. Die nach unten gerichteten Strahlenbündel werden gerne als „wasserziehende Sonne“ bezeichnet.

Näheres zu diesem Phänomen und insbesondere zu seinem Namen findet man auf Seite 34.

Die Polbänder gehen auf Perspektivenwirkung zurück.

Oft ordnen sich die allmählich dichter werdenden Cirrus-Wolken bänderförmig an und bilden einen regelrechten Fächer am Himmel – manchmal noch viel eindrucksvoller als auf unserem Bild. Diese Fächerform geht jedoch nicht auf die Wolkenform zurück, sondern ist eine Folge der Perspektive. Die Wolkenbänder sind im Prinzip parallel angeordnet und scheinen nur wegen der Perspektive in der Ferne in einem Punkt zusammenzulaufen.

In der Meteorologie bezeichnet man dieses Phänomen als **Polbänder**.

Wogenwolken tragen den Beinamen „undulatus".

Parallel angeordnete Wolkenstrukturen sind sehr häufig. Sie treten in allen Höhen auf und sind meist ein Zeichen von zwei übereinandergleitenden Luftschichten – so wie wir sie bei einem Wolkenaufzug typischerweise vor uns haben. An der Grenzfläche zwischen den beiden Luftschichten kommt es zur Wellenbildung, die ihrerseits zur Bildung langgestreckter, paralleler Wolken führt. Im Prinzip ist uns dies bereits auf Seite 134 begegnet, wo über einer Inversion (= untere Luftschicht) der Wind (= obere Luftschicht) hinweggeweht ist und dabei an der Inversionsobergrenze wellenförmige Wolken erzeugt hat. Auch die Wellen auf einem Gewässer entstehen auf diese Weise.

Schäfchenwolken entstehen aus zwei schräg übereinanderlaufenden Wellensystemen.

Sind die Strömungsrichtungen in den beiden übereinandergleitenden Luftschichten gegeneinander verdreht, dann kann es sogar zu einem **doppelten Wellensystem** kommen: je nach den physikalischen Eigenschaften der beiden Luftschichten können die Wellenlängen dabei ganz unterschiedlich sein.

Schäfchenwolken sind typisch für solche schräg zu einander verlaufenden Luftströmungen. Sie gelten bekanntlich als Schlechtwetterboten, was sich gut mit unseren Überlegungen zum Wolkenaufzug deckt.

Nimbostratus-Wolken sorgen für langanhaltene Regen- oder Schneefälle.

So sieht die Endphase eines Wolkenaufzuges aus: **Nimbostratus**, eine sich über mehrere Wolkenstockwerke erstreckende, schichtförmige Wolke. Sie kann bis weit über 10 km hochreichen.

Kein Wunder, daß eine so mächtige Wolke kaum noch vom Licht der Sonne durchdrungen wird (s. Seite 28). Trist, grau und langweilig erscheint sie. Eigentlich schade um den Film!

In ihren mittleren Teilen herrschen Temperaturen, die ein Nebeneinander von unterkühlten Wassertröpfchen und Eiskristallen ermöglichen und damit die Voraussetzung für stundenlang anhaltenden Regen oder Schneefall bieten (s. Seite 215).

In Auflösung begriffene Wolken — ein Vorbild für Rokoko-Schnitzereien!

Und dann passiert es – völlig unerwartet: Innerhalb weniger Minuten läßt der Regen nach, das scheinbar undurchdringliche **Gewölk bricht auf** und schon blinzelt die Sonne durch die eben erst entstandenen Wolkenlücken. Das Aufgleiten ist vorbei, die schweren Wolken fangen an, sich aufzulösen. Ein spannender Vorgang, den zu beobachten es sich lohnt!

Die großen Wolkenballen werden von den Rändern her rasch dünner, so daß sie im gestreuten Licht der Sonne hell aufzuleuchten beginnen. Einzelne Fetzen lösen sich ab, werden immer kleiner und kleiner, verlieren ihr Leuchten und verschwinden ins Nichts. Sicher haben sich die Bildhauer des 18. Jahrhunderts nicht nur vom Züngeln der Flammen, sondern auch von diesen Vorgängen inspirieren lassen.

Kondensstreifen bilden sich erst in einiger Entfernung hinter dem Flugzeugtriebwerk.

Kondensstreifen

Die sogenannten Luftstraßen, auf denen der Zivilluftverkehr abgewickelt wird, liegen in Höhen zwischen 8 und 12 km. Dort herrschen üblicherweise Temperaturen zwischen -40 und -70 °C. Beim Verbrennen von Flugzeugtreibstoff entstehen erhebliche Mengen an Wasserdampf, der mit den heißen Abgasen ausgestoßen wird. Beim Vermischen mit der kalten Umgebungsluft kühlt er sich ab, wobei es – geeignete Temperaturen und geeignete Luftfeuchtigkeit vorausgesetzt – zur Kondensation kommt: Es entsteht ein **Kondensstreifen**, also ein Mischungsnebel (vgl. Seite 165). Daß die Triebwerksabgase auch gleich die nötige Menge von Kondensationskernen mitliefern, fördert die Kondensation noch.

Natürlich dauert es eine gewisse Zeit, bis die Abgase weit genug abgekühlt sind. Aus diesem Grund taucht der Kondensstreifen erst ein Stück hinter den Triebwerken auf, entwickelt sich dann aber rasch zu einer mächtigen Fahne. Je trockener die Außenluft ist, desto weiter hinter dem Flugzeug beginnt der Kondensstreifen. Bei sehr trockener Luft bleibt er ganz aus. Wegen der tiefen Temperaturen gefriert der ausgestoßene Wasserdampf zu Eiskristallen. Aus diesem Grund haben die Kondensfahnen ähnliche Eigenschaften wie Cirrus-Wolken.

Ein Himmel voller Kondensstreifen.

Bild oben: An diesem Tag waren die Entstehungsbedingungen für **Kondensstreifen** außerordentlich günstig. Zudem verläuft über dem Beobachtungsort eine vielbeflogene Luftstraße. Aus diesem Grund konnten sich besonders viele Kondensstreifen bilden und auch sehr lange halten. Sie breiten sich langsam aus, werden vom Wind zerstreut und verlieren allmählich ihre typische Form.

Bild rechts: Wie in den unteren Atmosphärenschichten ist die Luftströmung auch in großen Höhen keineswegs ebenmäßig und gleichförmig. Auch dort gibt es Wirbel, die zu turbulenten Luftbewegungen führen. Die hier gezeigten **Kondensstreifen** sind ein überzeugendes Abbild dieser Bewegungen. Man sieht ihnen förmlich an, wie sie vom Wind unregelmäßig hin- und hergerissen und dabei zerzaust und zerfetzt worden sind.

Vom Wind zerzauste Kondensstreifen.

Auf diesem Satellitenbild werden die Luftstraßen an den Kondensstreifen erkennbar.

Eine besonders interessante Aufnahme ist dem Satelliten NOAA-12 am 4. Mai 1995 kurz vor 10 Uhr geglückt. Aufgrund günstiger Wetterverhältnisse konnten sich die vom Linien-Flugverkehr hervorgerufenen **Kondensstreifen** an diesem Tag sehr lang halten.

Durch Anwendung der sogenannten Falschfarben-**Komposittechnik** (vgl. Seite 61ff.) wurde es möglich, sie besonders deutlich sichtbar zu machen. Bei dieser Technik werden Wolken – je nach ihrer Temperatur – hellblau bis weiß und Wasser dunkelblau dargestellt. Die Erdoberfläche erscheint grün und das sich im Wasser spiegelnde Sonnenlicht gelb.

Das Bild sieht fast aus wie ein Schnittmusterbogen beim Schneidern. Kreuz und quer verlaufen die Linien über das Bild hinweg und verraten auf diese Weise die Wege der Flugzeuge.

Das Bild wurde von der Deutschen Forschungsanstalt für Luft- und Raumfahrt (DLR) aufgenommen und technisch aufbereitet.

Distrail – Auflösung der Wolkenschicht durch von einem Flugzeug erzeugte Turbulenz.

Interessanterweise kann aber hinter Flugzeugen auch das Gegenteil von Kondensation eintreten, nämlich die Auflösung von Wolken. Ein deutscher Name für dieses Phänomen ist nicht bekannt, im Englischen bezeichnet man es als **distrail** als Gegensatz zum contrail = Kondensstreifen.

Voraussetzung für diesen Effekt ist, daß sich in der Höhe eine von trockener Luft erfüllte Inversion (s. Seite 122) ausgebildet hat, an deren Untergrenze eine dünne Wolkenschicht schwebt. Fliegt nun ein Flugzeug durch diese Wolkenschicht, also zwischen den beiden Luftmassen, so werden diese von den Turbulenzen, die das Flugzeug hinterläßt, kräftig durchmischt. Die untere – wolkenhaltige – Luftschicht wird dabei wärmer und trockener, ist also nicht mehr feuchtegesättigt. Die Folge davon ist, daß sich die Wolken auflösen.

Schattenwurf eines Kondensstreifens auf eine Altostratus-Wolkenschicht.

Bild oben: Dieses Foto dürfte zunächst einmal einige Rätsel aufgeben. Hier die Lösung: Die dunkle Linie nach rechts unten ist nichts anderes als der Schattenwurf des links oben erkennbaren Kondensstreifens auf eine dünne, gleichmäßige Cirrostratus-Schicht. Der Zufall wollte es, daß bei dieser Situation der Kondensstreifen, sein Schatten und der Beobachter in ein- und derselben Ebene lagen, so daß die Kondensfahne und ihr Schatten zusammenzufallen scheinen.

Schatten von Kondensstreifen sind keine Seltenheit. In den meisten Fällen fliegt die Maschine in solchen Fällen über einer dünnen Wolkenschicht, auf die der Schatten herunterfällt. Bei sehr tiefem Sonnenstand, einer hohen Wolkenschicht und einer entsprechend weit darunter liegenden Flugbahn kann der Schatten aber auch nach oben geworfen werden.

Kondensstreifen haben wegen ihrer Geradlinigkeit eine starke graphische Wirkung.

Ein Abendhimmel voller Kondensstreifen.

Bild Seite 212 unten: Kondensstreifen unterscheiden sich von natürlichen Wolken durch eine optisch sehr interessante Eigenschaft: sie sind geradlinig. Gerade Linien gibt es in der Natur kaum, am Himmel – von ein paar Haloerscheinungen (s. Seite 79) abgesehen – praktisch überhaupt nicht. Aus diesem Grund entwickeln Kondensstreifen oft eine außerordentlich starke graphische Wirkung. Dies umso mehr, wenn sie, wie hier, kreuz und quer durcheinanderlaufen.

Übrigens läßt sich auch (vgl. Seite 300) auf diesem Bild gut erkennen, aus welcher Richtung der Wind in der Flughöhe weht: von rechts nach links. Die älteren Kondensstreifen, die schon relativ stark auseinanderdiffundiert sind, finden sich links, die jüngeren rechts im Bild. Auch den quer verlaufenden Streifen sieht man an, daß sie der Wind von rechts nach links forträgt.

Die Kondensstreifen auf diesem Foto sind zum Teil schon weit auseinanderdiffundiert, zum Teil wurden sie vom Wind dahin und dorthin vertragen, so daß man ihnen ihre ursprüngliche schnurgerade Form nicht mehr ansieht. Der Unterschied zwischen ihnen und gewöhnlichen Cirrus-Wolken beginnt zu verschwimmen.

Mit diesem abendlichen Foto von mächtig entwickelten **Kondensstreifen** wenden wir uns einem ganz anderen Bereich zu, nämlich den Niederschlägen, die aus den Wolken herausfallen können.

Regentropfen

Dieses Foto zeigt Regentropfen, die der Wind gegen die Fensterscheibe geschleudert hat. Sie sitzen wie kleine Linsen auf der Scheibe und bilden die Landschaft vor dem Fenster in sich ab, natürlich auf dem Kopf stehend – so wie das auch konvexe Glaslinsen machen. Deshalb erscheint in ihnen – stark verzerrt – unten der graue, regnerische Himmel, in der Mitte Häuser und Bäume und oben vom grauen Band einer Straße durchzogene Acker- und Wiesenflächen.

Die **Regentropfen**, oder besser „Regentränen" – auf diesem Foto sind sie fast in natürlicher Größe abgebildet –, können Durchmesser bis zu einem Zentimeter erreichen. Im freien Fall haben Regentropfen Durchmesser bis etwa 4 mm (s. auch Seite 218). Da die Wolkentröpfchen nur bis etwa 10 µm groß sind, wird man sich zwangsläufig fragen: Wie werden aus ihnen so große Regentropfen? Das ist eine Frage, die schwieriger zu beantworten ist, als es scheint. Es liegt nahe, an ein Zusammenfließen von kleinen Tröpfchen zu immer größeren zu denken, bis schließlich die Größe von Regentropfen erreicht ist. Dieses Verhalten ist uns von den in der Suppe schwimmenden Fettaugen her ja durchaus geläufig. Auch sie vereinigen sich beim Zusammenstoßen zu immer größeren Exemplaren. Auslöser dieser Vorgänge ist die Oberflächenspannung, die stets

Regentropfen an der Fensterscheibe wirken wie kleine Umkehrlinsen.

versucht, die Oberfläche zu verkleinern. Warum sollte das nicht auch bei der Bildung der Regentropfen funktionieren?

Das folgende Rechenexempel scheint zunächst zu bestätigen, daß Regentropfen durch Zusammenfließen von Wolkentröpfchen entstehen:

Die Oberfläche O eines kugelförmigen Tröpfchens mit dem Radius r errechnet sich nach der Formel:

$O = 4\,r^2\,\pi$;

für das Volumen V gilt die Formel:

$V = {}^4/_3\,r^3\,\pi$.

Denken wir uns jetzt zwei Tropfen mit Radien von 1 mm. Sie haben Volumina von 4,19 mm^3 und Oberflächen von 12,6 mm^2. Fließen diese zwei Tropfen zu einem zusammen, so hat der daraus entstehende ein Volumen von 2 mal 4,19 gleich 8,38 mm^3. Sein Radius errechnet sich daraus zu 1,26 mm, seine Oberfläche beträgt 20 mm^2. Das heißt, sie ist um mehr als 20% kleiner als die Oberflächen der beiden ursprünglichen Tropfen zusammen.

Und dennoch führt das Zusammenfließen von Wolkentröpfchen nicht zur Entstehung von Regentropfen. Den Grund dafür zeigt ein weiteres Rechenexempel.

Die Radien von Wolkentröpfchen liegen um etwa 0,01 mm, (s. Seite 103), die der Regentropfen können bis zu etwa 2 mm wachsen (s. Seite 218). Mit Hilfe der oben genannten Formeln kann man errechnen, daß zur Bildung eines einzigen großen Regentropfens fast 10 Millionen Wolkentröpfchen erforderlich sind. Wolkenphysiker haben berechnet, daß auf diese Weise unter den Wetterbedingungen in Europa zwar kleintropfiger Nieselregen, keinesfalls aber großtropfiger Regen normaler Größe entstehen kann.

Denn tatsächlich hat die Regenbildung mit Eiskristallen zu tun!

Dem großen Meteorologen, Geophysiker und Polarforscher A. Wegener war bereits Anfang unseres Jahrhunderts aufgefallen, daß nur aus solchen Wolken Regen fällt, die in ihrem oberen Teil vereist sind (vgl. Seite 186). Die beiden Meteorologen T. Bergeron und W. Findeisen haben diese Beobachtungsergebnisse aufgegriffen und daraus eine Theorie entwickelt, die bis heute gültig ist.

Sie baut auf der Tatsache auf, daß in höheren Wolkenschichten bei Temperaturen sogar weit unter 0 °C Eiskriställchen und flüssige Tröpfchen nebeneinader existieren können. Der Grund dafür ist folgender: In der Atmosphäre kann ein Eiskristall nur dann entstehen, wenn ein sogenannter „Eiskeim“ vorhanden ist. Als Eiskeime dienen winzige, feste Salzkriställchen, die eine ähnliche Kristallstruktur besitzen wie das Eis. Daß Eiskristalle bevorzugt auf bereits vorhandenen Strukturen wachsen, zeigen die beiden Fotos auf Seite 216. Dort sitzen die Kristalle auf einer **Autoscheibenheizung** wie die Schwalben auf Telefondrähten.

Auch Kratzer in Glasscheiben bieten sich als Eiskeime an, wie das Foto auf dieser Seite zeigt: Fast alle „Eisblumen“ gehen von Oberflächenbeschädigungen aus, die beim Einglasen der Scheibe entstanden sind.

In der Atmosphäre sind passende Eiskeime rar – so rar, daß längst nicht alle Tröpfchen beim Unterschreiten des Gefrierpunktes einen finden können. Die Folge ist, daß ein großer Teil der Tröpfchen auch bei Temperaturen zum Teil weit unter 0 °C flüssig bleibt. Wir haben also eine Koexistenz von Kristallen und Tröpfchen.

Eiskristalle bilden sich bevorzugt, wo schon passende Kristallstrukturen vorhanden sind.

Kratzer in Glasscheiben bilden eine ideale Basis zum Aufbau eines Eiskristalls.

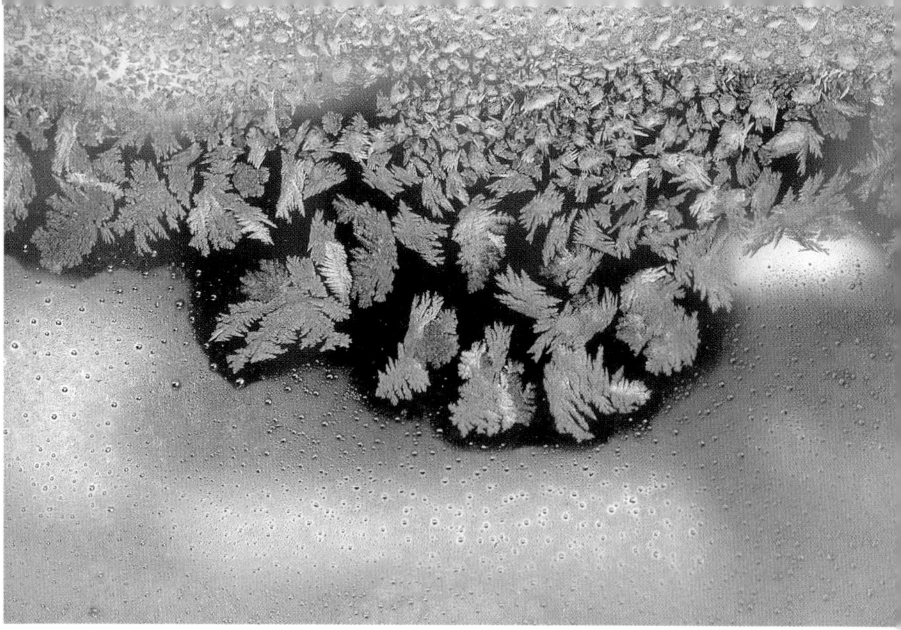

Modellversuch zum „Bergeron-Findeisen-Prozeß".

Die Koexistenz von Kristallen und Tröpfchen ist aber keineswegs friedlich. Die Eiskristalle sind nämlich begierig bestrebt, aus ihrer Umgebung Wasserdampf aufzusaugen und der eigenen **Kristallstruktur** einzuverleiben. Dadurch können sie kräftig wachsen, während die Luft in ihrer Umgebung mehr und mehr austrocknet. Das wiederum bewirkt, daß die unterkühlten Wolkentröpfchen verdunsten und damit neuen Wasserdampf liefern, so daß die Kristalle rasant weiterwachsen können.

Unser Foto zeigt einen ähnlichen Vorgang. Man sieht darauf eine teilweise mit **Eisblumen** überzogene Fensterscheibe. Im unteren Teil ist sie beschlagen, im Bereich der „Eisblumen" dagegen völlig klar, so daß der dunkle Hintergrund durchscheinen kann. Auch hier hat das Eis seine unmittelbare Umgebung so stark ausgetrocknet, daß die winzigen Tröpfchen des Beschlages verdunstet sind. Übrigens zeigen an der Fensterscheibe – im Gegensatz zu den Verhältnissen in Regenwolken – auch die größeren Tropfen eine Tendenz, Wasserdampf aus der Umgebung an sich zu ziehen, so daß um sie herum kleine klare Höfe entstehen.

Modellversuch zur Deformation fallender Regentropfen.

Wenn die Eiskristalle ein bestimmte Größe und damit ein bestimmtes Gewicht erreicht haben, beginnen sie nach unten zu fallen. Dabei fangen sie noch weitere Tröpfchen auf, die ihnen auf ihrem Weg begegnen und sie werden dadurch größer und größer. Sobald sie die unteren, wärmeren Schichten der Wolke erreicht haben, schmelzen sie und klatschen schließlich als kugelförmiger Regentropfen auf die Erde.

Dieser Wachstumsprozeß hat aber eine natürliche Grenze: Wenn die Tropfen einen Durchmesser von etwa 4 mm erreicht haben, werden sie instabil. Sie verformen sich, beginnen zu flattern und werden schießlich in eine Vielzahl von kleineren Tropfen zerfetzt. Natürlich können auch sie wieder wachsen, aber beim Erreichen des kritischen Grenzwertes ereilt sie das gleiche Schicksal. Die Folge ist, daß kein Regentropfen größer als etwa 4 mm sein kann, auch nicht, wenn er am Boden einen mehrere Zentimeter großen Klecks hinterläßt.

Das Foto stammt von einem **Laborexperiment**. In einem mit einer geeigneten Flüssigkeit gefüllten Zylindergefäß steigen erwärmte Wachstropfen nach oben. Wie deutlich zu sehen ist, besitzen nur die kleineren unter ihnen eine exakte Kugelgestalt; je größer die Tropfen sind, desto mehr weichen sie von der Idealform ab. Am deutlichsten ist das bei dem sehr stark deformierten Riesentropfen in der Mitte zu sehen.

Auch der Wasserschwall einer Fontäne wird in viele kleine Tropfen zerrissen.

Alle freifallenden Wassertropfen, die größer als 4 mm sind, werden vom Luftstrom zerrissen. Diesen Vorgang kann man auch in der Natur immer wieder beobachten, z.B. an diesem **Brunnen**: Das Wasser schießt hier als mächtige Fontäne aus dem Stein. Deutlich ist zu erkennen, wie das aus dem dicken Schwall nach unten fallende Wasser zunächst seifenblasenartige, zunehmend durchsichtig werdende, aber immer noch zusammenhängende Wasserhäute bildet. Im freien Flug zerfallen diese dann in kleiner werdende, teilweise bizarr geformte Elemente, bis schließlich nur noch weitgehend kugelförmige Tropfen übrigbleiben.

Auch an Wasserfällen, Beregnungsanlagen und sogar bei den Feuerwehrspritzen spielen sich solche Vorgänge ab. Dazu ein kleiner Versuch zum Nachmachen: Man schüttet einfach in einigen Metern Höhe einen Eimer Wasser aus und wird feststellen, daß das Wasser unten nicht in einem einzigen Guß ankommt, sondern in Form unzähliger kleiner Tropfen.

Fallstreifen.

Wenn die Wolkenuntergrenze relativ hoch ist, kann man die aus ihr herausfallenden Regentropfen als sogenannte **Fallstreifen** erkennen. Die Wolke sieht dann aus, als hätte sie einen langen, wallenden Rauschebart.

Wie wirksam sich Niederschlag bilden kann, zeigen die Regenrekorde, die im Lauf der Zeit aufgestellt worden sind. Das niederchlagsreichste Unwetter, das sich jemals über einer deutschen Wetterstation entladen hat, ging am 25. Mai 1920 über Füssen im Allgäu nieder. Dabei ergossen sich innerhalb von 8 Minuten auf jeden Quadratmeter 126 Liter Wasser. Der größte Tageswert wurde am 7. Juli 1906 mit 260 l/m^2 in Zeithain/Kr. Riesa gemessen. Die größte Monatssumme stammt aus Oberreute, Kr. Lindau/Bodensee; sie wurde im Mai 1933 gemessen und liegt bei 777 l/m^2. Auch der Jahresrekord stammt aus Oberreute, er beträgt 3432 l/m^2 und wurde im gleichen Jahr erreicht. Doch verblassen alle diese Werte gegenüber den Regenmengen, die sich unter der Wirkung des Monsun über die Flanken des Himalaya ergießen. In Cherrapuji in Ostindien wurden schon Jahresmengen von über 24300 l/m^2 gemessen. Wäre dieses Wasser weder versickert noch abgeflossen noch verdunstet, so hätte sich ein See mit einer Tiefe über 24 m gebildet.

Schneekristalle

Die Bildung eines Schneekristalls beginnt genauso wie die eines Regentropfens, nämlich durch Anlagern von Wasserdampf an einem Gefrierkern. Bei den tiefen Temperaturen, wie sie bei Schneefall herrschen, enthält die Luft meist nur wenig unterkühltes Wasser. Es besteht daher die Möglichkeit, die einzelnen Wassermoleküle in aller Ruhe in ein wohlgeordnetes Kristallraster einzubauen. Je nach Temperatur und Wasserdampfgehalt der Luft wachsen aber ganz unterschiedliche Kristallformen heran. Der japanische Scheeforscher U. Nakaya hat im Lauf seiner 40jährigen Schneeforschungen über 200 verschiedene Typen klassifiziert. Die 40 wichtigsten sind auf Seite 222 zusammengestellt. Bei Lufttemperaturen von nur wenigen Grad unter Null setzt die Kristallbildung ein. Ab -3 °C entstehen zunächst aus winzigen Eisplättchen unregelmäßige (N1b), ab -5 °C relativ homogene (N1a) Eisnadeln. Bei Temperaturen unter -10 °C reicht bereits eine geringe Menge unterkühlten Wassers aus, Eissäulen mit (C1b) oder ohne (C1c) Spitze entstehen zu lassen. Zwischen -12 und -18 °C bilden sich zunächst flache 6eckige Plättchen (P1a). Mit zunehmendem Gehalt an unterkühltem Wasser wachsen ihnen immer deutlicher werdende Arme (P1b bis P1e) bis – bei einer ausreichend großen Menge und Temperaturen um -15 °C – die bekannte 6strahlige Schneestern-Form auftaucht, die auch als **Dendrit** bezeichnet wird (P1f bis P1i). Temperaturen unter -18 bis -25 °C lassen wieder Säulen, bei größeren Mengen unterkühlten Wassers dreidimensional angeordnete Plättchen (CP3) entstehen.

Beginnt ein Eiskristall durch die Atmosphäre zu fallen, so passiert er auf seinem Weg Schichten mit ganz unterschiedlichen Temperatur- und Feuchteverhältnissen. Vom Wind wird er dahin und dorthin getragen, wiederholt hochgehoben oder rasch durch eine Schicht hindurch nach unten befördert. Auf diese Weise kann seine Entwicklung ganz unterschiedlich verlaufen: Neue Wachstumsprozesse können eingeleitet und wieder gestoppt oder von anderen abgelöst werden. Gelangt beispielsweise ein Säulchen, das bei Temperaturen um -20 °C entstanden ist, in eine Umgebung mit etwa -15 °C, so beginnen an seinen beiden sechseckigen Begrenzungsflächen Plättchen anzuwachsen und es entsteht ein Gebilde, das einer Fadenspule ähnlich sieht (CP1a). Läuft der Vorgang in besonders feuchter Umgebung (viele unterkühlte Tropfen) ab, so bilden sich statt des Plättchens feingliedrige radiale Sprosse mit reichlichen Seitenzweigen (CP1b), also dendritische Formen.

Die auf Seite 223 unten gezeigten Schneesterne sollen nicht nur diese Formenvielfalt beweisen, sondern auch die hohe Ästhetik zeigen, die in diesen kleinen Gebilden steckt. Es sind Zeichnungen von Schneekristallen, die am eidgenössischen Institut für Schnee- und Lawinenforschung in Davos aufgelesen und im Kältelabor sorgfältig präpariert worden sind.

N1a
N1b
N2
C1a
C1b
C1c
C2a
C2b
P1a
P1b
P1c
P1d
P1e
P1f
P1g
P1h
P1i
P2a
P2b
P2c
P3a
P3b
P4
P5a
P5b
CP1a
CP1b
CP1c
CP2a
CP2b
CP3
S
I1
I2
R1
R2
R3a
R3b
R4a
R4b
R4c

Schneekristalle, die bei hoher Luftfeuchtigkeit am Boden weitergewachsen sind.

Ein Schneekristall kann während seiner Entwicklung eine Größe von 1 bis etwa 5 mm erreichen. Hat er den Erdboden erreicht, so muß sein Wachstum noch lange nicht zu Ende sein. So kann man insbesondere bei hoher Luftfeuchte z.B. neben einem schäumenden Gewässer oder einem nicht gefrorenen Wasserfall Schneekristalle mit einem Durchmesser von mehr als 10 cm Durchmesser finden.

Die beiden Bilder sind ein **Stereobildpaar**. Mit Hilfe der „Schieltechnik" ist der Stereoeindruck rasch zu gewinnen: Man braucht dazu nur die Nasenspitze auf das Papier zwischen die Bilder zu setzen und auf die Nasenspitze zu schielen. Dann wird das Buch langsam nach vorne entfernt, bis das Bild scharf und dreidimensional zu sehen ist: ein **Schneekristall**, der neben einem Gewässer am Boden weitergewachsen ist.

Beispiele für die Vielfalt von Schneesternen (Dendriten).

Hagel, Hagelschäden und Hagelbekämpfung

Die schwüle Mittelmeerluft, die der Südwestwind an heißen Sommertagen nach Mitteleuropa führt, enthält oft gewaltige Mengen Wasserdampf. Bei der Kondensation entsteht daraus eine riesige Zahl von Wolkentröpfchen. Da aber auch in diesen Wolken die Gefrierkerne relativ selten sind (vgl. Seite 215), können nur die wenigsten von ihnen zu Kristallen gefrieren. Der allergrößte Teil wird zu unterkühlten Tröpfchen. In solchen wasserreichen Wolken ist also das Verhältnis unterkühlte Tröpfchen zu Eiskristallen noch ungünstiger als in gewöhnlichen Wolken. Die Folge davon ist, daß sich enorme Wassermengen auf nur wenige Eiskristalle stürzen, die dann beinahe explosionsartig zu ungewöhnlich großen Eisgebilden heranwachsen.

Dazu kommt aber noch ein zweiter Aspekt:

In Wolken, in denen wegen des hohen Wasserdampfgehaltes heftige Kondensation stattfindet, bilden sich zum Teil gewaltige Aufwinde aus. Geschwindigkeiten von über 100 km/h sind keine Seltenheit. Die Graphik zeigt, an welchen Stellen der Hagelwolken solche Winde toben. Da sie die Tropopause (s. Seite 182) nicht durchstoßen können, breiten sie sich unterhalb dieses Wetterplafonds seitlich aus und lassen dabei die typi-

Typische Form einer Hagelwolke.

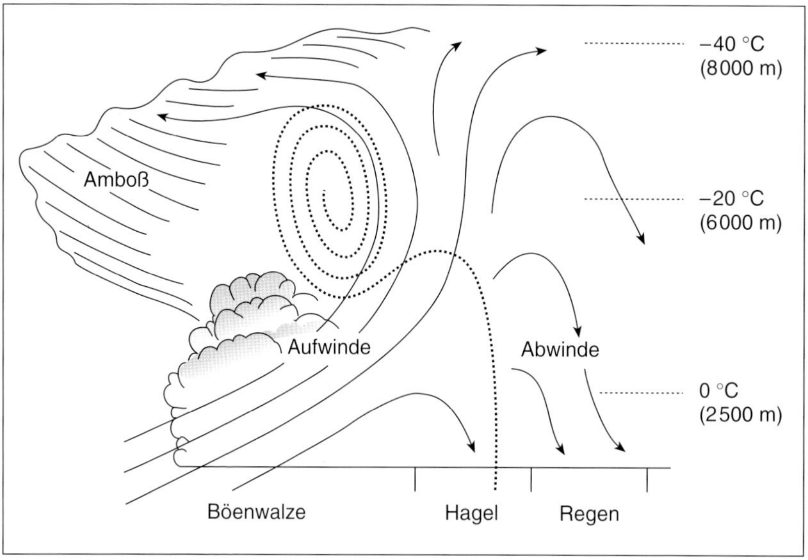

Zirkulation in einer hagelbildenden Cumulonimbus-Wolke.

schen **Amboß-Wolkenformen** entstehen (s. dazu auch Seite 182).

Die Eisklümpchen in den Wolken werden, noch ehe sie herabzufallen beginnen, von diesen Winden erfaßt und in die Höhe getragen. Dort, wo die Winde aus den genannten Gründen seitlich ausweichen müssen und dabei an Geschwindigkeit verlieren, können die Klümpchen ihrer Gewalt entfliehen und beginnen herabzustürzen. In den unteren Wolkenschichten geraten sie aber erneut in den Aufwindbereich, werden dabei ein zweites Mal erfaßt und erneut in die Höhe gerissen ...

Der Vorgang kann sich mehrmals wiederholen, und jedesmal legt sich eine neue Eisschicht um das Klümpchen. Ist es schließlich so groß geworden, daß es der Aufwind nicht mehr tragen kann, so gerät es in den Abwindbereich hinein und wird beschleunigt in die Tiefe gerissen. Wegen seiner inzwischen beachtlichen Größe kann es auch unterhalb der Null-Grad-Grenze nicht mehr schmelzen (vgl. Seite 218), so daß es als Hagelkorn auf dem Boden aufschlägt. Die Graphik zeigt, welche Bahn ein individuelles Hagelkorn in der hier abgebildeten Wolke durchlaufen könnte.

Dünnschnitt durch eine Hagelschlosse.

Dünnschnitt durch eine Hagelschlosse mit aufsitzenden kleineren Körnern.

Schneidet man aus einer **Hagelschlosse** ein dünnes Scheibchen heraus und hält es gegen das Licht, so kann man einen schalenartigen Aufbau erkennen. In dieser an Baumringe erinnernden Struktur wechseln glasklare mit undurchsichtigen Eisschichten ab. In unserem Foto erscheinen die klaren Schichten vor dem schwarzen Hintergrund dunkel, die matten dagegen hellweiß.

Diese Abfolge der unterschiedlichen Schichten dokumentiert die Entstehungsgeschichte des Hagelkorns in allen Einzelheiten: Klare Schichten entstehen nämlich immer dann, wenn bei mäßig tiefen Temperaturen viel unterkühltes Wasser vorhanden ist. In einem solchen Milieu besteht keine Möglichkeit, das Wasser noch in geordnete Kristallstrukturen einzubauen. Es bildet sich dann das, was man als **erstarrte Schmelze** bezeichnet. Glas ist ein Musterbeispiel für eine erstarrte Schmelze. Und glasartig erscheint auch das hier entstandene Eis. Anders bei sehr tiefen Temperaturen und wenig unterkühltem Wasser. Unter solchen Bedingungen sind die Wassermoleküle problemlos in geordnete Strukturen zu bringen. Dann können sich Tausende von mikroskopisch kleinen Kriställchen bilden, die das Licht stark streuen (s. Seite 27ff.) und die Eisschicht auf diese Weise undurchsichtig machen.

Unser Hagelkorn hat also sein Wachstum in einer sehr kalten, relativ trockenen Umgebung begonnen und in der Wolke mindestens vier Loopings durchlaufen. Die äußersten Schichten sind beim Herunterfallen zum großen Teil abgeschmolzen, so daß sie nur schwer zu identifizieren sind. Es könnte die in der Graphik (s. Seite 225) gezeigte Bahn durchlaufen haben.

Beispiel einer Hagelschlosse mit aufsitzenden kleineren Körnern.

Bild linke Seite unten: Bei ihrem turbulenten Flug durch die Wolke stoßen die Hagelschlossen natürlich mit vielen sehr unterschiedlich großen, unterkühlten Tropfen zusammen. Während die kleineren unter ihnen von der Strömung um die Eisklümpchen herumgeführt werden, klatschen die größeren mitten auf die Eisoberfläche. Dort finden sie das, was sie vorher daran gehindert hatte, zu Eis zu gefrieren, nämlich geeignete Kristallstrukturen. Die Folge ist, daß sie spontan an der Hagelschlosse festfrieren. So kann es passieren, daß der **Schlosse** eine ganze Reihe von unregelmäßig verteilten Höckern wachsen, so wie es auf dem hier gezeigten **Dünnschnitt** zu sehen ist.

Bild oben: Durch gefrierendes unterkühltes Wasser können aber auch **Hagelschlossen** unterschiedlichster Größe und Gestalt im wahrsten Sinne des Wortes zusammengeklebt werden. Hier haben wir ein ganz besonderes Prachtstück vor uns. An seiner Oberfläche ist nicht nur ein einzelnes Korn festgefroren, sondern eine ganze Menge, so daß ein regelrechtes „Eisgebirge“ entstehen konnte.

Hagelschäden in einem Maisfeld (oben) und an einem Apfel (unten).

Hagelschlossen können zu riesigen Brocken heranwachsen. Das schwerste Hagelkorn, das je gefunden wurde, hat 1,9 kg gewogen!

Hagel stürzt mit teilweise beängstigenden Geschwindigkeiten vom Himmel. Einschlägige Untersuchungen zeigen, daß Körner mit einem Durchmesser von 3 cm mit etwa 100 km/h, 5 cm große sogar mit annähernd 150 km/h auf dem Boden aufschlagen. Welche Zerstörungsgewalt dabei entwickelt wird, liegt auf der Hand. Es wird berichtet, daß Hausdächer von Hagelschlossen glatt durchschlagen wurden. Zertrümmerte Gewächshäuser, zerschlagene Obstanlagen und niedergewalzte Getreide- und Maisfelder sind regelmäßig die **Folgen schwerer Hagelschläge**.

Hagelschlosse des Münchener Hagelunwetters vom 12.7.1984.

Das Hagelunwetter, das sich am 12. Juli 1984 über der Bayerischen Landeshauptstadt und Teilen Oberbayerns entladen hat, ist unter dem Namen „Münchener Hagelunwetter“ in die deutsche Katastrophengeschichte eingegangen und hat darin einen der Spitzenplätze erreicht. Es hat einen Gesamtschaden von mehr als 3 Milliarden DM angerichtet.

Kurz vor 20 Uhr erreichte an diesem denkwürdigen Tag ein Gewitterherd von Südwesten kommend den Stadtrand von München. Über der vom Tag her erhitzten Stadt – am Nachmittag war das Quecksilber auf nahezu 30 °C gestiegen – entwickelte sich der Hagelsturm dann zu einer Unwetterkatastrophe größten Ausmaßes. Die auf Orkanstärke anwachsenden Aufwinde ließen in weiten Bereichen Hagelkörner mit 5 bis 6 cm Durchmesser entstehen. Das größte dokumentierte **Hagelkorn** dieses Unwetters, das auf diesem Foto abgebildet ist, hatte 9,5 cm Durchmesser und 300 g Gewicht. Seine Aufschlaggeschwindigkeit dürfte über 200 km/h betragen haben. Es wurde sogar glaubhaft über ein Hagelkorn mit einem Durchmesser von 14 cm Durchmesser und 800 g Gewicht berichtet.

Begleitet wurde das **Münchener Hagelunwetter** von intensiven Regengüssen mit bis zu 30 Liter auf den Quadratmeter und Sturmböen bis zur Stärke 10 (s. Seite 298). Teilweise lagen die Hagelschlossen auf den Straßen 20 cm hoch. Noch am nächsten Morgen konnte man in den Rinnsteinen Reste von ihnen finden. Zahllose Glasscheiben – selbst Sicherheitsgläser – wurden zertrümmert, wie auf diesem Bild zu sehen. Die Glaseindeckungen von Gewächshäusern wurden derartig zersplittert, daß nichts anderes übrigblieb, als das Pflanzen-Erde-Glas-

Zerschlagene Windschutzscheibe nach dem Münchener Hagelunwetter vom 12.7.1984

„Münchener Hageldesign".

Konglomerat komplett zu entfernen und die Beete mit frischer Erde aufzufüllen. An etwa 70000 Gebäuden wurden Dächer, Fenster, Jalousien, Fassadenverkleidungen, Reklameschilder, Antennen und alles, was nicht absolut bruchfest war, zerschlagen, abgerissen oder beschädigt. In den Wäldern lagen die abgeschlagenen Jahrestriebe der Nadelbäume als knöcheltiefer grüner Teppich.

Etwa 240000 Autos erlitten **Schäden**, die von leichten Dellen bis zu zentimetertiefen Kratern an Dächern und Motorhauben reichten. Nach der Schreckensnacht sprach man humorvoll vom „Münchener Hageldesign". Besonders schwere Schäden entstanden an einem Verkehrsflugzeug auf dem Flughafen München-Riem. Ihre Beseitigung kostete 20 Mio. DM.

Flugzeug mit Silberjodidbrennern zur Hagelbekämpfung.

Angesichts der immensen Schäden, die Jahr für Jahr von Hagelunwettern angerichtet werden, hat man sich schon vor Jahrhunderten Gedanken gemacht, wie man **Hagel bekämpfen** könnte.

Nach teilweise recht abstrusen Versuchen geht man bei den heutigen Forschungsarbeiten von der Tatsache aus, daß in den hagelträchtigen Wolken für die vielen unterkühlten Tropfen zu wenige Eiskeime zur Verfügung stehen. Die Folge: Das flüssige Wasser stürzt sich gewissermaßen auf sie und löst so ein explosionsartiges Wachstum aus (s. Seite 216).

Man bräuchte also nur **zusätzliche Kristallkeime in die Wolke** zu bringen. Aus ihnen könnten sich dann viele – aber kleine – Eiskörner bilden. Diese würden unterhalb der 0 °C-Grenze problemlos abschmelzen und als Regentropfen zu Boden fallen.

Als Eiskeime bieten sich winzige Silberjodidkristalle an. Man erzeut sie, indem man Silberjodid in Aceton auflöst und die Lösung in sogenannnten Generatoren verbrennt.

Die Generatoren werden unter die Tragflächen eines Flugzeugs montiert, wie auf unserem Foto zu sehen. Mit ihnen fliegt man an die Untergrenze der gefährlichen Wolke heran und übergibt von dort aus die im Generator entstehenden Kriställchen dem Aufwind (s. Seite 225), der sie in die Wolke hineinträgt. Die Zahl der dabei entstehenden Eiskeime ist imposant: 10^{13} Kriställchen lassen sich aus einem einzigen Gramm Silberjodid bequem gewinnen!

Trotz der physikalisch einleuchtenden, ja geradezu zwingenden Vorgehensweise sind aber bislang mit dieser Technik noch keine eindeutigen Erfolge zu erzielen gewesen.

Blitze und Blitzschläge

Im Durchschnitt toben in der Erdatmosphäre in jedem Augenblick etwa 2000 Gewitter mit etwa 100 Blitzschlägen in jeder Sekunde. Das ergibt fast 9 Millionen Blitze pro Tag.

Unsere Urahnen sahen in den Gewittern noch das Wirken ihrer Götter. In der Antike waren es die höchsten Gottheiten, Zeus und Jupiter, die die Blitze schleuderten. Für die Germanen war Thor der Herr über Blitz und Donner. Heute weiß jedes Kind, daß Blitze mit Elektrizität zu tun haben. Doch sehr lange ist das noch nicht bekannt. Im Jahr 1708 äußerte der engliche Naturforscher William Wall als erster die Vermutung, der Blitz könnte eine elektrische Entladung sein. Der Beweis für die Richtigkeit dieser Idee ließ allerdings noch fast ein halbes Jahrhundert auf sich warten. Erst 1752 gelang es dem amerikanischen Naturwissenschaftler und Staatsmann Benjamin Franklin, nach manchen abenteuerlichen Experimenten Blitze mit spitzen Eisenstangen „einzufangen“ und gefahrlos in den Boden abzuleiten: Der Blitzableiter war erfunden!

Aber auch ausgeklügelte Blitzableitersysteme bieten keine endgültige Sicherheit vor Blitzeinschlägen. Das könnte nur ein geschlossener Käfig aus metallenen Gitterstäben, ein sogenannter **Faradayscher Käfig**. Im Deutschen Museum in München klettert bei den Hochspannungsvorführungen ein Museumswärter in einen solchen Drahtkorb und läßt meterlange Blitze auf sein Schutzgehäuse einprasseln. Hinter seinem todesmutigen Blick steht die sichere Gewißheit, daß sämtliche Physikbücher dieser Welt neu geschrieben werden müßten, würde ihm bei diesem Experiment auch nur ein einziges Haar gekrümmt.

In der Baugeschichte ungezählter Kirchen und Schlösser findet man Berichte über Blitzeinschläge in Türme und Dächer. Viele Gotteshäuser sind nicht nur einmal vom Blitz in Schutt und Asche gelegt worden. Dennoch wird auch über religiöse Eiferer berichtet, die sich Blitzableitern widersetzt haben, weil sie darin einen „frevelhaften Eingriff in das Wirken Gottes“ sahen. So hat Kurfürst Karl Theodor von Bayern und der Pfalz schwerbewaffnete Soldaten aufmarschieren lassen, um die Blitzableiterbauer an der Münchener Residenz und am Schloß Nymphenburg vor Übergriffen zu schützen.

Wie entstehen nun aber eigentlich die Gewitter? So ganz genau ist das auch heute noch nicht bekannt! Es gibt zwar zahlreiche Theorien, von denen aber keine eine voll befriedigende Antwort geben kann.

Eine von ihnen nimmt an, daß sich fallende Wassertropfen elektrisch aufladen.

Eine andere Theorie geht von der sogenannten „Wasserfall-Elektrizität“ aus. An Wasserfällen, wo das Wasser in viele feine Tröpfchen zerstäubt wird, kann man beobachten, daß sich die Luft negativ auflädt, das am Boden aufprallende Wasser dagegen eine positive Ladung mitbringt. Da auch innerhalb einer Gewitterwolke mit ihren heftigen Winden (s. Seite 218) viele Tropfen regelrecht

„Aus der Wolke ohne Wahl zuckt der Strahl".

zerfetzt werden, liegt diese Erklärung nahe. Auch beim Gefrieren von Regentropfen zu Eiskristallen kann es zu Ladungstrennungen kommen, wie auch beim Zusammenstoßen von flüssigen Tröpfchen mit Schneekristallen und Hagelschlossen (s. Seite 224).

Welche Vorgänge auch immer den Ausschlag geben: Tatsache ist, daß sich die unteren Partien von Gewitterwolken im allgemeinen negativ und die oberen positiv elektrisch aufladen. Übersteigen die Spannungen einige Hunderttausend Volt pro Meter, dann bricht die Isolierfähigkeit der Luft zusammen und die Entladung setzt ein.

Der Entladungsvorgang, den man in zahlreichen Untersuchungen mit rotierenden Spezialkameras aufgeklärt hat, läuft in einer ganzen Reihe von Teilschritten ab: Zunächst wird von einer Vorentladung ein elektrisch leitender Kanal angelegt. Er entsteht in mehreren Schritten von jeweils etwa 50 Metern Länge in Form einer häufig bizarr verzweigten Zickzackbahn. Nähert sich die Vorentladung der Erdoberfläche, dann baut sich am Boden ein Bereich entgegengesetzter Ladung auf. Die Physiker nennen diesen Vorgang „Influenz". Ist diese groß genug geworden, dann springt von der Erde aus dem aus der

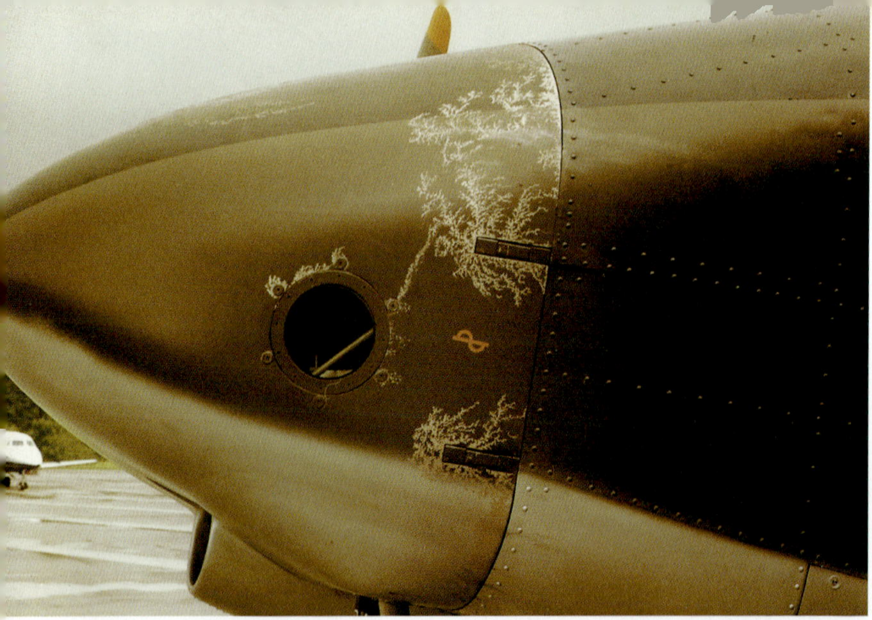

Blitzeinschlag in ein Flugzeug.

Wolke kommenden Kanal ein Funke entgegen und vollendet damit die Verbindung. Kaum 10 Millisekunden sind vergangen, bis der Weg für die Hauptentladung vorbereitet ist. Sie selbst besteht aus mehreren heftigen Stromstößen von nur jeweils etwa 40 Millionstel Sekunden Dauer. Dazwischen liegen viel längere Pausen.

Gelegentlich kommt es zu einer so großen Zahl von Einzelentladungen, daß der Blitz scheinbar mehrere Sekunden lang dauert. Dabei treten unvorstellbare Stromstärken auf: 200 000 Ampere sind etwas ganz Gewöhnliches, die Spitzenwerte liegen um 500 000 Ampere. Die Spannungen, die bei einem Gewitter zwischen Wolken und Erde bestehen, liegen in der Größenordnung 20 bis 30 Millionen Volt, können aber in Extremfällen die Milliarden-Volt-Grenze überschreiten.

Bild oben: Von Gewittern gehen auch heute noch vielfältige Gefahren aus. Jeden Sommer kommt es infolge von Blitzeinschlägen zu Bränden oder es werden Menschen verletzt oder getötet. Am sichersten ist man bei Gewittern in Autos oder in Eisenbahnwaggons. Sie sind, wie auch Flugzeuge, beinahe ideale Faradaysche Käfige.

Unser Foto zeigt einen **Einschlag in ein Flugzeug**. Es ist deutlich zu sehen, wie er sich von kleinsten Unebenheiten ausgehend über die Außenhaut verbreitet hat.

Flugzeugen können Blitzeinschläge wegen des Ausfalls von Steuerungs-, Navigations- oder Funkeinrichtungen aber dennoch zum Verhängnis werden. Die Piloten sind deshalb sehr streng darauf bedacht, Gewitterwolken stets in gebührendem Abstand zu um- oder überfliegen.

Blitzeinschlag in einen Baum.

Laborexperiment zum Elmsfeuer.

Bäume werden durch **Blitzeinschläge** regelrecht zerfetzt. Infolge der plötzlichen Erhitzung werden die Pflanzensäfte im Stamm verdampft und dehnen sich dabei explosionsartig aus.

Bild oben rechts: Auch bei geringeren Spannungen, ab etwa Hunderttausend Volt pro Meter, kommt es schon zu Vorentladungen, dem sogenannten „Elmsfeuer“. Das sind kleine, bläulich leuchtende Entladungen, die von spitzen Gegenständen ausgehen, wie zum Beispiel von Schiffsmasten oder Gipfelkreuzen. Mit Blitzen im Sinne von Gewittern hat das Elmsfeuer nichts zu tun. Die Physiker zählen es zu den sogenannten „Koronaentladungen“. Der Name dieser Erscheinung soll auf St. Elmo zurückgehen, das ist der italienische Name für den Hl. Erasmus. Da das Elmsfeuer nur eine recht geringe Leuchtkraft besitzt, sieht man es meist in der Tageshelligkeit nicht, man wird aber auch durch sein ausdauerndes Knistern darauf aufmerksam. Um dennoch eine Vorstellung von diesem Phänomen zu vermitteln, ist hier ein Bild von einem Laborexperiment abgedruckt, in dem **Elmsfeuer** mit einem sogenannten Tesla-Transformator künstlich erzeugt wurde.

Bild Seite 236: Eine extrem seltene und deshalb auch recht ominöse Erscheinung ist der **Kugelblitz**. In den letzten 300 Jahren sind nur etwa 1600 Berichte darüber bekannt geworden. Entsprechend rar sind Fotos von diesem Phänomen. Eines der ganz wenigen ist auf der nächsten Seite wiedergegeben.

Obgleich es zur Zeit noch keine eindeutige Erklärung gibt, dürfte seine Existenz doch außer Zweifel stehen. Nach übereinstimmenden Beobachtungen tauchen Kugelblitze meist gegen Ende eines besonders heftigen Gewitters auf, und

Eine der extrem seltenen Aufnahmen eines Kugelblitzes.

zwar in der Nähe von Stellen, an denen ein normaler Blitz eingeschlagen hat.

Kugelblitze sind von gelblicher bis rötlicher Farbe, haben die Form einer Kugel und die Größe eines Tennisballs, können aber auch Fußballgröße erreichen. Sie bewegen sich rollend, hüpfend oder schwebend auf einem unregelmäßigen Zickzackkurs. Kugelblitze lieben es, sich durch enge Spalten und Ritzen zu zwängen. Ob man Berichten Glauben schenken darf, wonach sie sogar durch Hosenbeine, Schlüssellöcher oder geschlossene Fenster geschlüpft sind, sei dahingestellt. Sehr heiß scheinen sie im allgemeinen nicht zu sein, wenn auch Berichte darüber vorliegen, daß sie Holz entzündet oder Wasser zum Kochen gebracht haben. Meist beenden sie ihr Leben spontan durch eine von einem Knall begleitete Explosion oder platzen lautlos wie eine Seifenblase. Gelegentlich schwinden sie aber auch einfach dahin und lösen sich in Nichts auf. Größere Schäden haben sie gewöhnlich nicht angerichtet. Wenn Menschen oder Tiere zu Schaden gekommen sind, dann mehr durch den Schrecken als durch die Einwirkung des Kugelblitzes.

Eine eindeutige Erklärung der Erscheinung ist, wie schon gesagt, bis heute noch nicht gelungen, obwohl es – wie üblich – eine ganze Reihe von Theorien gibt. Eine von ihnen geht davon aus, daß der Ball aus „Plasma“ besteht. Das ist ein Zustand, in dem die Materie weder fest, noch flüssig noch gasförmig ist sondern aus frei umherfliegenden Atombausteinen besteht. Kürzlich gelang es japanischen Wissenschaftlern, mit Lasern in einem Plasma kugelblitzähnliche Phänomene zu erzeugen. Vielleicht können solche Experimente das Geheimnis der Kugelblitze entschleiern helfen.

Eisphänomene

Eiszapfen

Wie Eiszapfen entstehen

Ihre Entstehungsweise ist einfach. Wenn der Schnee auf einem Hausdach schmilzt, tropft das Schmelzwasser herunter. Wird es nicht von einer Dachrinne aufgefangen, so kann es passieren, daß es, bevor sich ein Tropfen löst, wieder festfriert – und schon ist eine Keimzelle für einen Eiszapfen entstanden. Dem nachfolgenden Wasser ergeht es nicht anders, so daß stets an der tiefsten Stelle neue Tropfen anfrieren. Natürlich kann auch das am Eiszapfen herunterlaufende Wasser festfrieren, bevor es das untere Ende erreicht hat, so daß der Zapfen nicht nur länger, sondern auch dicker und dicker wird.

Wer sich diesen Vorgang noch nicht vorstellen kann, der sollte einmal auf Flaschenhälse gesteckte Kerzen und das von ihnen heruntergelaufene Wachs betrachten. An der brennenden Kerze spielt sich nämlich der gleiche Vorgang ab. Allerdings sind diese **Wachszapfen** viel strukturierter als die Eiszapfen. Das liegt daran, daß flüssiges Wachs zäher bleibt als Wasser, so daß es leichter „Spuren" hinterläßt. Deshalb ist beim Wachs der Vorgang der Zapfenbildung deutlicher zu erkennen.

Gewöhnliche Eiszapfen.

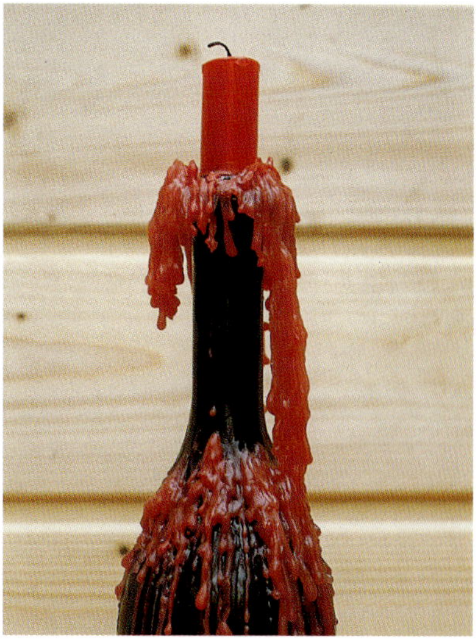

Zapfen aus Kerzenwachs-Tränen.

Hier sind die Eiszapfen zu einem regelrechten Eisvorhang zusammengewachsen.

Eismauer aus geschmolzenem und wieder gefrorenem Schnee.

Allerlei Formen von Eiszapfen

An großen Hausdächern mit hohen Schneedecken können sich soviele Eiszapfen bilden, daß sie zu einem regelrechten **Eisvorhang** zusammenwachsen. Dieses Bild ist am Meteorologischen Observatorium auf dem Hohenpeissenberg entstanden, auf dem die Schneehöhen nicht selten einen Meter und mehr erreichen.

Hier hat die unter einem steilen Winkel auftreffende Wintersonne (s. Seite 53) den Schnee zum Schmelzen gebracht. Das Schmelzwasser ist jedoch in Form mächtiger Eiszapfen wieder gefroren. Im Lauf der Zeit sind sie zu regelrechten **Eismauern** zusammengewachsen.

Eiszapfen haben übrigens auch steinerne Brüder, nämlich die Stalagtiten in den Tropfsteinhöhlen. Im Wasser, das durch die Höhlen sickert, sind Mineralstoffe, insbesondere Kalk, gelöst. Das Wasser kann oft lange an der Höhlendecke hängen, bevor es heruntertropft. Dabei kann stets etwas verdunsten. Der im verdunsteten Wasser enthaltene Kalk kristallisiert aus und bildet dabei einen unendlich langsam wachsenden, eiszapfenähnlichen Tropfstein. Manche Tropfsteine wachsen in einem Jahr nur Bruchteile von Millimetern.

Das Bild zeigt einen vereisten Wasserfall (Krimml/Österreich).

Wie kommen krumme und waagerechte Eiszapfen zustande?

An Wasserfällen spielt sich bei winterlichen Frosttemperaturen im Prinzip der gleiche Vorgang ab wie bei der Eiszapfen-Bildung. Das von den Bergen herabstürzende Wasser friert zu einer riesigen Zahl von immer länger und immer dicker werdenen Eiszapfen, die im Lauf der Zeit zu mächtigen Eismassen zusammenwachsen. Beim genauen Hinsehen ist ihre Entwicklungsgeschichte jedoch noch gut zu erkennen. Der **Eisvorhang** wird umso dichter, je länger der Gefriervorgang anhält und je weniger Eis von der Sonne zwischendurch wieder abgeschmolzen wird. Unser Foto zeigt die Krimmler Wasserfälle im Salzkammergut, die im Lauf langer, kalter Winter an einer nördlichen Felsenwand mehrere Meter dicke Eisschichten entstehen lassen.

Waagerechte Eiszapfen, krumme Eiszapfen? Keine Angst, hier ist weder Trick noch doppelter Boden im Spiel. Alle Eiszapfen wachsen nach unten, auch diese hier! Der Grund für die ungewöhnlichen Formen liegt nicht in den Eiszapfen selbst, sondern an dem Plafond, von dem aus sie sich entwickelt haben.

Wir blicken hier unter ein Dach ohne Dachrinnen; die Pfettenbalken sind gut zu erkennen. Ein ergiebiger Schneefall hatte das Dach mit einer gut 10 Zentimeter dicken Schneeschicht bedeckt. Dann haben sich die Wolken verzogen und eine mehrere Tage dauernde Schönwetterperiode eingeläutet. Kaum schien die Sonne auf den Schnee, bildeten sich auch schon die ersten Eiszapfen – natürlich senkrecht nach unten. Von der Sonnenwärme angetaut, wurde die Schneeschicht weich und elastisch und begann

Krumme Eiszapfen, die auf ganz andere Weise entstanden sind.

ganz, ganz langsam über das Dach herabzugleiten, wobei sie sich an der Dachkante nach innen einrollte. Und mit ihr wurden natürlich auch die Eiszapfen nach innen gedreht! Da der Vorgang extrem langsam ablief, konnten sich einige der Zapfen während des Einrollens munter weiterentwickeln: Während jeder Phase ihres Wachstums natürlich exakt nach unten, so daß sie im Lauf der Zeit krumm geworden sind.

Bild oben: Schon wieder krumme Eiszapfen! Und noch dazu sitzen sie an den Ästen und Blättern von Kirschbäumen; was mag wohl über diese Bäume hereingebrochen sein? Hier hat nicht etwa ein Unwetter gewütet, hier wurde eine Frostschutzberegnung durchgeführt, die die Bäume vor den Schäden eines Spätfrostes sicher bewahrt hat.

Bei einer Frostschutzberegnung wird im Verlauf der Frostnacht ständig Wasser auf die zu schützenden Bäume versprüht. Das Wasser friert an den Ästen, Zweigen, Blüten und Blättern fest und bildet gleichzeitig eine Unmenge von kleinen Eiszapfen. Da der Eispanzer an den Ästen und Zweigen im Lauf der Nacht immer dicker und damit schwerer wird, biegen sie sich immer weiter nach unten und dabei werden die Eiszapfen krumm – wie bei den zuvor beschriebenen Vorgängen.

Frostschutzberegnung.

Auf Seite 146 wurde bereits beim Föhn der Begriff „latente Wärme" erläutert. Was beim Verdunsten von flüssigem Wasser zu Wasserdampf und umgekehrt beim Kondensieren von Wasserdampf zu flüssigem Wasser vor sich geht, spielt sich im Prinzip auch beim Schmelzen von Eis und beim Gefrieren von flüssigem Wasser ab. Man braucht dazu im Text auf Seite 146 nur das Wort „verdunsten" durch „schmelzen" und das Wort „kondensieren" durch „gefrieren" zu ersetzen. Und noch etwas muß man ändern: die dabei umgesetzte Energie. Die ist beim Gefrier-/Schmelzvorgang erheblich kleiner als beim Verdunstungs-/ Kondensationsvorgang, nämlich nur etwa 0,01 kWh pro Liter.

Daraus ergibt sich eine sehr interessante Konsequenz: Solange Eis und Wasser gleichzeitig vorhanden sind, bleibt die Temperatur unverrückbar auf 0 °C stehen. Ein Musterbeispiel für dieses Phänomen ist der Sektkübel: solange im Kübel schmelzbares Eis schwimmt, steigt die Temperatur nicht über 0 °C. Und Entsprechendes gilt für die Frostschutzberegnung: Solange an den Pflanzen gefrierbares Wasser vorhanden ist, sinkt die Temperatur der Zweige nicht unter 0 °C. Bei richtiger und sorgfältiger Anwendung kann man mit der Frostschutzberegnung Spätfröste bis -7 °C erfolgreich abwehren.

Keulenförmige Eiszapfen.

Eisbirnen und Eisglocken

Diese Eiszapfen sehen ganz anders aus als „gewöhnliche" Eiszapfen. Sie werden nicht nach unten dünner, sondern haben an ihrem Ende eine keulenförmige Verdickung.

Wie man gut erkennen kann, hängen sie an einem fast waagerechten Ast, nur gut 10 Zentimeter über einem tosenden Fluß. Da die Wellen des Flusses immer wieder hochbranden, werden die zunächst ganz gewöhnlich geformten Eiszapfen – sobald sie eine gewisse Länge erreicht haben – regelmäßig von unten her umspült und dabei mit einer Wasserhaut überzogen. Bei entsprechend tiefen Temperaturen kann diese Wasserhaut am Eiszapfen festfrieren, ehe die nächste Woge eine neue Schicht aufträgt. Die Verdickung des Zapfens setzt also genau in der Höhe ein, die die höchsten Wellenberge annehmen können. Auf diese Weise wachsen innerhalb kurzer Zeit mächtige **Eisbirnen** heran.

Eisglocken.

Eisglocken entstehen über Wasserläufen, wenn das Wasser regelmäßig hochspritzt.

Hier zeigt sich ein besonders hübsches Eisphänomen. An den ins Wasser hängenden Zweigen haben sich während einer eisig kalten Frostperiode regelrechte **Eisglocken** gebildet.

Wir stehen wieder am Ufer des Flusses, der uns bereits auf Seite 242 begegnet ist, nur wenige Meter von den „Eisbirnen“ entfernt. Von den mächtigen Bäumen des benachbarten Auwaldes hängen einige Zweige fast senkrecht ins Wasser. Die Wellen umspülen sie und schlagen an ihnen hoch. Bei genügend tiefen Temperaturen bildet sich an der höchsten Stelle, die die Wellen erreichen können, das sind etwa 20 Zentimeter über dem – normalen – Wasserspiegel, ein manschettenförmiger Eisring um den Zweig. Er wird zur Ausgangsstruktur für die Glocke. Das immer wieder hochspritzende Wasser läuft an der Manschette herunter und friert an ihrem unteren Ende fest. Auf diese Weise entsteht im Lauf einiger Tage ein Eismantel, der sich nach unten immer weiter öffnet.

Im Gegenlicht der tiefstehenden Wintersonne kann man die Zweige im Innern dieser Eisgebilde noch gut erkennen, so daß die Illusion einer Glocke samt Klöppel fast vollkommen wird.

Glatteispanzer über einem Haselzweig.

Glatteis – nicht nur auf der Straße

Fragt man den so oft zitierten „Mann auf der Straße" woran er beim Stichwort Winter denkt, dann wird man sicher sehr schnell „Glatteis" zu hören bekommen. Spiegelglatte Fahrbahnen, auf denen die Autos wie auf Schmierseife unkontrolliert dahinrutschen, querstehende Lastkraftwagen und Massenkrambolgen – so kennt man Glatteis. Aber wie kommt es eigentlich zustande?

Wenn es auf frostkalte Straßen oder Pflanzen regnet, gefrieren die Tropfen blitzartig zu einer **glasklaren, steinharten und spiegelglatten Eisschicht**.

Wie aber kann es bei Frostwetter regnen? Dafür gibt es mehrere Möglichkeiten. Die erste ist beinahe trivial. Wenn nach einem Wetterwechsel kalte von milder Luft abgelöst wird, dauert es eine gewisse Zeit, bis sich der Boden – und damit die Straßendecke – oder die Umgebung über den Gefrierpunkt erwärmt hat. Der häufig mit einem solchen Wetterwechsel verbundene Regen fällt dann anfangs auf noch frostkalte Oberflächen, so daß es zur Glatteisbildung kommen kann. Glücklicherweise dauern solche Situationen meist nicht sehr lange, weil ja die nachfolgende milde Luft für eine rasche Erwärmung sorgt und das Eis sehr schnell wieder abschmilzt.

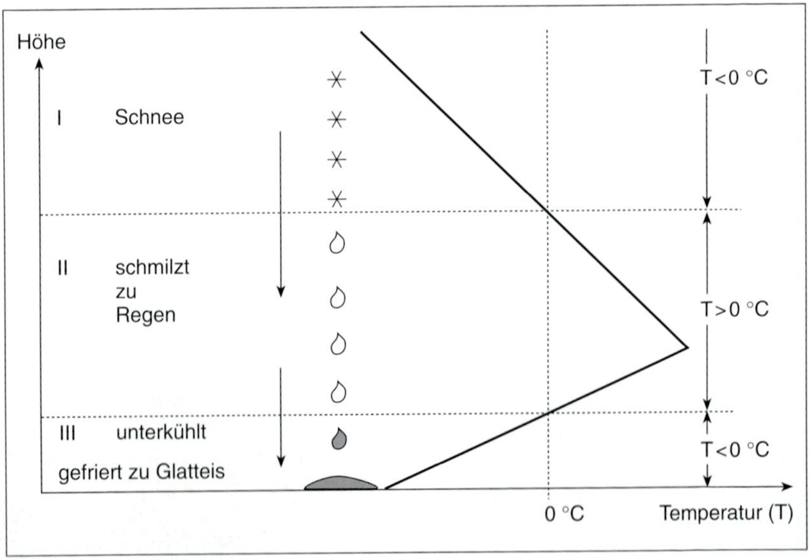

Die Entstehung von Glatteis aus unterkühltem Regen.

Sehr viel unangenehmer sind Situationen, bei denen die milde Luft nur in der Höhe vorstößt, sich aber nicht bis zum Boden durchsetzen kann, so daß dort eine flache Kaltluftschicht liegenbleibt. Wir haben dann eine Situation, die auf Seite 122 als „Inversion" bezeichnet worden ist. Wie sich dabei tage-, ja wochenlang immer wieder auf's neue Glatteisregen bilden kann, zeigt unsere Graphik: Die Schneekristalle, die aus großer Höhe herunterfallen (I), schmelzen beim Passieren der in mittleren Höhen vorgestoßenen milden Luft zu Regentropfen (II). Beim Eindringen in die bodennahe Kaltluftschicht (III) gefrieren sie (s. Seite 122) nicht sofort wieder zu Eis, sondern gehen in den Zustand des unterkühlten Wassers über. Beim Aufklatschen auf der frostkalten Straße finden sie sofort jede Menge Eiskeim-ähnliche Strukturen, so daß sie spontan zu Glatteis gefrieren.

Glatteis bildet sich auf allen von unterkühltem Regen getroffenen Oberflächen. Auch der Haselnußzweig auf der vorigen Seite hat sich seinen dicken Eispanzer bei einem kräftigen Glatteisregen zugelegt. Wie die eleganten, kommaförmigen Schlenker an der Spitze der Eismäntel zustande kommen, wissen wir ja bereits (s. Seite 240).

Glatteisregen und seine Folgen

Die mächtigen Eisschichten, die sich bei **Glatteisregen** an den **Ästen und Zweigen** der Bäume bilden, können ein gewaltiges Gewicht annehmen. So werden nicht selten sogar dicke Äste abgebrochen oder ganze Baumkronen zu Boden gedrückt (Bild Seite 247 oben).

Eisbruch im Wald.

Bild rechts: Vereisung gefährdet nicht nur Pflanzen und Straßenverkehr, sondern muß auch im Luft- und Seeverkehr sehr ernst genommen werden. Flugzeuge besitzen deshalb Enteisungsanlagen, die während des Fluges angesetztes Eis regelrecht abrütteln.

Auf Schiffen haben sich schon so mächtige Eisschichten abgelagert, daß sich der Schiffsschwerpunkt gefährlich weit nach oben verlagert hat. Dadurch könnte das Schiff seine Stabilität verlieren und droht – insbesondere bei starkem Seegang – zu kentern. In solchen Fällen hilft nur, das Eis mit der Spitzhacke abzuschlagen.

Schiffsvereisung.

Rauhreif.

Rauhreif und Rauheis

In kalten, klaren Winternächten kann sich der in der Luft enthaltene Wasserdampf unmittelbar als Eis an den Ästen und Zweigen von Bäumen und Sträuchern absetzen. Den Phasensprung vom gasförmigen Wasserdampf direkt zum festen Eis bezeichnet man in der Meteorologie als **Sublimation** (vgl. Seite 217), das dabei entstehende zarte Eisgebilde als **Rauhreif**. Voraussetzungen für diesen Vorgang sind tiefe Temperaturen unter -8 °C und eine hohe relative Luftfeuchtigkeit: 90% oder mehr.

Rauhreif wächst naturgemäß sehr langsam. Deshalb können sich bei diesem Vorgang – im Gegensatz zur Glatteisbildung – schön und ebenmäßig gestaltete Eisnadeln und -plättchen entwickeln. Beim genauen Hinsehen finden wir auch Ansätze der bekannten sechsstrahligen Eiskristallform. Oft sind Rauhreifkristalle völlig durchsichtig, was ebenfalls auf ein sehr langsames Wachstum schließen läßt. Je mehr Wasserdampf die Luft enthält, desto dicker wird der Rauhreifansatz, bleibt aber stets leicht und locker.

Früher gab es auch noch die Bezeichnung „Rauhfrost" für dieses Phänomen, die aber heute nicht mehr gebräuchlich ist.

Rauhreifansätze an Eiszapfen.

Eisblumen an einer Fensterscheibe.

Hier können wir **Glatteis und Rauhreif** gleichzeitig an einem einzigen Objekt sehen.

Auf den Eiszapfen, die zweifellos zur Kategorie „Glatteis" zählen, haben sich im Lauf einer kalten Winternacht feine Rauhreifnadeln festgesetzt. Während der Eiszapfen keinerlei Kristallstrukturen aufweist, sind die Rauhreifgebilde durchweg aus filigranen Kristallen zusamengesetzt.

Früher haben sie zum Winter gehört wie Kälte und Schnee; heute sind sie zur Rarität geworden: die **Eisblumen** an den Fensterscheiben. Der Grund dafür ist die gute Isolierwirkung moderner Doppel- und Dreifachverglasungen. Sie kühlen sich nicht mehr so stark ab, daß der Wasserdampf in der Raumluft auf ihnen gefrieren könnte. Eisblumen zählen von ihrer Entstehungsart her zu den Rauhreifphänomenen.

Häufig findet man in den Eisblumen Ansätze der typischen sechsstrahligen Form der Schneekristalle wieder. Oft bilden sich auch lange, an Palmwedel oder Farne erinnernde „Äste". Schöne Eisblumen entstehen nur, wenn sie langsam wachsen können, d.h. bei mäßig hoher Raumfeuchte. In sehr feuchter Luft haben die Kristalle nicht die Zeit, ebenmäßige Formen auszubilden.

Eiskristalle, entstanden beim Ausströmen wasserdampfangereicherter Luft.

Vielleicht ist nicht gleich auf den ersten Blick zu erkennen, worum es sich hier handelt: Das ist ein **Kanaldeckel**.

Der vor einigen Tagen gefallene Schnee ist längst wieder verschwunden. Nur wenige dünne Eisreste (oben rechts) sind übriggeblieben. In den Löchern jedoch sprießt ein gleichermaßen üppiges wie zartes Eisgestrüpp. Wie kommt es zustande?

Das Wasser im Kanal unter diesem Deckel ist, gemessen an der Umgebungstemperatur, verhältnismäßig warm. Es enthält ja die Abwässer von Küchen und Bädern. Damit reichert sich die Luft in den Kanalrohren und -schächten mit Wasserdampf an. Wenn die feuchte Luft durch die Löcher in den Kanaldeckeln nach außen strömt, kühlt sie sich schlagartig so stark ab, daß sie den mitgeführten Wasserdampf nicht mehr tragen kann. Ein Meteorologe würde sagen: „Die Taupunktstemperatur wird unterschritten.“ Die Folge ist, daß der Wasserdampf ausgeschieden wird und er, weil die Temperaturen weit unter dem Gefrierpunkt liegen, ein immer dichter werdendes, rauhreifähnliches Netz von Eiskriställchen bildet.

Rauheis in einem Maschendrahtzaun.

Rauheis wächst dem Wind entgegen.

In Nächten mit wasserreichem unterkühltem Nebel entsteht eine andere Art von Eisablagerung, das sogenannte **Rauheis**. Unterkühlter Nebel besteht aus winzigen Tröpfchen, die trotz niedrigeren Temperaturen teilweise weit unter 0 °C noch flüssig sind (vgl. Seite 215). Aufgrund des großen Wasserangebotes aus den Nebeltröpfchen wächst das Rauheis sehr viel schneller als der Raureif. Dadurch kommt es zu Lufteinschlüssen im Eis, die es undurchsichtig und körnig werden lassen. An diesem Maschendrahtzaun hat sich typisches Rauheis abgesetzt. Es entsteht bei Temperaturen zwischen -2 bis unter -10 °C. Eine bevorzugte Kristallform gibt es nicht.

Rauheis entsteht durch Anfrieren von winzigen, unterkühlten (s.o.) Wassertröpfchen. Je mehr Tröpfchen herbeigeschafft werden, desto mächtiger werden die Ansätze. Daraus ergibt sich zwangsläufig, daß die **Rauheisfahnen** stets dem Wind entgegenwachsen (s. auch Seite 314). Nur bei völliger Windstille wird das Rauheis nach allen Richtungen gleichmäßig dick.

Dabei ließe sich trefflich darüber streiten, wann „Windstille" herrscht. Mit entsprechend feinen Messungen läßt sich nämlich zeigen, daß auch in einer scheinbar völlig „windstillen" Nacht stets noch Luftbewegungen mit Geschwindigkeiten von einigen Dezimetern pro Sekunde vorhanden sind. Daß unter solchen Bedingungen dennoch gleichmäßige Raureifansätze entstehen liegt daran, daß die Luftbewegung ständig ihre Richtung ändert.

Rauheisfahnen entstehen an allen windexponierten Pflanzen.

Auf diesen Fotos sieht man gleich, „woher der Wind weht“. Besonders auf dem oberen Bild haben sich außerordentlich markante **Fahnen** ausgebildet, die auf einen über lange Zeit gleichmäßig wehenden Wind hindeuten. Interessant ist, wie das Eiswachstum auf die kleinsten Unebenheiten des Zweiges reagiert: im linken Bild läßt sich an jeder Knospe die Entwicklung einer eigenen Eisspitze verfolgen (s. auch Seite 289ff.).

Ein so mächtiger Rauheisbelag kann einen Baum schwer belasten.

Obwohl **Rauheis** relativ leicht und locker erscheint, kann es bei entsprechend dicken Ansätzen doch ein erhebliches Gewicht annehmen. Besonders dort, wo ein gleichmäßig beständiger Wind an exponierten Stellen bei feuchtem Nebel dicke Schichten entstehen läßt, können Bäume unter den Eislasten regelrecht zusammenbrechen oder zumindest starke Schäden erleiden. Besonders gefährdet sind natürlich stark windexponierte Standorte, z.B. auf einzelnen Höhen in freier Landschaft, so wie rechts auf dem Hohenpeißenberg, einem etwa 1000 Meter hohen solitären Berg im bayerischen Alpenvorland.

Rauheisansätze auf einem Berggipfel.

Auch dieser Rauheisbelag wurde auf einem Berg fotografiert, auf dem Wendelstein in den Bayerischen Alpen zwischen Oberaudorf und Bayerischzell in einer Höhe von etwa 1800 Metern. Die Reifschicht ist im Lauf einer langen winterlichen Nebelwetterlage auf eine Dicke von mehreren Dezimetern herangewachsen. Am Gipfelkreuz läßt sich die Dicke der **Rauheisschicht** am besten abschätzen. In extremen Fällen hat man schon Rauheisansätze mit einem halben Meter Mächtigkeit gefunden.

Die Muster, die auf gefrorenen Pfützen entstehen, ähneln der Maserung des Holzes.

Sonstige Eisgebilde

Solche Bilder kann man jeden Herbst finden, wenn die Pfützen an den Straßenrändern nach den ersten Frostnächten überfroren sind. So interessant und so ästhetisch die dabei entstehenden Eisfiguren sind, so schwierig sind sie zu deuten.

Daß es im Eis zum Teil glasklare und zum Teil trübe, völlig undurchsichtige Bereiche gibt, wird häufig so gedeutet: Das klare Eis sitzt unmittelbar auf noch flüssigem Wasser auf, während unter dem trüben Eis der Wasserspiegel so weit gesunken ist, daß zwischen Eis und Wasser eine Luftschicht entstehen konnte. Fällt nun Licht von oben her auf das – sozusagen „hohl" liegende – Eis, so werden die einzelnen Lichtstrahlen beim Verlassen der Eisschicht gestreut. Da die Untergrenze der Eisschicht rauh ist, wird es sogar zu einer sehr heftigen Streuung kommen (s. Seite 26). Was wir von oben her beobachten ist also nichts anderes als das Streulicht von der Untergrenze der „hohlliegenden" Eisschicht.

Und warum gibt es an der Grenze von Eis zu flüssigem Wasser keine Streuung? Die Antwort ist nicht schwer. Die Brechungseigenschaften zwischen Eis und flüssigem Wasser sind fast identisch. Für die Lichtstrahlen existiert dort überhaupt keine Grenzfläche, so daß es auch nicht zu **Brechungs- oder Streuungsvorgängen** kommen kann (s. Seite 26, 84, 91).

Im Eis gefrorener Pfützen wechseln sich klare und trübe Bereiche ab.

Ob die Deutung von Seite 254, daß die fast identischen Brechungseigenschaften von Eis und flüssigem Wasser die Lichtstreuung an der Grenzschicht zwischen den beiden Aggregatszuständen verhindern, in jedem Fall richtig ist, darf man jedoch anzweifeln, wenn man dieses Foto betrachtet.

Wie kommt es zu den teilweise fast dramatisch verlaufenden **Grenzlinien zwischen klarem und trübem Eis?** Die klaren Bereiche sind nicht etwa leer, wie es auf den ersten Blick erscheinen könnte, sondern von glasklarem Eis erfüllt. Sie sind möglicherweise die Folge eines ungleichmäßigen Wachstums der Eisschicht aufgrund einer komplizierten Verteilung der Temperatur in und auf dem Eis oder aber von Versickerungsvorgängen unter der Pfütze. Auch an Risse im Eis oder an Wiederauftauvorgänge innerhalb des Eises ist zu denken. Eine eindeutige, plausible Erklärung ist jedenfalls nicht möglich. Freuen wir uns also an der Schönheit des Phänomens, auch wenn wir es nicht sicher zu deuten wissen!

Bewegtes Wasser verzögert die Eisbildung.

Bekanntlich sind die Atome und Moleküle der uns umgebenden Materie stets in heftiger Bewegung. Je wärmer die Materie ist, desto intensiver ist auch die Bewegung ihrer Moleküle; mit fallender Temperatur werden auch die Molekülbewegungen langsamer. Man kann die Temperatur sogar als fühlbaren Ausdruck der Bewegungsintensität deuten.

Eiskristalle haben streng geordnete Strukturen, man nennt sie Kristallgitter. Damit ist gemeint, daß jedes Wassermolekül seinen festen Platz innerhalb des Kristalls hat. Beim Gefrieren von flüssigem Wasser werden die einzelnen Moleküle neben- und übereinander angeordnet, wie die LEGO-Steine zu einem Spielzeughaus. Dabei ist die Molekularbewegung außerordentlich hinderlich. So wie man mit zitterigen Händen keine Nähnadel einfädeln und kein Kartenhaus aufbauen kann, bildet sich bei zu intensiver Molekularbewegung – sprich: zu hoher Temperatur – kein Eiskristall. Erst wenn eine gewisse Beruhigung unter den Molekülen eingetreten ist, kann das Wasser gefrieren.

Hält man das Wasser künstlich in heftiger Bewegung, dann wird die Entstehung von Kristallstrukturen ebenfalls erschwert. Das bedeutet, das Wasser gefriert erst bei Temperaturen unter 0 °C. Das ist der Grund dafür, daß auf unserem Foto das Wasser im Bereich des Zuflusses nicht gefroren ist. Auch die Tatsache, daß **Fließgewässer** noch lange **eisfrei** sein können, wenn stehende Gewässer längst zugefroren sind, läßt sich damit erklären.

Frosthebung.

Auch in strengen Wintern ist der Erdboden höchstens bis in ein Meter Tiefe gefroren. Normalerweise liegen die Bodentemperaturen bereits in wenigen Dezimetern Tiefe schon wieder über 0 °C. Während langanhaltender Frostperioden strömt aus der warmen Tiefe eine ganze Menge Wasserdampf nach oben, in die kälteren Schichten, und schlägt sich an den Eisschichten nieder. Auf diese Weise wachsen in den oberen Bodenschichten im Lauf der Zeit linsenförmige Eiseinlagerungen heran. Man nennt dieses Phänomen „Frosthebung“, denn das Eis hebt den darüber liegenden Erdboden in die Höhe. Während einer langanhaltenden Frostperiode kann die Bodenoberfläche ohne weiteres 3 bis 4 cm gehoben werden. In einem Extremfall wurde in einer einzigen Nacht eine Frosthebung von 1 cm gemessen. Die Frosthebung kann auf Äckern mit Wintergetreide große Schäden anrichten. Es kann nämlich passieren, daß die jungen Pflänzchen mit dem Boden hochgehoben werden, während ihre tieferen Wurzeln im gefrorenen Boden festsitzen und abreißen. Im Frühjahr stehen dann nicht mehr genügend Wurzeln zur Wasser- und Nährstoffaufnahme zur Verfügung, so daß die Pflanzen im schlimmsten Fall eingehen können.

In seltenen Fällen wachsen die Eisansammlungen im Boden in Form einzelner, unterschiedlich dicker Säulen nach oben. Unser Foto zeigt einige solcher Säulen, die zum Fotografieren aus einem lockeren Boden ausgegraben wurden.

Beispiel für bedeckte Ablation.

Fast könnte man hinter diesem eigenartigen Gebilde mit dem breiten Hut und dem kräftigen Stamm einen echten Pilz vermuten, wenn – ja wenn er nicht aus Eis und Schnee wäre. Die Meteorologen und Glaziologen sprechen in solchen Fällen von **bedeckter Ablation**. Dahinter verbirgt sich folgendes: Wenn auf einer Schneedecke ein Hindernis zu liegen kommt, sei es ein dicker aber flacher Stein oder eine mehrere Zentimeter mächtige Eisplatte, dann kann bei Tauwetter die Wärme an der betreffenden Stelle nicht bis zum Schnee vordringen.

Auf Seite 57 wurde im Zusammenhang mit einem in den Schnee eingeschmolzenen herbstbraunen Eichenblatt schon einmal auf diese Zusammenhänge hingewiesen.

Die Folge ist, daß der Schnee rund um das auf ihm liegende Hindernis herum zurückschmilzt, darunter aber erhalten bleibt. Zunächst ist der verbleibende Schneefleck noch genauso groß wie die Auflage. Im Lauf der Zeit schmilzt er aber von der Seite her mehr und mehr ab, bis nur noch eine schlanke Säule übrigbleibt.

„Schmelzpilz“ von Seite 259, aus einer anderen Perspektive betrachtet.

Im vorliegenden Fall hatte eine Lawine eine etwa 40 cm große, bis zu 15 cm dicke Eisplatte auf einem Schneefeld abgelegt. Mit dem Einsetzen der Schneeschmelze im Frühjahr ist der Schnee darunter, wie vorhin beschrieben, auf die gezeigte Form abgeschmolzen.

Die Abbildung auf dieser Seite zeigt den **Schneepilz** aus einer anderen Perspektive.

Der oben beschriebene Vorgang funktioniert aber nur, wenn die Auflage auf dem Schnee dick genug ist, so daß sie das Eindringen der Wärme verhinden kann. Ein flacher, womöglich auch noch dunkel gefärbter Stein würde sogar besonders schnell in den Schnee einschmelzen. Genauso wie auch das Eichenblatt auf Seite 57 würde er die aus der Sonnenstrahlung gewonnene Wärme rasch nach unten weitergeben und so sein Schneebett zum Schmelzen bringen.

Was Schnee und Reif über die Temperatur verraten

Die Kleinklimatologie, auch Mikroklimatologie genannt, beschäftigt sich mit der Frage, wie sich die meteorologischen Umgebungsbedingungen auf Einzelobjekte auswirken. Das Spektrum der interessierenden Objekte reicht von Industrieanlagen und Bauwerken über technische Oberflächen, den Erdboden und Pflanzen bis zur Meßtechnik. Die Umwelttechnologie profitiert von der Mikroklimatologie genauso wie die Materialkunde, die Landwirtschaft und die Bautechnik.

Häufig, aber längst nicht immer, steht bei mikroklimatischen Fragestellungen die Temperatur von Oberflächen und deren Beeinflussung im Mittelpunkt des Interesses. Als Beispiel sei der Frostschutz im Wein- und Obstbau genannt. Die Temperaturphänomene kann man mit Hilfe feiner Messungen sehr genau analysieren. Wenn sich das Temperaturniveau um Null Grad herum bewegt, so daß es zur Bildung von Reif oder zum Schmelzen von Schnee kommt, werden die Temperaturmuster aber auch direkt sichtbar. Ähnliches gilt, wenn Abtrocknung oder Taubildung von unterschiedlichen Temperaturen beeinflußt werden. Unsere Umwelt ist voll von Phänomenen dieser Art. Obwohl sie meist kaum oder überhaupt nicht beachtet werden, lassen sie doch oft interessante Schlußfolgerungen zu oder decken ungeahnte Zusammenhänge auf.

Wärmeleitfähigkeit verschiedener Materialien

Material	Wärmeleitfähigkeit in Watt / Meter · Grad
Silber	410
Aluminium	230
Eisen	50–60
Beton	1,3–5,0
Gestein	1,6–2,9
Ziegel	0,6–0,8
Wasser unbewegt	0,6
Faserstoffe	0,1–0,4
Kork	0,1–0,3
Holz	0,1–0,4
Rasen	0,1–0,4
Neuschnee	0,08–0,2
Torfmull	0,05–0,08
Baumwolle	0,06
Seide, Flanell	0,05–0,06
Glaswolle	0,04

Meist sind sie darauf zurückzuführen, daß die Materialien im Untergrund die Wärme teils sehr gut, teils aber auch sehr schlecht leiten oder speichern. Unsere Tabelle zeigt, welche zu den guten und welche zu den schlechten Wärmeleitern gehören. Es gibt gewaltige Unterschiede. Metalle z.B. leiten die Wärme 10000mal so gut wie unbewegte Luft. (Mit „unbewegt“ ist gemeint, daß die Luft dabei in feinen Blasen eingeschlossen ist, wie z.B. in Schaumstoffen). Je mehr Luft ein Material enthält, desto schlechter leitet es demnach die Wärme. Daraus ergibt sich zwangsläufig die Schutzwirkung von Haaren, Pelzen und Kleidung, aber auch die gute Eignung verschiedener Stoffe zur Wärmeisolierung wie z.B. Glaswolle und Styropor. Zu den schlechten Wärmeleitern gehört auch der Schnee, mit dem wir uns ja hier besonders befassen wollen.

Auch daß sich manche Materialien warm, andere aber bei gleicher Temperatur kalt anfühlen, hat mit der Wärmeleitfähigkeit zu tun. Zur Erklärung dieses Phänomenes soll uns die Graphik dienen. Darin ist – sehr stark schematisiert – oben links ein Metallklotz und unten links ein Styroporklotz zu sehen. Beide werden – jeweils rechts – von einer Hand berührt. Metall wie Styropor sollen eine Temperatur von 20 °C haben (ϑ_M bzw. ϑ_S). Nehmen wir an, daß die Oberfläche der Hand (ϑ_H) etwa 30 °C warm ist, dann wird in beiden Fällen an der Berührungsfläche von der Hand Wärme auf das kältere Material übertragen. Beim Styropor wird diese Wärme wegen der schlechten Leitfähigkeit aber kaum ins Innere vordringen. Nur eine hauchdünne Oberflächenschicht wird erwärmt, diese jedoch relativ stark. Dieser Wärmestau bewirkt, daß die Berührungstemperatur (ϑ_B) fast so hoch wird wie die Temperatur der Hand, so daß sich das Styropor beinahe „handwarm" anfühlt. Ganz anders beim Metall: Dort wirkt sich die Erwärmung bis tief in den Klotz hinein aus. Klar, daß dabei die Temperatur nur wenig ansteigen kann. Hier bleibt also die Oberfläche (ϑ_B) deutlich kühler – das Metall wirkt kalt! Auf diese Weise läßt sich durch Berühren die Wärmeleitfähigkeit eines Material näherungsweise abschätzen.

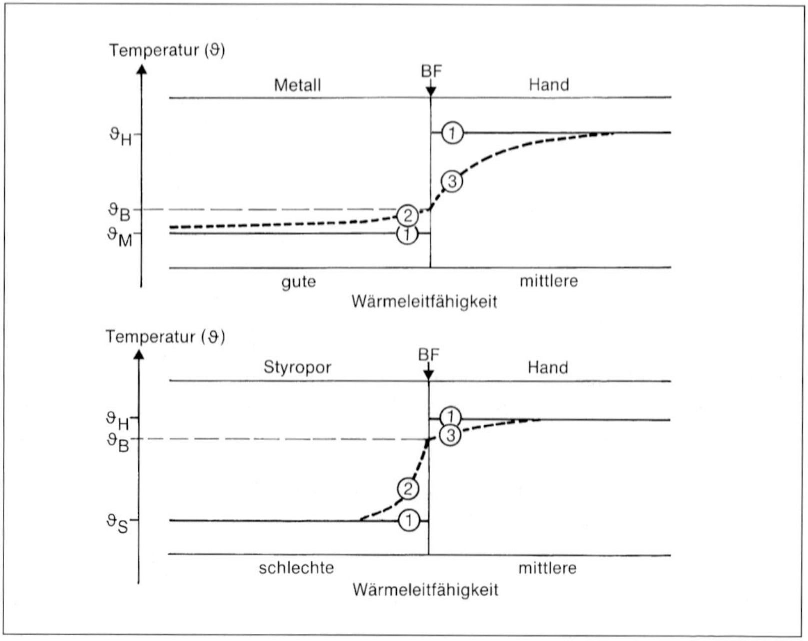

Auswirkung der Wärmeleitfähigkeit auf die Oberflächentemperatur.

Auswirkungen unterschiedlicher Wärmeleitungsbedingungen an Gebäuden.

Unterschiede in der Wärmeleitung

Hier sehen wir einen Reihenhaus-Fünfspänner. Vor ein paar Tagen hatte es ein paar Zentimeter geschneit. Von den Dächern ist der Schnee inzwischen wieder teilweise verschwunden. Aber: Er ist keineswegs gleichmäßig geschmolzen. Wir finden ein **Muster** mit schmalen **schneefreien Streifen** zwischen größeren schneebedeckten Flächen. Wie kommt es zustande?

Die Dächer über den Wohnräumen sind hervorragend isoliert. Deshalb ist auch keine Wärme nach außen gelangt, die den Schnee auf dem Dach hätte schmelzen können. Die schneefreien Streifen sind genau dort, wo das Dach auf den gut 70 cm dicken Trennmauern zwischen den Häusern aufliegt. Mauern können viel mehr Wärme speichern als die Luft in den Räumen – fast tausendmal soviel (streng physikalisch ist damit die Volumenwärme gemeint). Dazu kommt, daß über den Trennmauern die Dachisolierung dünner ist. Beides zusammen hat ausgereicht, die Schneeauflage abzuschmelzen.

Auf diesem Bild gibt es aber noch etwas Interessantes zu sehen. Vor den Häusern verläuft ein schräges Glasdach, unter dem sich jeweils zwei Freisitze und zwei geschlossene, verglaste Windfänge abwechseln. Über den Windfängen ist der Schnee geschmolzen, über den Freisitzen ist er noch vorhanden. Obwohl die Windfänge nicht geheizt und mit Isolierglas eingedeckt sind, konnte die zum Schmelzen erforderliche Wärme nach außen dringen.

Nur auf dem Steg ist der Schnee liegengeblieben.

Während der Führerscheinausbildung haben wir gelernt: „Auf **Brücken** ist mit **besonderer Glättegefahr** zu rechnen." Das Foto beweist diesen Merksatz. Obwohl die Straße und der gepflasterte Fußweg vollkommen schneefrei sind, liegt der Schnee auf dem Steg noch Zentimeter hoch. Hier hat sich das gleiche abgespielt wie auf den Glasdächern im Bild vorher: Der Boden unter dem Pflaster und unter der Straßendecke hat in den vergangenen, milderen Tagen viel Wärme in die Tiefe geleitet und dort gespeichert. Sie konnte den während des nachfolgenden Kälteeinbruches gefallenen Schnee wieder restlos schmelzen.

Natürlich haben auch die Bohlen und Bretter des Steges Wärme aufgenommen, wegen ihrer im Vergleich zum Boden viel geringeren Masse jedoch erheblich weniger. Darüber hinaus ist der Steg ringsum ständig von kalter Luft umgeben, die die wenige gespeicherte Wärme rasch wieder fortgetragen hat.

Die Folge: Der Steg hat sich bis unter 0 °C abgekühlt, dadurch konnte der Schnee nicht mehr geschmolzen werden und ist liegen geblieben. Was sich hier im Kleinen abspielt, gilt entsprechend auch für große Straßenbrücken. Warum auch auf dem Gras an den Böschungen der Schnee liegengeblieben ist, wird auf Seite 269 erklärt.

Unterschiedlicher Reifansatz an Garagendächern.

Hier haben wir eine ähnliche Situation vor uns wie bei den Hausdächern auf Seite 263. Der Reif, der sich eines Herbstmorgens auf diesen Garagendächern zeigte, verrät deren Konstruktion bis in alle Einzelheiten: Auf den Trennmauern zwischen den Garagen liegen nebeneinander dünne Betonplatten, auf denen Dachpappe ausgerollt wurde. In den hohen Trennmauern ist vom Tag her reichlich Wärme gespeichert, die im Lauf der Nacht nach oben fließt und eine Abkühlung des Daches unter 0 °C verhindert.

Die dünnen Betonplatten enthalten längst nicht so viel Wärme, daß sie eine entsprechende **Abkühlung** verhindern könnten. Zwischen ihnen steigt darüber hinaus die von den abgestellten Autos angewärmte Luft bis zur Dachpappenauflage durch.

Unterschiedliche Schneedecken auf Garagendächern.

Und jetzt wird es richtig spannend. Hier finden sich auf den gleichen Garagendächern wie vorhin eines Wintermorgens nach einem leichten nächtlichen Schneefall gleich drei verschiedene Schneeverteilungsmuster. Das erste, dritte und fünfte Dach (von links gezählt) zeigen etwa die gleiche, uns bereits geläufige Strukturierung. Das zweite trägt eine völlig ungestörte Schneedecke und auf dem vierten liegt fast überhaupt kein Schnee.

In den drei Garagen mit den gleichartigen Schneemustern waren die Autos am Abend abgestellt worden. Bis zum Beginn des Schneefalls in der Nacht waren die Motoren längst ausgekühlt, ihre Wärme durch das Dach an die Luft abgegeben. Die kläglichen Wärmereste schafften es gerade noch, an den dünnsten Stellen des Daches (s. Seite 265) ein paar schmale Streifen in den Schnee zu schmelzen. Ganz anders bei Garage Nr. 4. In ihr wurde der Wagen erst gegen Morgen abgestellt, so daß die gesamte Wärme des Fahrzeuges zum Schmelzen des in der Nacht gefallenen Schnees zur Verfügung stand.

Am einfachsten läßt sich die durchgehende Schneedecke auf dem zweiten Garagendach erklären: Die Garage ist ungenutzt! Damit gibt es auch keine Wärmequelle, die den Schnee hätte schmelzen können.

Reifansätze an einer Holzhütte.

Auch scheinbar ganz gewöhnliche Holzhütten haben ihre **mikroklimatologischen Reize**: Auf den ersten Blick ist allerdings nur zu sehen, daß die rechte Hälfte der Hütte heller ist als die linke. Leider kann man auf dem Foto nicht sofort erkennen, woher das kommt. Beim genauen Hinsehen erkennt man jedoch, daß die rechte Hälfte bereift, die linke dagegen frei von Reif ist. Der Grund dafür: In der Hütte sind zwei Räume. Der linke enthält empfindliche Meßgeräte und muß deshalb geheizt werden. Der rechte wird nur als Werkzeugschuppen genutzt und ist nicht beheizt. Allerdings ist auch er stets leicht temperiert, denn vom geheizten Raum dringt immer etwas Wärme herüber. Obwohl Holz ein schlechter Wärmeleiter ist (s. Seite 261), fließt aus dem geheizten Raum so viel Wärme nach außen, daß die Bildung von Reif an der Oberfläche der Bretter verhindert wird. Im Werkzeuglager ist es merklich kühler. Dort können die Bretter die Wärme so weit zurückhalten, daß die Oberflächentemperatur außen unter 0 °C sinkt. Der Reifansatz beweist es!

Wohlgemerkt, die Bretter können die Wärme zurückhalten, nicht aber die Nägel, mit denen sie befestigt sind! Eisen leitet die Wärme fast tausendmal so gut wie Holz (s. Seite 261). Die Nägel können deshalb auch aus dem nur mäßig temperierten Raum soviel Wärme nach außen führen, daß die Temperatur an ihren Köpfen deutlich über 0 °C bleibt. Deshalb fehlt der Reifbeschlag an den Stellen, an denen die Nägel eingeschlagen sind.

Warum ist dieses Dach nur im unteren Teil mit Schnee bedeckt?

An diesem Dach fällt auf, daß die untere Hälfte schneebedeckt, die obere dagegen schneefrei ist.

Wie man an den Fenstern sehen kann, ist der Dachraum ausgebaut, bewohnt und damit auch geheizt – interessanterweise aber genau dort, wo das Dach schneebedeckt ist. Oberhalb des Wohnraumes – unter dem schneefreien Teil des Daches – befindet sich lediglich ein leerer Speicherraum.

Die Erklärung für dieses nur scheinbar widersprüchliche Phänomen ist sehr einfach: Als die untere Hälfte des Dachraumes in eine Wohnung umgebaut wurde, hat der Bauherr sehr sorgsam auf eine möglichst gute Dachisolierung geachtet.

Im Dachraum darüber ist keine Wärmeisolierung vorhanden. Durch diesen Raum führt jedoch ein Kamin, der stets etwas Wärme an die Umgebung abgibt. Diese Wärme dringt durch das Dach nach außen und schmilzt den darauf liegenden Schnee.

Man darf sich bei unterschiedlicher Schneebedeckung nicht ins Bockshorn jagen lassen. Schneefreie Flächen bedeuten nicht automatisch, daß es darunter wärmer ist: die **Isolierung** macht es.

Ob frisch gefallener Schnee liegenbleibt, hängt von der Wärmeleitung im Boden ab.

In der vergangenen Nacht ist der erste Schnee gefallen. Überraschenderweise ist er aber längst nicht überall liegengeblieben: Die Ziegelsteine und das Pflaster sind völlig schneefrei. Sie waren von den letzten Tagen her noch warm, so daß die ersten Schneeflocken auf ihnen sofort wieder geschmolzen sind. Wenn die Steine noch warm waren, warum soll dann der Erdboden nicht mehr warm gewesen sein, das wäre doch ausgesprochen widersinnig. Wäre es auch! Natürlich steckt auch im Erdboden noch eine Menge Wärme, aber diese Wärme kann die Oberfläche nicht erreichen. Die vielen Lufteinschlüsse zwischen den Grashalmen und zwischen den Krümeln der im Herbst gelockerten Erde blockieren den Wärmestrom. Luft leitet die Wärme bekanntlich extrem schlecht. Der Ziegelstein führt fast 50mal, der Betonpflasterstein sogar 200mal so viel Wärme zur Oberfläche wie die Luft im Rasen und im Boden. Auch das Holz, das bekanntlich eine schlechter **Wärmeleiter** ist, läßt die Bodenwärme nicht an die Oberfläche gelangen. Damit ergibt sich ganz selbstverständlich, warum der Schnee gerade auf den Ziegeln und den Pflastersteinen geschmolzen ist. (Zahlenwerte zur Wärmeleitfähigkeit finden sich auf Seite 261).

Die Wärmeleitung im Boden hat dieses Schneemuster gestaltet.

Hier können wir gleich noch ein weiteres Mal die Wirkung der **Wärmeleitfähigkeit** beobachten. Auf den Pflastersteinen ist aus den vorhin genannten Gründen kaum Schnee liegen geblieben, auf den mit Moos bewachsenen Ritzen zwischen ihnen schon erheblich mehr. Unter der rundlichen Schneefläche rechts versteckt sich kriechender Cotoneaster, unter der Schneefläche links ist Rasen.

Aber da ist noch etwas Interessantes: Die etwas breiteren Einfassungssteine rings um das Pflaster sind nicht einmal „überzuckert" sondern völlig schneefrei. Wie ist das möglich?

Ganz einfach: damit das Pflaster nicht seitlich auseinanderrutschen kann, hat der Pflasterer die Umrandung etwa 10 cm tief einbetoniert.

Damit wird nicht nur der Wärmevorrat der Steine, sondern auch noch der einer zusätzlichen, gut wärmeleitenden Betonschicht erschlossen. Dies hat ausgereicht, den Schnee restlos abzuschmelzen.

Reifhäufchen auf dem Asphalt, wie man sie jedes Jahr im Spätherbst finden kann.

Dieses Phänomen kann man häufig im Spätherbst nach einer Frostnacht beobachten: Auf der Straße liegen scheinbar willkürlich verstreut etwa handtellergroße **Reifhäufchen**. Dazwischen ist der Asphalt reiffrei.

Wie ist dieses eigenartige Phänomen zu erklären? Wäre es, verehrte Leserin, verehrter Leser, nicht reizvoll, vorab selbst nach einer Erklärung zu suchen? Wenn Ihnen nichts einfallen sollte, dann blättern Sie einfach um, auf der nächsten Seite finden Sie die Auflösung des Rätsels.

Und das ist die Lösung des Rätsels von S. 271.

Hier ist nun eines der Häufchen im wahrsten Sinne des Wortes offengelegt: Der Reif wurde weggekratzt und zum Vorschein kamen zwei heruntergefallene Eichenblätter.

Trockenes Herbstlaub ist ja nicht gerade plan: verschiedene Zacken sind eingerollt, andere geknickt – kurzum, unter den Blättern bildeten sich kleine Luftpolster aus. Wenn nun im Lauf der Nacht die Lufttemperatur zurückgeht, fängt der Boden an, seine tagsüber angelegten Wärmevorräte an die Bodenoberfläche hinaufzuleiten. In vielen Fällen, wie auch in unserem, reicht diese Wärme aus, die Bildung von Reif am Boden zu verhindern. Nicht aber, wenn ein **Luftpolster** die Wärmelieferung aus dem Boden blockiert. Die Temperatur an den Blättern sinkt deshalb unaufhaltsam bis in den Frostbereich, so daß sich auf ihnen eine dicke Reifschicht ausbilden kann.

Wir haben hier ein sehr anschauliches Beispiel für ein Prinzip vor uns, das die Natur verbreitet einsetzt, wenn sie Tiere mit einem stark lufthaltigen Gefieder oder Fell ausstattet, um sie vor der Kälte der Umgebung zu schützen. Man denke nur etwa an das dichte Fell des Eisbären, das seinem Träger das Leben selbst in den winterlichen arktischen Eisfeldern ermöglicht.

Auch hier wird das Reifmuster von der Wärmeleitung bestimmt (s. Text).

Im Prinzip spielt sich hier das gleiche ab wie auf dem Bild vorher. Die weißen Wege zwischen den Versuchsfeldern des „Bayerischen Grünen Zentrums Weihenstephan“ sind Rasenstreifen. Weiß sind sie, weil die Grashälmchen ringsum bereift sind. Rasen enthält sehr viel Luft und (s. Seite 269 und Seite 281) diese verhindert, daß in der Nacht die Bodenwärme sich auswirken kann. Die Folge: über dem Gras sinkt die Temperatur deutlich unter 0 °C, während sie auf den offenen Ackerflächen überwiegend oberhalb des Gefrierpunktes bleibt.

Weiter fällt auf, daß die Versuchsflächen im linken Teil des Bildes von fast schnurgeraden Reihen durchzogen sind. Das sind Saatreihen von Wintergetreide. Und warum sind die jungen Getreidepflänzchen nicht grün? Weil sie ebenfalls bereift sind! Die winzigen **Luftpolster** zwischen den Blättchen sowie zwischen Blättchen und Erdboden reichen aus, die Bodenwärme abzublocken, so daß sich die Blätter unter 0 °C abkühlen.

Die aus der schützenden Schneedecke ragenden Teile des Zedernbäumchens sind erfroren.

Schnee gehört zu den besonders schlechten Wärmeleitern, wie unsere Tabelle zeigt. Unter einer Schneedecke sind deshalb Pflanzen im Winter beinahe ideal vor Frost geschützt. Pflanzenteile, die aus dem Schnee herausschauen, sind dagegen besonders gefährdet; denn über einer Schneedecke sinken die Temperaturen erheblich tiefer als über schneefreiem Boden. Auch das hat wieder mit der **Wärmeleitfähigkeit des Schnees** zu tun. Man hat festgestellt, daß in unseren Breiten Wintertemperaturen unter -14 bis -16 °C praktisch überhaupt nur dann auftreten können, wenn Schnee liegt.

An dem Zedernbäumchen auf unserem Bild kann man diesen Effekt deutlich erkennen. Während die oberen, aus der Schneedecke herausragenden Teile erfroren sind, waren die unteren innerhalb der Schneedecke hervorragend geschützt und sind deshalb heil geblieben. Man kann die Schneehöhe an den grün gebliebenen Nadeln exakt ablesen.

Nur unter der schützenden Schneeschicht ist der Cotoneaster heil geblieben; die unbedeckten Ranken sind erfroren.

Schnee als Winterschutz für Felder und Gärten.

Dieser Cotoneaster zeigt ganz ähnliche Ausfälle wie vorhin die Zeder: Das auf der Mauer liegende Gestrüpp ist tiefgrün und gesund, während die über die Mauer herunterhängenden Ranken erfroren sind, wie man an den abgefallenen Blättern erkennen kann.

Die Erklärung ist nicht schwer: Die auf der Mauer liegenden Zweige waren während des Winters unter einer dicken **Schneedecke** bestens vor Frost geschützt. Die über die Mauer herunterhängenden Zweige, auf denen sich kein Schnee halten konnte, waren dagegen scharfen Frösten ausgesetzt, denen sie erlegen sind.

Eine durchgehende, wenigstens einige Zentimeter dicke Schneeschicht ist der beste Winterschutz für die Felder wie für die Haus- und Hobbygärten, den man sich wünschen kann. Bei einschlägigen Untersuchungen läßt sich immer wieder feststellen, daß es **unter Schnee viele Grad wärmer** ist als darüber. An der Oberfläche einer nur etwa 10 cm hohen Schneedecke wurden schon Temperaturen um -22 °C gemessen, während darunter der Gefrierpunkt kaum unterschritten war. Wenn Schnee längere Zeit liegt, beginnt er sich zu setzen. Damit wird er dichter und seine Wärmeleitfähigkeit steigt. Dennoch besitzt er auch dann noch bessere Schutzeigenschaften als alle anderen Abdeckmaterialien.

Hat hier jemand tiefgefrorene Tintenfischringe verloren?

Hier soll ein Phänomen vorgestellt werden, das sogar dem Mikrometeorologen Rätsel aufgibt: Eines Wintermorgens fanden sich auf dem Pflaster vor dem Haus über einer dünnen Schneeschicht zufällig verstreute, fast kreisrunde **Schneeringe**. Durchmesser etwa 5 bis 6 cm, Dicke 1 cm bis 1,5 cm. Auf den ersten Blick sah es aus, als hätte jemand tiefgekühlte Tintenfischringe verloren. Beim genauen Hinsehen konnte man erkennen: Innerhalb der Ringe fanden sich Pfotenabdrücke von einer Katze.

Wie kamen die Ringe zustande? Möglicherweise wurde beim Auftreten der Katze der Schnee zwar teilweise zusammengedrückt, teilweise aber auch zu einem ringförmigen, lockeren Wall nach außen geschoben, der langsamer abschmilzt als der restliche Schnee.

Schnee auf der Motorhaube schmilzt dort, wo die Motorwärme durch das Blech dringt.

Hier kann man am **Schmelzmuster des Schnees** genau erkennen, wo unter der Motorhaube die Verstärkungen der Haube verlaufen. Daß der Schnee gerade dort erhalten geblieben ist, wo unter dem Blech Stabilisierungsschienen laufen, läßt sich leicht erklären.

Ehe die Wärme des Motors die Blechhaube erreicht, muß sie zunächst diese Schienen durchdringen, was einige Zeit in Anspruch nimmt.

Dazu kommt, daß innerhalb der Schienen und zwischen Schienen und Blech dünne, schlechtleitende Luftschichten vorhanden sind, die für eine weitere Verzögerung des Wärmeflusses sorgen. Daß das Schmelzmuster zur Beifahrerseite hin verschoben ist, liegt daran, daß die wärmsten Teile des Motors nicht unter der Mitte der Kühlerhaube liegen.

Während das Beet an der Oberfläche ausgetrocknet ist, blieb der Trittweg feucht.

Zu guter Letzt noch ein Phänomen, das alle Hobbygärtner interessieren dürfte. Wir sehen hier einige Beete mit lockeren Jungpflanzenbeständen. Durch die Sonneneinstrahlung ist die Erde ziemlich ausgetrocknet, was an der hellen Färbung gut zu erkennen ist. Nicht jedoch die Trittwege zwischen den Beeten: Sie erscheinen dunkel und zeigen damit an, daß der Boden unter ihnen feucht ist. Woher aber kommen die **unterschiedlichen Feuchteverhältnisse**?

Die Erde auf den Beeten ist locker und krümelig, so wie man es in einem gepflegten Garten erwartet. Das bedeutet, daß sie sehr viel Luft enthält. Die dadurch entstehenden feinen Hohlräume blockieren nicht nur den Wärmetransport, sondern unterbinden auch den Wassertransport von den tieferen – feuchten – Bodenschichten an die Oberfläche. Dadurch trocknet der Boden zwar an der Oberfläche aus, die Wasservorräte in tieferen Schichten jedoch werden geschont – und stehen den Pflanzen zur Verfügung.

Unter den zusammengetrampelten Trittwegen gibt es keine Hohlräume mehr. Die einzelnen Bodenteilchen liegen eng zusammengepreßt nebeneinander. Dadurch kommt es – wie bei Fließpapier – zu Kapillarwirkungen, die aus der Tiefe Wasser nach oben saugen. Das an der Bodenoberfläche verdunstete Wasser wird sofort durch Wasser aus der Tiefe ersetzt, was im Lauf der Zeit zum Austrocknen des Bodens bis in große Tiefen führt. Dadurch wird ihm das von den Pflanzen dringend benötigte Wasser entzogen.

Und das bekannte Gärtnersprichwort „Einmal gehackt ist so gut wie dreimal gegossen" erklärt sich damit ganz von selbst!

Einflüsse von Gelände und Boden auf die Temperatur

Wie der Erdboden die Sonnenwärme verteilt

Die auf der Erde vorkommenden (Luft-) Temperaturen bewegen sich innerhalb einer Spanne von gut 150 °C. Den Hitzerekord hält mit 58 °C (13. September 1922; 2 m über dem Boden) die in der libyschen Wüste gelegene Station Al Aziziyah. Der Kältepol liegt in der Antarkis. An der Forschungsstation Wostok wurden in einer Höhe von 3000 m über NN (2 m über dem Boden) am 25. August 1958 -92 °C gemessen (an der Bodenoberfläche wäre die Temperatur in der Wüste noch höher, in der Antarktis noch tiefer gewesen). Auch die in Deutschland beobachteten Extremtemperaturen sind beachtlich: Die höchste Temperatur wurde mit 40,3 °C am 27. Juli 1983 in Gärmersdorf bei Amberg in Nordbayern gemessen. Auch die tiefste Temperatur stammt von einer Bayerischen Station: Am Morgen des 12. Februar 1929 meldete die Klimastation Hüll in der Nähe von Wolnzach/Niederbayern -38,7 °C.

Die Temperaturunterschiede der großen Klimazonen der Erde lassen sich meist noch recht plausibel erklären. Die Temperaturunterschiede auf kleinem Raum, etwa im Gelände oder in unterschiedlichen Umgebungen zu deuten, ist nicht ganz so einfach – dafür aber umso interessanter! Zunächst ein ganz einfacher Fall: Wir denken uns einen kegelförmigen Berg mit einer allseitig gleichmäßigen Hangneigung von 30° und fragen uns: in welcher Himmelsrichtung werden wir an diesem Berg die höchsten Temperaturen finden?

Natürlich wird man in erster Linie an den Südhang denken. Auf ihn fällt die Sonnenstrahlung unter einem besonders steilen Winkel. Nach dem Cosinusgesetz (s. Seite 52) muß damit der Strahlungsgenuß am größten sein. Ohne Zweifel ist der Südhang besonders begünstigt: im Hochsommer trifft ja die Sonnenstrahlung mittags sogar unter einem rechten Winkel auf (s. Seite 53). Aber wird denn auch wirklich die gesamte Sonnenenergie in Wärme umgewandelt? Keineswegs! Natürlich muß außer der Luft auch der Boden erwärmt werden; daß darüber hinaus die Verdunstung erhebliche Wärmemengen aufbraucht, ist ohnehin bekannt.

Betrachten wir zunächst den Boden. Da er in der Nacht auskühlt, wird er bei der Erwärmung am Morgen und im Lauf des Vormittags besonders viel Wärme „schlucken". Ab dem frühen Nachmittag, das weiß man aus zahllosen Untersuchungen, ist er dann vollständig durchwärmt und nimmt deshalb auch keine Wärme mehr auf.

Doch es ist nicht nur der Boden, der Sonnenwärme kostet. Die Verdunstung zehrt noch viel stärker an ihr. Auch sie setzt mit Sonnenaufgang ein, wenn alles taunaß ist, und erreicht ihren Spitzenwert am späten Vormittag.

So ergibt sich: Am Vormittag bis in den Mittag hinein verbrauchen Bodenerwärmung und Verdunstung einen stattli-

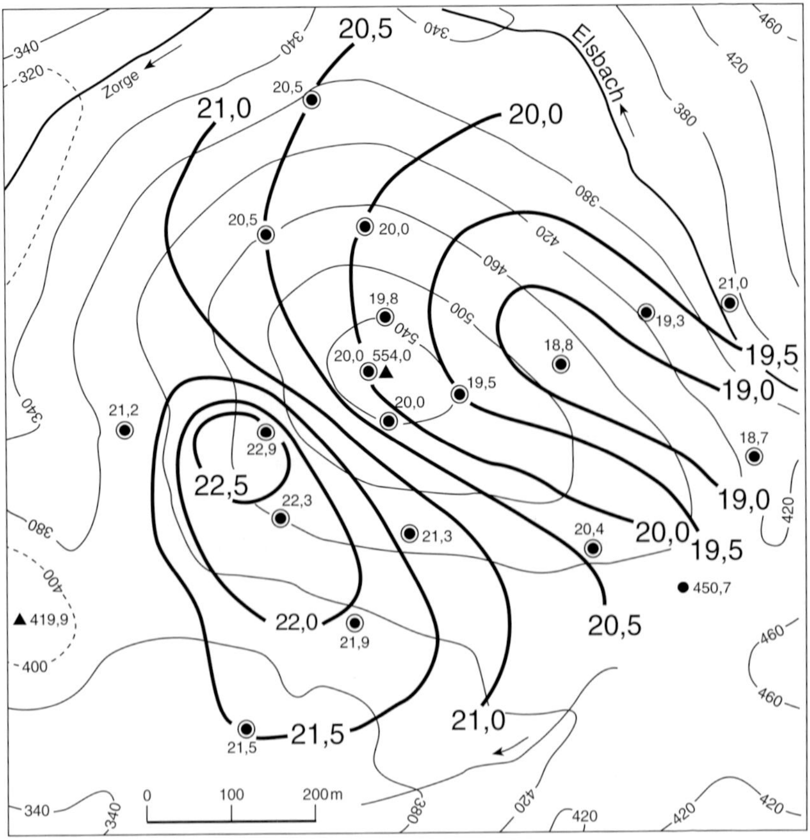

Verteilung der Tageshöchsttemperaturen an einem kegelförmigen Berg.

chen Teil der Sonnenwärme. Erst am Nachmittag steht sie überwiegend zur Erwärmung der Luft zur Verfügung. Deshalb treten auch erst dann die höchsten Lufttemperaturen auf. Dann steht die Sonne aber im Südwesten. Der wärmste Hangsektor muß demnach der südwestliche sein.

Auf unserem Bild, das uns den Beweis dafür erbringen soll, daß der Südwesthang die höchsten Temperaturen aufzuweisen hat, sind die Temperaturverhältnisse am Staufenberg im Harz dargestellt. Dieser Berg besitzt die oben beschriebenen Geländeeigenschaften wenigstens näherungsweise. In der Darstellung sind die Höchsttemperaturen an verschiedenen Geländepunkten eingezeichnet und Linien gleicher Temperatur (Isothermen) gezogen. Wie erwartet finden wir die Spitzenwerte von fast 23 °C am Südwesthang.

Ein recht treffendes Bild von der Lufttemperatur ergibt sich daher, wenn man sich sorgfältig überlegt, welchen Anteil der Sonnenwärme in der jeweiligen Situation der Boden und welchen die Verdunstung aufbraucht. Das gilt nicht nur für die Verhältnisse im Gelände, das gilt genauso für die verschiedenen Bodenoberflächen.

In der Tabelle rechts sind einige Temperaturwerte zusammengestellt. Versuchen wir sie zu deuten:

Beginnen wir mit dem Bahndamm. Bahndämme bestehen aus grobem Schotter mit unendlich vielen Lufteinschlüssen, d.h. ihre Wärmeleitfähigkeit (s. Seite 261) ist extrem schlecht. Deswegen können sie auch praktisch keine Sonnenwärme schlucken.

Und wie steht es mit der Verdunstung? Im Schotter kann sich natürlich kein Wasser halten. Eine Verdunstung findet deshalb praktisch nicht statt. Die Folge: Der größte Teil der Sonnenwärme steht für die Erwärmung der Luft zur Verfügung.

Da die Albedo von Bahndämmen üblicherweise recht klein ist (dunkelbraune Färbung), steht dafür sogar besonders viel Wärme zur Verfügung. Kein Wunder also, daß die Temperaturen doch bis über 50 °C steigen können.

Als zweites wollen wir die Verhältnisse auf einer Asphaltstraße betrachten: Einerseits absorbiert sie wegen ihrer dunklen Färbung (Albedo 5 bis 10%) tagsüber sehr viel Sonnenstrahlung. Andererseits findet keine Verdunstung und kaum ein Wärmetransport in den Boden statt. Der Grund dafür ist in der schlechten Leitfähigkeit des Unterbaues zu suchen, der üblicherweise aus Sand und Schotter besteht. Wegen der Oberflächenversiegelung ist der Boden unter dem Asphalt meist auch noch recht trocken. Also bleibt für die Luft viel Sonnenwärme

Höchste und tiefste Temperatur verschiedener Oberflächen an einem heißen Sommertag in Mitteleuropa (nach Daten mehrerer Autoren; schematisiert)

Oberfläche	höchste	tiefste
	Temperatur (in °C)	
Bahndamm	52	13
Asphaltstraße		
– auf dem Land	45	15
– in der Stadt	38	25
unbewachsener Boden	38	10
Gras, Grünanlage	30	8
Wald, Park	28	13
See, Fluß, Bach	22	16

übrig (s. dazu auch Seite 279). Natürlich werden die zeitweise beschatteten Straßen in den Städten im Mittel nicht so warm wie die ganztags der Sonne ausgesetzten auf dem Land.

Der unbewachsene Ackerboden absorbiert nicht so viel Sonnenstrahlung wie der Asphalt, außerdem kann er merklich verdunsten. Dadurch wird ein erheblicher Teil der zugeführten Wärme aufgezehrt. Schließlich fließt dort eine spürbare Wärmemenge in den Boden.

Vergleichen wir diese Oberflächen mit bewachsenen Flächen, z.B einer Wiese oder einem Wald. Bei ihnen ist zwar der Wärmefluß in den Boden recht bescheiden. Die vielen Lufteinschlüsse zwischen den oberirdischen Pflanzenteilen und das lockere Wurzelwerk drosseln die Wärmeleitfähigkeit ja ganz erheblich. Typisch für sie ist jedoch eine kräftige Verdunstung, deshalb bleiben sie relativ kühl.

Am wenigsten erwärmen sich Gewässer – erstens, weil eine erhebliche Verdunstung stattfindet; zweitens, weil das Wasser wegen der guten Durchmischung bis in die Tiefe erwärmt wird.

Generalisierter Stadtplan von München (vgl. mit den Abb. auf Seite 283 und 284).

Temperaturmuster in der Landschaft

Die Abbildungen auf diesen beiden Seiten zeigen links einen generalisierten **Stadtplan von München und Umgebung** und rechts eine **Thermoluftaufnahme** vom 7. September 1981 ca. 14 Uhr. Die beiden Bilder sind maßstabsgleich, damit sie gut miteinander verglichen werden können. Die Thermoaufnahme zeigt die Temperaturverteilung gegen 13 Uhr. Die Farben wurden so gewählt, daß die wärmsten Oberflächen rot, weniger warme gelb, kühlere braun und sehr kühle blau, violett und schwarz wiedergegeben werden.

Wie zu erwarten (s. Seite 281) werden die Bahnanlagen am wärmsten. Ganz besonders gilt das für die umfangreichen Gleisanlagen im Bereich der Bahnhöfe und Güterumschlagplätze, die ausnahmslos rot erscheinen. Praktisch genauso heiß sind die großen Dächer der innerstädtischen Geschäfts- und Bürogebäude. Gelb wiedergegeben, und damit kühler, präsentieren sich die großen Straßen und Auto-

Thermoluftaufnahme von München, aufgenommen am 7.9.1981, ca. 14 Uhr.

bahnen. Insbesondere das Band der Umgehungsautobahn A99 im Norden und Osten der Stadt läßt sich gut identifizieren. Aber auch die Hauptverkehrsstraßen im Innenstadtbereich bilden sich als lange gelbe Linien ab. Grünanlagen, Parks, Friedhöfe und die Isarauen fallen innerhalb des Stadtbereiches genauso als kühle Inseln auf wie die Wälder und Forsten besonders im südlichen Stadtrandgebiet. Die tiefsten Oberflächentemperaturen besitzen der Flußlauf der Isar und der Ismaninger Stausee im Nordosten der Stadt. Ein auffällig buntes Farbenmosaik begegnet uns in den nordöstlichen Stadtrandgebieten. Hier liegen relativ große, unterschiedlich temperierte Flächen bunt durcheinander. Es handelt sich hierbei um die Äcker eines überwiegend landwirtschaftlich genutzten Gebietes. Je nachdem, ob auf ihnen noch lebende Pflanzen stehen (wie z.B. das berühmte Ismaniger Kraut), die noch kräftig verdunsten, oder nur noch die toten Stoppelreste der abgeschlossenen Getreideernte vorhanden sind, oder ob die Flächen sogar schon umgebrochen sind, stellen sich auf ihnen ganz unterschiedliche Temperaturen ein.

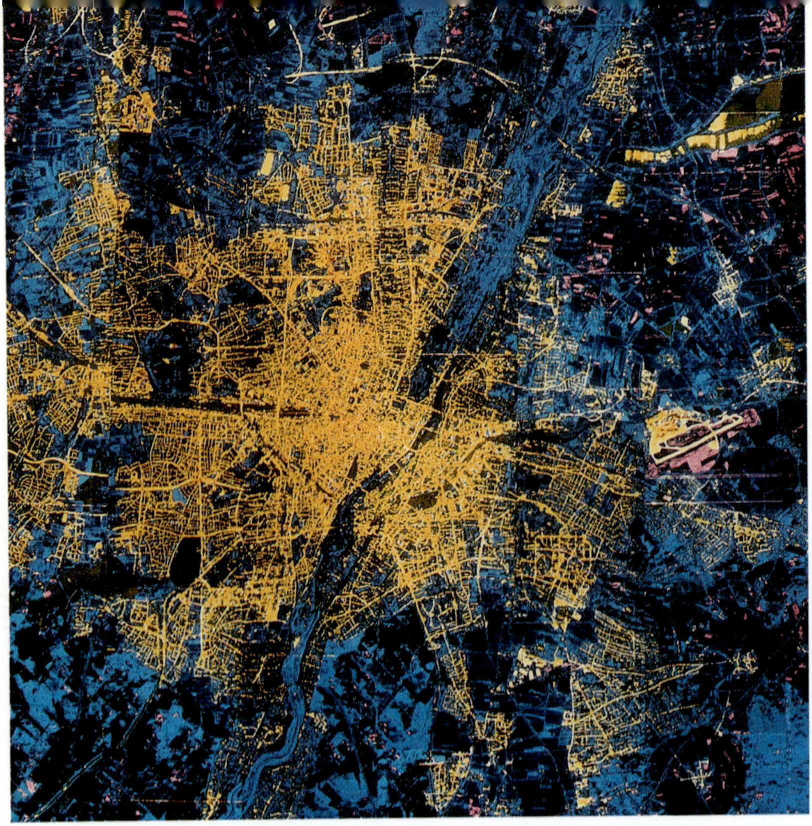

Thermoluftaufnahme von München, aufgenommen am 14.9.1981, ca. 22 Uhr.

Dieses Bild zeigt eine nächtliche Thermoaufnahme von München. Es wurde am 14. September 1982 gegen 22 Uhr aufgenommen. Auch hier sind die warmen Flächen in warmen Farbtönen abgebildet und umgekehrt. Leider sind die Skalen aber nicht mit denen auf Seite 283 identisch.

In der Nacht bleiben insbesondere die innerstädtischen Straßen auffallend warm. Das ist nicht verwunderlich: erstens hatten sie sich am Tag stark aufgeheitzt, zweitens erhalten sie von den vom Tag her ebenfalls noch warmen Gebäuden auch nachts noch viel Wärmestrahlung. Das gilt in besonderem Maße auch für die Gebäude und Pisten des damals noch in Betrieb befindlichen Flughafens München-Riem (im Osten der Stadt). Die außerstädischen Straßen und Autobahnen ohne Randbebauung kühlen sich stärker ab, so daß sie kaum mehr auffallen. Noch deutlich kühler werden die Grünanlagen und Gewässer. Eine nächtliche Thermoaufnahme präsentiert sich also im wesentlichen als ein gelbes Spinnennetz warmer Innenstadtstraßen vor dem blauen oder schwarzen Hintergrund kühler Hausdächer, Grünanlagen, Parks, Wälder und Gewässer.

Die Wälder auf den Bergkuppen verhindern das Abgleiten von Kaltluft in die Weinberge.

Betrachtet man die Tabelle auf Seite 281, so fällt auf, daß Wälder nachts merklich wärmer bleiben als Wiesen. Hier muß allerdings darauf hingewiesen werden, daß damit jeweils die Temperatur an der Oberfläche gemeint ist – also nicht etwa die Temperatur am Boden des Waldes. Warum kühlt sich eine Waldoberfläche eigentlich nicht so stark ab wie die einer Wiese?

Prinzipiell kühlen zwar beide Oberflächen gleich stark ab. Während aber die kalte Luft über dem Gras liegenbleibt, sickert sie beim Wald von der Oberfläche aus zwischen die Bäume ein. Im Wald ist es demnach nachts am Boden kälter als in der Höhe der Wipfel.

Aus diesem Verhalten kalter Luft kann man eine wichtige Konsequenz ableiten: In Weinbergen kommt es nicht selten zu Frostschäden, weil sie von nächtlich abgekühlter Luft, die von den Berggipfeln herabgleitet, „überschwemmt" werden. Forstet man jedoch die Kuppen der Weinberge auf, dann versickert die kalte Luft im Wald und kann in den Weinbergen keine Schäden mehr anrichten. Daß die Winzer diesen Effekt sehr gerne nutzen, sieht man an den vielen bewaldeten **Bergkuppen** längs der Moselhöhen.

Kaltluftausbruch über der Barents-See.

Die Luft, die von der kalten Bodenoberfläche eines Hanges abgekühlt ins Rutschen kommt, gleitet zunächst in Form einzelner Luftvolumina – man bezeichnet sie gerne als **Luftpakete** – den Berg hinunter. Man kann solchen „Kaltluftschauern" häufig begegnen, wenn man am Abend oder in der Nacht im bergigen Gelände spazierengeht. Mit fortschreitender Abkühlung im Verlauf der Nacht können die Luftpakete zu einem kontinuierlichen Strom zusammenwachsen, der als **Hangabwind** bezeichnet wird.

Hangabwinde ganz besonderer Art bilden sich über den kalten Eisflächen der Gletscher und erst recht über den riesigen Eismassen Grönlands, der Arktis und Antarktis oder dem polnahen Packeis. In der Meteorologie bezeichnet man sie als Gletscherwind bzw. Inlandeiswind. Selbst aus den größten Eismassen bricht die kalte Luft in Form einzelner, allerdings riesengroßer Luftpakete aus, wie auf dem vorliegenden Satellitenbild zu sehen ist.

Das Satellitenauge blickt hier auf das **Packeis in der Barents-See**, aus dem einzelne Wolkenballen – streng hintereinander zu regelrechten Stromfäden angeordnet – nach Südwesten bis Westen ausfließen. Jeder Wolkenballen gehört zu einem Kaltluftpaket. Aufgrund von Staueffekten wachsen die zunächst feinen Strukturen mit der Annäherung an das Festland und dem damit erzwungenen Aufgleiten (vgl. Seite 198) zu gröberen Mustern heran. Beim Betrachten des Bildes denkt man unwillkürlich an die im perlenden Sekt aufsteigenden Kohlensäure-Bläschen. Das Bild wurde von NOAA-11 am 11.3.1993 aufgenommen und von der DLR in Oberpfaffenhofen aufbereitet.

Geländeheizung als Frostschutzmaßnahme im Weinbau.

Geländeheizung

Zum Schluß dieses Kapitels, das sich mit der Temperatur im Gelände befaßt, noch ein fotografischer Leckerbissen: Die künstliche **Geländeheizung zur Spätfrostbekämpfung**.

In den Frostnächten der 50er- und 60er-Jahre hat man zur Abwehr von Kälteschäden die Wein- und Obstanlagen vielfach mit eigens dafür konstruierten Ölöfen beheizt. Je nach Leistungsfähigkeit waren pro Hektar zwischen 200 und 1000 Öfen erforderlich, das entspricht Abständen zwischen 3 Metern für schwächere und 9 Metern für sehr leistungsfähige Geräte. Daß solche Frostbekämpfungsmaßnahmen, bei denen ganze Weinberge „in Flammen standen", furiose Spektakel waren, liegt auf der Hand. Den Beteiligten bleiben sie jedenfalls unvergeßlich!

In einer einzigen Frostnacht hat die Heizung pro Hektar Rebfläche oder Obstanlage gut 2500 Liter Öl verschlungen. Das war bei den damaligen Ölpreisen und Personalkosten in Relation zu den Erträgen ohne weiteres zu rechtfertigen. Unter heutigen Produktionsbedingungen ist die Geländeheizung kein Thema mehr, deshalb gehören die „feurigen Nächte" der Vergangenheit an. Die ausgedienten Heizöfen sind bestenfalls noch in Museen zu finden.

Geländeheizöfen aus dem Museum in Weihenstephan (oben) und in Betrieb (unten).

Diese **Geländeheizöfen** zählen zu den wertvollen Stücken aus den Sammlungen des Deutschen Wetterdienstes in Weihenstephan. Wir sehen drei unterschiedlich große Öfen, die bei ihren wiederholten Einsätzen eine unverkennbare „Patina" angesetzt haben. Neben ihnen steht eine sogenannte „Anzündekanne", ein zylindrischer Behälter mit einem langen Rohransatz, aus dessen Ende ein Docht herausragt. Die Kanne wurde mit einem Benzin-Öl-Gemisch gefüllt, der Docht angezündet.

Die Handhabung war einfach: Beim Kippen ist das Gemisch ausgelaufen und hat sich am Docht entzündet. Es wurde brennend auf das Öl in den Heizöfen gegossen, das dabei innerhalb kurzer Zeit entflammt wurde.

Reif und Tau an Pflanzenblättern

Wenn im Spätherbst die ersten Nachtfröste auf den nahenden Winter aufmerksam machen, begegnet man regelmäßig einem zwar verbreiteten, aber im allgemeinen rätselhaften Naturphänomen. Es besteht darin, daß sich die Reifkristalle fast ausschließlich an den Rändern der Blätter, an Kanten oder an den Blattrippen absetzen. Auf ebenen Flächen findet man meist nur sehr wenige Kristalle, wenn überhaupt welche.

Dieses eigenartige Verhalten geht auf den Einfluß der sogenannten **Grenzschicht** zurück, über die hier berichtet werden soll.

Mit der Grenzschicht hat es folgende Bewandtnis: Über allen, insbesondere aber den kleinen Objekten, wie z.B. den Blättern, den Zweigen, den Dornen oder anderen Pflanzenteilen bildet sich, wenn die Luft über sie hinwegstreicht, eine dünne, unsichtbare Luftschicht aus, eben diese Grenzschicht. Ihr physikalischer Hintergrund ist zwar außerordentlich interessant, seine Behandlung würde aber den Rahmen dieses Buches sprengen. Wissenswertes darüber findet man z.B. bei Häckel (1998). Zur Erklärung der hier vorgestellten Grenzschichtphänomene reichen ein paar wenige Grundfakten:

Nachts strömt ständig Wasserdampf aus der Luft (s. Seite 248) zu den Oberflächen der Pflanzen und setzt sich dort je nach Temperatur als Tau oder Rauhreif ab. Dabei muß er die Grenzschicht durchdringen. Das ist allerdings nicht so einfach, denn die Grenzschicht stellt eine Art Isolierschicht dar, die dem Wasser-

Der Rauhreif sitzt fast ausschließlich an den Rändern, Kanten und Rippen des Blattes.

Die Rauhreifränder der Blätter lassen sich mit der Grenzschichttheorie erklären.

dampf einen erheblichen Widerstand entgegensetzt. Je dicker die Grenzschicht ist – und das ist für das Verständnis außerordentlich wichtig –, desto größer ist dieser Widerstand. Die Frage, ob sich an einer bestimmten Stelle eines Blattes viel, wenig oder überhaupt kein Reif absetzt, ist damit gleichbedeutend mit der Frage nach der Dicke der Grenzschicht an der betreffenden Stelle. Das heißt, wir müssen letztlich die Frage klären, welche Form die Grenzschicht annimmt.

Unsere Graphik zeigt, wie die Grenzschicht über einem herzförmigen Blatt ausschaut. Prinzipiell gelten für sie zwei Grundsätze:

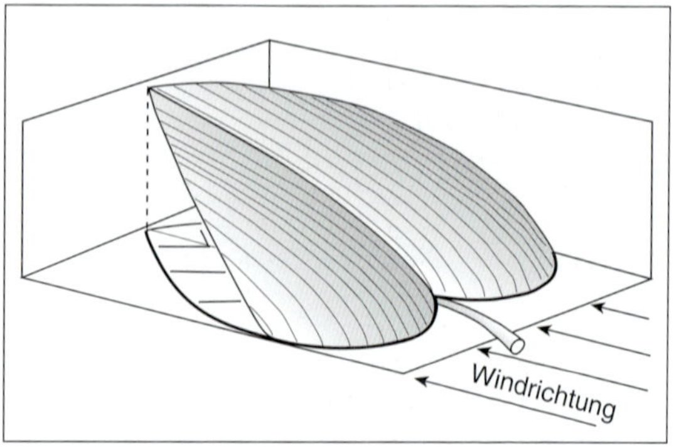

Form der Grenzschicht über einem herzförmigen Blatt (stark schematisiert).

- an den Stellen, an denen der Wind auf ein Objekt trifft, beginnt sich eine Grenzschicht aufzubauen;
- je weiter der Wind über das Objekt streicht, desto dicker wird die Grenzschicht.

Genau das zeigt sich auch über unserem Blatt. Die Stielseite ist dem Wind zugewandt, dort beginnt sich die Grenzschicht aufzubauen. Über das Blatt hinweg wächst sie – man ist fast geneigt, an ein Schokoladenherz zu denken – immer weiter an. Daß sie in der Richtung der Hauptrippe des Blattes dünner ist als an den beiden Herzlappen liegt daran, daß sie bei der gewählten Blattform im Stengelbereich erst etwas weiter strömungsabwärts ansetzt, sich also noch nicht so weit aufgebläht hat.

In der Natur sind Grenzschichten allerdings viel dünner als hier gezeichnet. Über Blättern üblicher Größe wachsen sie bestenfalls auf 1 bis 2 Millimeter Dicke an.

Filigranes aus Reif und Tau

Wendet man diese beiden Grundsätze konsequent an, so würde das bedeuten, daß ein Blatt stets ausschließlich an der windzugewandten Seite bereift, ansonsten aber reiffrei sein müßte.

Diese Erklärung wäre dann richtig, wenn der Wind nachts immer exakt aus einer Richtung wehen würde. Tatsächlich sind die Verhältnisse aber etwas anders. Einen „Wind“ im eigentlichen Sinn gibt es ja nachts bei gewöhnlichem Wetter ohnehin nicht; normalerweise herrscht ab Sonnenuntergang nur noch eine kaum merkliche Luftbewegung.

Haselnußblatt mit einem im Gegenlicht aufleuchtenden Eiskränzchen.

Und eine solche Luftbewegung hat natürlich keine streng gleichbleibende Richtung. Die Luft kommt mal von der einen und mal von der anderen Seite.

Deswegen wächst die Reifschicht mal an dieser mal an jener Seite des Blattes. Aber – und das ist das Entscheidende – stets nur am Blattrand, wo die Grenzschicht ausreichend dünn ist. Im Lauf einer langen Herbstnacht wird die Luft sicher von jeder Seite her einmal über das Blatt streichen, so daß sich bis zum Morgen am Blattrand ein durchgehendes **Eiskränzchen** gebildet haben wird.

Je spitzer oder feiner ein Pflanzenteil ist, desto leichter lagert sich Rauhreif ab.

Was für Rauhreif gilt, gilt auch für Tautropfen.

Generell kann man sagen: An allen exponierten Stellen eines Blattes bauen sich Grenzschichten auf. Das können aus dem Blatt hervortretende Rippen, das können aber auch nach oben gewölbte Blattflächen sein. An Zähnen, Haaren und Dornen kommt es regelmäßig zur Ausbildung einer Grenzschicht. Deshalb findet man an diesen Stellen regelmäßig Reifablagerungen. Je kleiner und je schärfer die Konturen sind, desto besser eignen sie sich als Ansatzpunkt für eine neue **Grenzschicht**, wie dieses Bild von einer bereiften Distel zeigt.

Bild rechte Seite oben: Was für die Entstehung von Reif gilt, gilt natürlich auch für die **Taubildung**. Deshalb ist es naheliegend, daß Tautropfen in erster Linie an den Blatträndern und dort vor allem wieder an solchen Stellen sitzen, wo feine Blattstrukturen vorhanden sind. Das ist besonders bei gekerbten, gesägten oder gezähnten Blatträndern und bei Blatthaaren der Fall. Natürlich darf man sich nicht durch einige besonders große Tropfen irritieren lassen, die aufgrund ihres Gewichtes über die Blattwölbung hinuntergekullert und an einer vertieften Stelle des Blattes liegen geblieben sind.

Die Grasspitzen tragen nach kühlen Nächten glitzernde Tautropfen.

An Grashalmen sitzen die Tautropfen aus den auf der Seite 292 genannten Gründen bevorzugt an den Spitzen (was allerdings auch mit **Guttation** zu tun hat, einem Vorgang zur Absonderung von Wasser).

Macht man sich die Mühe und kniet sich in eine taunasse Wiese, so wird man gut beobachten können, daß winzige Tautröpfchen auch an den langen Rippen der Grasblätter perlschnurartig aufgereiht sind. Je filigraner eine Pflanze gestaltet und je feuchter die Luft ist, desto mehr Wassertröpfchen können sich absetzen.

Bild rechts: Je feiner und zierlicher eine Pflanze gebaut ist, desto mehr Tau bildet sich auf ihr.

Auf den feinen Fäden der Spinnweben reihen sich die Tautropfen aneinander wie die Perlen an einer Schnur.

Natürlich hüllen sich auch die hauchfeinen Fäden der Spinnennetze in extrem dünne Grenzschichten und werden dadurch zu hervorragenden „Tropfenfängern“. Zahllose Bilder von **Spinnweben** mit brilliantem „Perlenbesatz“ zeigen das immer wieder in faszinierender Weise.

Aus Nebel lassen sich unter Umständen ganz erstaunliche Wassermengen „auskämmen“. Man bezeichnet den Vorgang als **Nebeltraufe**. In der Wüste Gobi nutzt man die Nebeltraufe sogar praktisch aus, indem man an den Stellen, an denen feuchte Meeresluft herangeführt wird, Pflanzstreifen mit Nadelbäumen anlegt, die das Wasser in Form feiner Tröpfchen sammeln, über den Stamm ableiten und schließlich dem Boden zuführen. Auf diese Weise läßt sich so viel Wasser gewinnen, daß ein bescheidener Feldbau möglich wird.

Wind und Sturm

Druckwirkungen

Wer schon einmal bei einem richtigen Sturm oder auch nur bei einem kräftigen, steifen Wind im Freien gestanden ist, der weiß, was man unter **Winddruck** zu verstehen hat.

Der Wind übt auf jedes Hindernis eine Kraft aus. Je stärker er ist, desto größer ist auch diese Kraft. Auf eine senkrecht zur Windrichtung stehende ebene Fläche entspricht sie bei einer schwachen Brise mit 10 m/s etwa einer Last von 1 kg/m^2. Bei starkem Wind mit etwa 45 km/h steigt sie auf knapp 10 kg/m^2 und bei einem schweren Sturm mit Geschwindigkeiten von nahezu 100 km/h kann sie 50 kg/m^2 betragen. Hält man die Hand aus einem entsprechend schnell fahrenden Auto, kann man einen Eindruck von diesen Kräften gewinnen.

Auf eine konvexe Halbkugelfläche ist die Druckkraft 70% kleiner, auf eine konkave um 20% größer als auf die ebene Fläche. Bei einem Stromlinienkörper geht die Windlast sogar auf 5% zurück.

Die Meteorologen nutzen diesen Effekt zum **Messen der Windgeschwindigkeit**. Dazu verwenden sie einen waagerecht liegenden Stern mit drei oder vier Zacken und einer Drehachse durch seinen Mittelpunkt. An jeder Zacke wird eine Halbkugelschale so montiert, daß der Wind – egal aus welcher Richtung er kommt – stets gleichzeitig auf eine konvexe und eine konkave Schale trifft. Aufgrund der unterschiedlichen Windkräfte kommt der Stern ins Rotieren und dreht sich umso schneller, je stärker der Wind ist.

Windmesser dieses Typs werden als **Schalenstern-** oder **Schalenkreuz-Anemometer** bezeichnet.

Sie sind in der meteorologischen Meßtechnik wegen ihrer einfachen Konstruktion außerordentlich verbreitet. Ihr ganz besonderer Vorteil besteht darin, daß sie, im Gegensatz zu anderen Windmeßsystemen, unabhängig von der Windrichtung arbeiten. Das heißt, sie benötigen keine Einrichtung, die das Meßsystem auf den Wind ausgerichtet, wie das beispielsweise bei einem Windrad der Fall ist.

Schalenkreuz-Anemometer.

Raffinierte Spielarten von Schalenkreuz-Anemometern.

Diese prächtigen **Winddreher** aus der Kunstwerkstatt Peter Luther funktionieren im Prinzip genauso wie der vorhin beschriebene Windmesser. Der Künstler will damit dem Betrachter das Zusammenwirken und das Ineinadergreifen von Natur, Mensch und Technik verständlich machen.

Der Mensch – ein Teil der Natur – ist in ständiger Bewegung begriffen und fühlt sich aus diesem Grund von natürlichen Bewegungen angezogen, ja fasziniert. Die Flammen des Feuers, das bewegte Wasser eines Baches, die Brandung des Meeres oder der Wind mit seinen vielfältigen Erscheinungsformen vom leichten Säuseln des Sommerwindes bis zum brüllenden Toben der Sturmes, sie alle begegnen uns in Bewegungen, die zwar immer gleichartig wirken, aber nie monoton sind – im Gegensatz zu den Bewegungen, die von Motoren erzeugt werden. Physikalische Gesetze fangen hier die Dynamik des Windes ein und lassen das Auge, unterstützt vom Spiel des Lichtes auf den Flügeln, Schalen und Segeln der rotierenden Winddreher, die Kraft und Lebendigkeit der natürlichen Energie erkennen. Peter Luther will mit seinen bewegten Plastiken unser Empfinden für das Medium Luft sensibilisieren. „Wind“, sagt er, „ist die aktive Form der Luft, die wir atmen“ und will damit auf den Wert eines der gleichermaßen lebenswichtigen wie gefährdeten Rohstoffe auf der Erde aufmerksam machen.

Interessenten, die selbst einen Winddreher im Garten stehen haben möchten, finden die Adresse der Kunstwerkstatt Peter Luther im Anhang.

Auch die Windstärkenskala nach Beaufort bedient sich überwiegend der Druckwirkungen des Windes. Hier sind es seine Auswirkungen auf leicht beobachtbare Objekte in unserer Umwelt, mit deren Hilfe vergleichbare Geschwindigkeitsschätzungen möglich werden. Die Skala wurde 1805 von dem britischen Admiral Sir Francis Beaufort eingeführt. Sie ging ursprüglich von den Bedürfnissen der Segelführung auf einem Kriegsschiff aus und hat sich daher zunächst nur auf das Bild der Wasseroberfläche unter der Einwirkung des Windes gestützt. Erst später hat man sie um die Windwirkungen auf dem Festland erweitert. Die Beaufort-Skala war bis in das Zeitalter der modernen Meßtechnik hinein auch bei den amtlichen Wetterdiensten sehr verbreitet und wegen ihrer leichten Handhabbarkeit insbesondere bei nebenamtlichen Beobachtern hoch geschätzt. Im Segelsport ist sie noch heute ein unerläßliches Hilfsmittel.

Tab. 6: Beaufort-Skala (*gemessen in 10 m Höhe)

Beaufort-Grad	Bezeichnung	Auswirkungen des Windes im Binnenland	auf der See	Geschwindigkeit m/s*	km/h*
0	still	Windstille, Rauch steigt gerade empor	Spiegelglatte See	0–0,2	1
1	leiser Zug	Windrichtung angezeigt nur durch Zug des Rauches, aber nicht durch Windfahne	Kleine schuppenförmig aussehende Kräuselwellen ohne Schaumköpfe	0,3–1,5	1–5
2	leichte Brise	Wind am Gesicht fühlbar, Blätter säulseln, Windfahne bewegt sich	Kleine Wellen, noch kurz, aber ausgeprägter; Kämme sehen glasig aus und brechen sich nicht	1,6–3,3	6–11
3	schwache Brise	Blätter und dünne Zweige bewegen sich, Wind streckt einen Wimpel	Kämme beginnen sich zu brechen; Schaum überwiegend glasig, ganz vereinzelt können kleine weiße Schaumköpfe auftreten	3,4–5,4	12–19
4	mäßige Brise	Hebt Staub und loses Papier, bewegt Zweige und dünnere Äste	Wellen noch klein, werden aber länger, weiße Schaumköpfe treten aber schon ziemlich verbreitet auf	5,5–7,9	20–28
5	frische Brise	Kleine Laubbäume beginnen zu schwanken; Schaumköpfe bilden sich auf Seen	Mäßige Wellen, die eine ausgeprägte lange Form annehmen; überall weiße Schaumkämme; ganz vereinzelt kann schon Gischt vorkommen	8,0–10,7	29–38

Tab. 6: Beaufort-Skala, Fortsetzung (*gemessen in 10 m Höhe)

Beaufort-Grad		Auswirkungen des Windes		Geschwindigkeit	
	Bezeichnung	im Binnenland	auf der See	m/s*	km/h*
6	starker Wind	Starke Äste in Bewegung, Pfeifen in Telegraphen-Leitungen, Regenschirme schwierig zu benutzen	Bildung großer Wellen beginnt; Kämme brechen auf und hinterlassen größere weiße Schaumflächen; etwas Gischt	10,8–13,8	39–49
7	steifer Wind	Ganze Bäume in Bewegung, fühlbare Hemmung beim Gehen gegen den Wind	See türmt sich; der beim Brechen entstehende weiße Schaum beginnt sich in Streifen gegen die Windrichtung zu legen	13,9–17,1	50–61
8	stürmischer Wind	Bricht Zweige von den Bäumen, erschwert erheblich das Gehen im Freien	Mäßig hohe Wellenberge mit Kämmen von beträchtlicher Länge; von den Kanten der Kämme beginnt Gischt abzuwehen, Schaum legt sich in gut ausgeprägten Streifen in die Windrichtung	17,2–20,7	62–74
9	Sturm	Kleinere Schäden an Häusern (Rauchhauben und Dachziegel werden abgeworfen)	Hohe Wellenberge, dichte Schaumstreifen in Windrichtung; „Rollen“ der See beginnt, Gischt kann die Sicht schon beeinträchtigen	20,8–24,4	75–88
10	schwerer Sturm	Entwurzelt Bäume, bedeutende Schäden an Häusern	Sehr hohe Wellenberge mit langen überbrechenden Kämmen; See weiß durch Schaum; Schweres stoßartiges „Rollen“ der See; Sichtbeeinträchtigung durch Gischt	24,5–28,4	89–102
11	orkanartiger Sturm	Verbreitete Sturmschäden (sehr selten im Binnenland)	Außergewöhnlich hohe Wellenberge; durch Gischt herabgesetzte Sicht	28,5–32,6	103–117
12	Orkan	Schwerste Verwüstungen	Luft mit Schaum und Gischt angefüllt; See vollständig weiß; Sicht sehr stark herabgesetzt; jede Fernsicht hört auf	32,7–36,9	118–133

Bei Windstille steigt der Rauch senkrecht empor.

Die Radiosonde, ein häufig genutztes meteorologisches Meßgerät.

Kehren wir noch einmal kurz zur Beaufort-Skala zurück. Als Indikator für **Windstille** (Windstärke 0) finden wir darin: Rauch steigt gerade empor. Manchmal herrscht nicht nur in Bodennähe absolute Luftruhe, sondern bis in große Höhen hinauf. Auf unserem Foto sehen wir einen Schornstein, aus dem eine mächtige Dampfwolke (s. auch Seite 158) senkrecht aufsteigt. Sie wächst über 300 m in die Höhe, ohne sich von der Stelle zu bewegen und zeigt damit an, daß sich bis in mehrere Hundert Meter Höhe kein Lüftchen regt.

Denkt man an die vom Fernsehwetterbericht her bekannten Satellitenbild-Filme mit ihren heftigen Wirbeln und reißenden Strömen, dann scheint eine bis in mehrere hundert Meter Höhe reichende absolute Windstille ein ganz ungewöhnliches Phänomen. Ganz so ist es nicht, in den Zentren der großen Hochdruckwirbel herrscht häufig eine sehr geringe Windgeschwindigkeit.

Sehr selten, wahrscheinlich sogar einmalig ist dagegen, was Anfang der 60er-Jahre – das genaue Datum ist leider nicht dokumentiert – auf dem damaligen Flughafen München-Riem beobachtet wurde: **Radiosonden** sind meteorologische Meßgeräte, die von einem gasgefüllten Ballon in die hohe Atmosphäre getragen werden und die dabei gewonnenen Meßergebnisse zu einer Bodenstation zurückfunken. Unser Foto zeigt ein solches Meßgespann

Vom Wind vertragene Kondensstreifen.

kurz vor dem Start. In einer Höhe von etwa 30 km platzt der Ballon und die Radiosonde schwebt an einem Fallschim zur Erde zurück. Während ihres Fluges werden die Geräte natürlich vom Wind vertragen, so daß sie manchmal erst mehrere hundert Kilometer vom Startpunkt entfernt aufgefunden werden. Aus der mit Radar oder Satellitennavigation gemessenen Versetzung des Ballons kann man die Windgeschwindigkeit in der gerade durchflogenen Luftschicht berechnen. An dem Tag, von dem hier berichtet werden soll, muß über Südbayern bis in mindestens 30 km Höhe absolute Windstille ohne die geringste Luftbewegung geherrscht haben, denn die am Rande des Flughafengeländes gestartete Radiosonde ist nach gut 2 Stunden Flug wenige Hundert Meter vom Startpunkt entfernt mitten auf der Piste wieder gelandet.

Bild oben: Natürlich führt der Wind auch Wolken aller Art mit sich. Aus dem Zug der Wolken konnte man, als es noch keine Radiosonden gab, Richtung und Geschwindigkeit des Windes in verschiedenen Höhen zumindest grob abschätzen. Am deutlichsten geben Kondensstreifen Auskunft über die Windrichtung. Da sie im Lauf der Zeit ihre Form stark verändert (s. auch Seite 208ff.), sieht man auf einen Blick in welche Richtung der Wind sie vertragen hat. Auf unserem Bild weht der Wind in der Höhe der Kondensfahnen demnach von links nach rechts. Auch auf diesem Foto ist eine Art **Polbänder-Effekt** zu beobachten (vgl. Seite 203).

Bäume nehmen bei Wind Stromlinienform an und minimieren dadurch den Windwiderstand.

Die Beaufort-Skala benutzt unter anderem auch die Bewegung von Zweigen, Ästen und Bäumen zur **Abschätzung der Windstärke**. Wenn wieder einmal eine mäßige oder frische Brise herrscht, sollte man darauf achten, welche Form die Äste unter dem Einfluß des Windes annehmen. Man wird feststellen, daß sie sich stets stromlinienähnlich anordnen. Damit kann der Baum seinen Windwiderstand (s. Seite 295) minimieren und wird auf diese Weise erheblich stabiler gegen die Windlast. Bei starken Stürmen wird so die Gefahr, durch Winddruck entwurzelt zu werden, erheblich verringert. Allerdings ist (s. Seite 309) der Druck des Windes nur in den seltensten Fällen die Ursache für Windwurf. Es gibt Vorgänge, die erheblich gefährlicher sind.

Beständiger Wind aus immer der gleichen Richtung deformiert Bäume und Sträucher.

Wo beständiger Wind, der noch nicht einmal besonders stark zu sein braucht, überwiegend aus einer Richtung weht, kann es im Lauf der Zeit zu ganz erheblichen **Verformungen der Baumkronen** kommen. Mit den Kronen verformen sich auch die Stammquerschnitte, worunter natürlich der gesamte Stofftransport (Wasser von den Wurzeln zu den Blättern bzw. Nadeln, Photosyntheseprodukte in umgekehrter Richtung) zu leiden hat. Die ungleichmäßige Form der Baumringe führt überdies zu einer Minderung der Holzqualität.

Kronendeformationen, so wie hier gezeigt, findet man überwiegend an Küsten und in Flachländern. Diese Landschaften sind deshalb so windreich, weil es keine oder nur unbedeutende Windhindernisse gibt. So beträgt die mittlere Windgeschwindigkeit (in 10 m Höhe) auf Helgoland 8 m/s, auf den ostfriesischen Inseln 6 m/s und in Oldenburg nur mehr 4 m/s. Am Oberrhein werden sogar nur 2 m/s gemessen.

Diese Fichten sind auf der windzugewandten Seite schon völlig kahl.

Auch an Gebirgsstandorten mit ihren überwiegend westlichen Winden – in den Alpen und in den deutschen Mittelgebirgen weht der Wind rund viermal öfter aus westlichen Richtungen als aus östlichen – oder an Standorten, an denen lokale Winde mit stets gleicher Richtung auftreten, findet man oft fahnenartig deformierte Bäume. Zu den Lokalwinden im Gebirge zählt insbesondere der **Hangwind** (vgl. auch Seite 286). Er kommt dadurch zustande, daß sich an den sonnenbeschienenen Matten die Luft erwärmt und anfangs in Form einzelner Blasen, später, wenn die Erwärmung entsprechend fortgeschritten ist, als kontinuierlicher Strom nach oben bewegt. Abends und nachts gleitet die abgekühlte Luft dann in Form einzelner Tropfen über die Hänge herunter. Dieses portionsweise Abfließen kann man bei abendlichen Spaziergängen im Bergland regelmäßig beobachten. Es äußert sich dadurch, daß man immer wieder eine Art „Kaltluftdusche" verspürt, die nur ein paar Sekunden andauert und bis zum nächsten Kaltlufttropfen wieder aussetzt. Das Phänomen ist identisch mit den auf Seite 286 besprochenen Kaltluftflüssen.

Zu einem zweiten, im Gebirge regelmäßig zu beobachtenden Lokalwindsystem gehören der **Tal-** und der **Bergwind**. Er streicht die Täler hinauf, solange die Sonne am Himmel steht, und gleitet nachts als Bergwind wieder ins Tal zurück. Seine Ursache liegt darin, daß sich die Luft im Tal schneller erwärmt als im Flachland.

Schließlich ist noch der **Gletscherwind** zu erwähnen. Er kommt dadurch zustande, daß die Luft, die sich über dem Eis eines Gletschers abgekühlt hat, als beständiger Luftstrom talwärts abfließt.

Im Wind flatternde Fahnen.

Sogwirkungen

Daß der Wind einen Druck ausübt, ist inzwischen geläufig. Er kann aber auch eine Sogwirkung haben, und zwar immer dann, wenn er tangential, also längs über eine Fläche hinwegstreicht. In solchen Fällen stellt sich an der Fläche ein Unterdruck ein, der dem Quadrat der Windgeschwindigkeit proportional ist. Viele im täglichen Leben zu beobachtenden Phänomene lassen sich damit erklären. Man denke nur etwa an die Tatsache, daß Hausdächer vom Sturm abgedeckt werden. Der über das Dach pfeifende Wind erzeugt an den Dachplatten einen Unterdruck, der sie hochhebt und damit dem Wind eine verbesserte Angriffsfläche liefert. Zerstäuber, Bunsenbrenner und Wasserstrahlpumpe funktionieren nach diesem Prinzip. Auch die Tatsache, daß man bei starkem Wind in Atemnot kommen kann, liegt an der Sogwirkung. Der vor Mund und Nase erzeugte Unterdruck saugt gewissermaßen die Luft aus den Lungen.

Bild oben: Daß auch das **Flattern von Fahnen** auf diesen Unterdruck zurückgeht, mag zunächst überraschen, ist aber leicht zu erklären: Denken wir uns das Fahnentuch zunächst eben wie ein Brett im Wind stehen. Als Folge der stets vorhandenen Böigkeit des Windes wird es bald da oder dort zu einer Ausbeulung des Tuches kommen. Damit kommt es gleichzeitig zu einer Deformation der Windströmung: auf der ausgebeulten Seite wird die Strömung eingeengt. Dort muß die Luft schneller vorbeiströmen als auf der anderen, wo durch die Verbreite-

Ein Windsack zeigt sowohl die Richtung als auch die Geschwindigkeit des Windes an.

rung des Strömungsfeldes die Windgeschwindigkeit geringer wird. Damit bildet sich auf der ausgebuchteten Seite ein Sog auf das Tuch aus, der es noch weiter zur Seite zieht. Das hat seinerseits eine weiter steigende Strömungsgeschwindigkeit zur Folge usw – eine Kette ohne Ende also. Schließlich läuft die Falte in Windrichtung bis zum Ende des Fahnentuches, neue Falten bilden sich, laufen ebenfalls am Tuch entlang – kurz, die Fahne beginnt zu flattern.

Bild oben: Die Bänder dieses Windsackes, die im Sommerwind spielen, werden von den gleichen Kräften in Bewegung gesetzt, die auch die Fahnen flattern lassen.

Windsäcke sind nicht nur eine hübsche Dekoration für den Garten, sondern stellen auch ein zwar einfaches, aber in der Praxis doch sehr einprägsames und damit wertvolles Wind-Anzeigegerät dar. So findet man keinen Sportflugplatz, an dem nicht ein einfacher Windsack den Piloten die Richtung und die Stärke des Start- und Landewindes anzeigen würde. An vielen windexponierten Brücken warnt ein Windsack vor gefährlichen Seitenwinden und unerwarteten Böen.

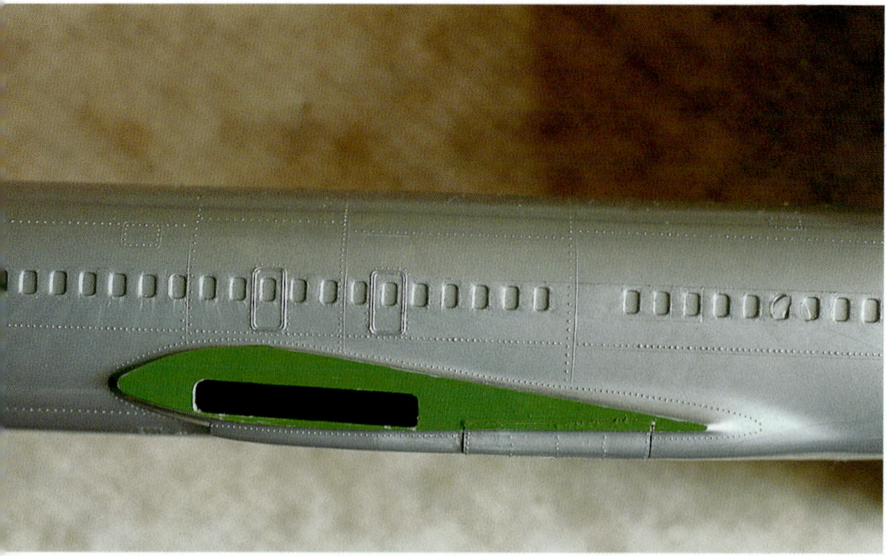

Zur Erklärung der Kräfte, die ein Flugzeug in der Luft halten.

Die Sogwirkung des Windes ist auch der Grund dafür, daß Flugzeuge fliegen können. Auf diesem Foto ist der Rumpf eines gerade im Bau befindlichen Flugzeugmodells zu sehen. Die Tragflächen fehlen noch. Die Stelle, an der die linke Tragfläche angeklebt werden soll, ist grün gefärbt. Dadurch wird ihr Profil besonders gut erkennbar.

Denken wir uns jetzt zwei Luftteilchen, die gleichzeitig an ihrer Vorderkante ankommen. Das eine von ihnen soll oberhalb, das andere unterhalb der Tragfläche nach hinten strömen. Da physikalische Gesetze verlangen, daß sich die beiden hinter dem Flügel wieder treffen, muß sich das obere „etwas beeilen", denn es hat, wie leicht zu sehen ist, einen längeren Weg zurückzulegen als das untere.

Wenn aber die Strömungsgeschwindigkeit an der Oberseite größer ist als an der Unterseite, dann muß auch der **Sog** (s. Seite 304) **nach oben** größer als der nach unten sein. Die Kraft nach oben überwiegt – und hält das Flugzeug in der Luft.

Natürlich spielt auch noch die Neigung der Tragfläche gegen die Strömung, der sogenannte Anstellwinkel, eine wichtige Rolle beim Aufbau der Tragkräfte!

Die Sogkräfte des Windes können sogar ein Flachdach abheben.

Hier haben wir einen ausgesprochen makaberen Fall von **windbedingter Sogwirkung** vor uns. Bei einem Sturm wurde das nur unzureichend befestigte Flachdach dieses Hauses in die Höhe gehoben und fortgetragen.

Welche ungeheueren Kräfte auftreten, wenn der Sturm (tangential) über eine Fläche hinwegbraust, sollen die folgenden Beispiele zeigen.

Bei einer Wingeschwindigkeit von 20 m/s, das entspricht der Windstärke 8, wird ein Sog von 2,5 mbar erzeugt. Dieser zerrt an einer 100 m^2 großen Fläche mit einer Kraft die 2,4 Tonnen entspricht. Bei Windstärke 12 mit rund 35 m/s steigt der sturmbedingte Sog an der 100 m^2 großen Fläche bereits auf einen Wert, der auch von 7,5 Tonnen erzeugt werden würde. Bei einer Sturmgeschwindigkeit von 40 m/s rütteln an der 100-m^2-Fläche sogar 10 Tonnen!

Die Spitzenböe, die am 12. Juni 1985 auf der Zugspitze gemessen wurde, brachte es auf 93 m/s; bei einer solchen Geschwindigkeit wirken bereits auf einen einzigen m^2 Kräfte, die über 0,5 Tonnen entsprechen. Kein Wunder, daß die Bergstationen sehr dicke Mauern haben müssen, um nicht vom Sturm auseinandergerissen zu werden.

Auch an der Bildung und Wanderung von Dünen sind die Sogkräfte des Windes entscheidend beteiligt.

Die Sogwirkung spielt auch bei der **Bildung von Dünen** eine Rolle. Die Saugkräfte vermindern das Gewicht der Sandkörner und ermöglichen dadurch, daß sie leichter über die Dünenflanken hinaufgeweht werden können. Auf der Leeseite, also der windabgewandten Seite, rieselt der Sand hinunter und bewirkt dadurch das Wandern der Dünen.

Bekanntlich transportieren insbesondere raschfließende Gewässer zum Teil ganz erhebliche Mengen an Geröll. Die Steine reiben ständig aneinander und werden deshalb auf ihrem Weg immer kleiner. Das ist der Grund, warum man an den Oberläufen der Flüsse große, rauhe und oft kantige Gesteinsbrocken, an den Unterläufen dagegen nur mehr kleine, runde, glatte Kiesel im Flußbett findet.

Bei der Geschiebe-Verlagerung in Flüssen laufen ähnliche Vorgänge ab wie beim Wind. Wenn das Wasser über die Steine hinwegströmt, greifen an ihren Oberflächen Sogkräfte an, die ihr Gewicht verringern und damit den Transport erleichtern. Wegen der im Vergleich zur Luft viel größeren Dichte des Wassers, sind sie im Wasser fast tausendmal größer als in der Luft. Durch diesen Effekt zusammen mit der Tatsache, daß das Gewicht der Steine im Wasser ohnehin verringert ist, legen sie oft lange Wege in den Flüssen fast mühelos zurück.

Böigkeit

Dieses Trickbild zeigt, was passiert, wenn der Wind über ein Hindernis hinwegstreicht. Hier wurde der Luft im Labor feines Pulver beigegeben und so die Strömung sichtbar gemacht. Wie gut zu erkennen ist, bildet sich auf der windabgewandten, der „Leeseite" der Mauer ein mächtiger Wirbel aus, dessen Rotationsachse parallel zur Mauerkante verläuft. Man bezeichnet ihn gerne als **Leewirbel**. Ähnliche Vorgänge spielen sich überall in der Natur ab, wo der Wind über Kanten bläst oder von schmalen Hindernissen zerschnitten wird. Je nach den Dimensionen eines Hindernisses sind die Wirbel ganz unterschiedlich groß. Und ganz unterschiedlich groß sind auch die Rotationsgeschwindigkeiten der Wirbel. Hinter kleinen Hindernissen, wie den Zweigen und Ästen der Bäume, den Drahtmaschen oder Latten von Zäunen und Ecken und Kanten von Gebäuden rotieren die Wirbel so schnell, daß wir sie als Pfeifen, Rauschen oder Heulen wahrnehmen können. Größere Hindernisse, wie ganze Bäume, Häuser oder gar die Hügel, Berge und Täler im Gelände rufen sehr große Wirbel hervor. Sie lösen sich regelmäßig vom Hindernis ab und schwimmen mit der Strömung dahin. Dem Beobachter erscheinen sie als plötzliche Windstöße oder unerwartete Richtungsänderungen – kurz das, was man als Böigkeit bezeichnet. Wirbel werden sogar von den wenigen kleinen Hindernissen im ebenen Gelände und den Wellen an einer Wasseroberfläche ausgelöst, so daß man davon ausgehen kann, daß die Luft praktisch immer von Wirbeln erfüllt ist. Man spricht dann von einer **turbulenten Luftbewegung**.

Dieses Trickbild zeigt den hinter einem Strömungshindernis entstehenden Windwirbel.

Der Münchener Liebfrauendom (oben) mit seinem Teufelstritt (unten).

Der Sage nach soll der Teufel, nachdem er vom Baumeister des Münchener Liebfrauendomes bei einer Wette hinters Licht geführt worden war, so voller Zorn auf den Boden gestampft haben, daß in der Steinplatte der Abdruck seines Fußes zurückgeblieben ist. Und er soll seinen Gesellen, den Winden, befohlen haben, nur recht scharf um die Kirche herumzufegen, um die Bürger am Betreten des Gotteshauses zu hindern. Der **Teufelstritt** ist noch heute unter der Orgelempore zu sehen und die Windböen kann man auch leicht zu spüren bekommen, wenn man über den Domplatz geht. Natürlich stammen sie nicht von höllischen Dämonen! Es sind die Auswirkungen der **Leewirbel**, die sich hinter den beiden mächtigen Türmen bilden. Dieses Phänomen tritt an allen großen Kirchenbauwerken, Hochhäusern und Türmen auf.

Sturmschäden im Wald.

Wenn Bäume vom Sturm gebrochen oder entwurzelt werden, so liegt das in den meisten Fällen an der Böigkeit. Machen wir uns diese – zunächst wohl etwas überraschenden – Auswirkungen der Windböen an einem sehr vertrauten Objekt klar: an einer Volksfestschaukel. Gibt man ihr stets im richtigen Augenblick einen Anstoß, z.B. indem man in die Knie geht, so schwingt sie immer höher und höher. Und wer mutig genug ist, der schafft schließlich sogar einen Überschlag.

Ein Baum verhält sich im Prinzip genauso wie eine Volksfestschaukel: Er schwingt ebenfalls hin und her, und wenn ihm die Windböen im rechten Augenblick einen erneuten Schubs verpassen, werden seine Schwingungen immer ausladender. Das kann schließlich so weit gehen, daß der Stamm der Belastung nicht mehr standhält und bricht – oder aber sich das Wurzelwerk so weit lockert, daß der Baum umstürzt. Die Schwingungsdauer – insbesondere hoher Bäume – beträgt oft viele Sekunden. In einem ähnlichen Rhythmus folgen gewöhnlich auch die einzelnen Sturmböen aufeinander, so daß diese Bäume fatalerweise oft gerade im „passenden" Moment angestoßen werden und sich ihre Schwingungen in gefährlichem Maß aufschaukeln können.

Besondere Windwurfgefahr besteht in Geländelagen, die die Bildung von Wirbeln begünstigen. Wir werden auf Seite 315ff. noch darauf zu sprechen kommen. Auch an Waldrändern und Kahlschlägen entstehen oft heftige Wirbel. Das ist besonders dann der Fall, wenn der Übergang vom Hochwald zur Kahlfläche abrupt erfolgt. Förstern wird deshalb geraten, Waldränder stromlinienförmig aufzubauen. Mischwälder sind aus ver-

Sturmschäden.

schiedenen Gründen weniger windwurfgefährdet als Monokulturen. Einer der Gründe ist, daß die Schwingungsdauer der verschiedenen Baumarten recht unterschiedlich ist, so daß es nicht zu einem gleichzeitigen, verbreiteten Aufschaukeln der Stammschwingungen kommen kann. Dadurch hindern sich die Bäume gegenseitig daran, in gefährliche Schwingungen zu geraten.

Genauso wie Bäume werden auch Bauwerke durch Windböen in Schwingungen versetzt. Besonders windexponiert sind natürlich Brücken. Ein Jahrhundertbeispiel für windinduzierte Schwingungen ist die Hängebrücke über die Tacoma Narrows bei Seattle, USA. Sie wurde bei jedem stärkeren Wind in so heftige Schwingungen versetzt, daß man ihr den Spitznamen „galoppierende Gertie“ gab. Schließlich wurde sie auch von einem heftigen Sturm zerstört.

Heute wird diesen Schwingungsproblemen durch eine aerodynamisch optimale Formgebung sowie durch passive und aktive Schwingungsdämpfer begegnet. Außerdem kann man jedes große Bauwerk durch Windkanaluntersuchungen an einem maßstabsgetreuen Modell auf seine Windanfälligkeit hin testen.

Schnee bleibt stets an der windzugewandten Seite eines Baumstammes haften.

Umströmen von Hindernissen

Wenn der Wind auf ein Hindernis trifft, kommt die Luft an der Auftreffstelle kurzzeitig zur Ruhe, ehe sie seitlich ausweicht und um das Hindernis herumströmt. Bei Schneefall mit Wind werden die Schneeflocken genau an den Stellen abgesetzt, an denen die Luft stagniert, denn nur dort haben die Flocken Zeit, sich ineinander zu verhaken und damit hängen zu bleiben. Aus diesem Grund entstehen an Baumstämmen, -ästen, Telefonmasten und Fahnenstangen auf der windzugewandten Seite gern kleine, längs des Stammes verlaufende **Schneewälle**. An den Seiten kann sich kein Schnee absetzten, weil die hohe Strömungsgeschwindigkeit verhindert, daß sich die Kristalle festkrallen können.

Bei Disteln bleibt der Schnee nur zwischen den windzugewandten Stacheln hängen.

Rauheis wächst, wie hier zu sehen, stets dem Wind entgegen.

Auch an den stacheligen Köpfen dieser Disteln hat sich der **Schnee nur auf der windzugewandten Seite** abgesetzt. Dieses Phänomen geht im wesentlichen darauf zurück, daß die Schneeflocken auf dieser Seite zwischen die einzelnen Stacheln gedrückt und damit festgehalten werden. An den seitlichen Stacheln gleiten sie vorbei, ohne „herausgefischt" zu werden.

Nicht nur Schneeflocken, auch die winzigen Nebeltröpfchen setzen sich genau dort ab, wo der Wind beim Auftreffen auf ein Hindernis einen Augenblick lang stagniert. Hält die Luftströmung lange genug an, so können prächtige **Rauheisfahnen** entstehen (vgl. Seite 251). Sie wachsen aus den genannten Gründen stets dem Wind entgegen, zeigen also genau an, woher der Wind während ihres Wachstums kam. Nur wenn die Windrichtung nicht einheitlich war, bauen sich die Rauheisansätze nach allen Seiten gleichmäßig auf.

Einflüsse von Gelände und Reibung auf den Wind

Einflüsse, die man hören oder spüren kann

Das Gelände beeinflußt den Wind auf ganz unterschiedliche Art und Weise. Unsere Graphik zeigt die Verhältnisse an einigen typischen Geländeformen – natürlich in stark schematisierter Form. Besonders auffällig ist die Düsenwirkung in engen Gebirgstälern oder in den Häuserschluchten unserer Großstädte. Links oben ist ein Tal mit einer **düsenartigen Verengung** zu sehen. Vor ihr „staut" sich die Luft, was dazu führt, daß sie mit besonders hoher Geschwindigkeit durch die Engstelle gepreßt wird.

Physikalisch ist diese Erscheinung eine Folge des Kontinuitätsprinzips. Es besagt, daß das Produkt aus Strömungsgeschwindigkeit und durchströmtem Querschnitt stets konstant ist. Bei einem schmalen Querschnitt ist demnach die Geschwindigkeit hoch, bei einem breiten ist sie dagegen niedrig.

Hinter der Verengung sinkt die Geschwindigkeit wieder auf den ursprünglichen Wert.

Ein bekanntes Beispiel für düsenartig verstärkten Wind ist der Mistral, der bei bestimmten Wetterlagen das Rhonetal hinunterpfeift und von dem die Franzosen sagen, daß „er einem die Seele aus dem Leib blasen kann".

Windverstärkungen sind stets an der typischen Drängung der Stromlinien erkennbar. Dabei ist es unerheblich, ob sie sich in horizontaler oder in vertikaler Richtung zusammenschieben. Dementsprechend findet man auch über **Hochplateaus** (rechts oben), **Bergrücken** (rechts Mitte) oder beiderseits von **quer überströmten Tälern** (links unten) besonders hohe Geschwindigkeiten. Aus analogen Gründen beruhigt sich der Wind überall dort, wo sich das Windfeld weitet: hinter einem Bergrücken, einer Hochebene oder im unmittelbaren Bereich des überströmten Tales.

Beim Durchströmen des Geländes kommt es natürlich auch zur Ausbildung von Wirbeln (s. Seite 139) im Zusammenhang mit der Böigkeit des Windes. Immer wenn der Wind über Kanten streicht oder von schmalen Hindernissen „zerschnitten" wird, entstehen solche Wirbel.

Was im Kleinen an Hausecken oder Mauerkanten, an Zaunlatten oder den Zweigen und Ästen der Bäume passiert, das spielt sich im Großen an Bergen und Hügeln, Höhenrücken und Geländestufen ab. Allerdings sind die dort entstehenden Wirbel viel größer und äußern sich nicht als hörbarer Schall sondern in Form plötzlicher, kräftiger Windstöße, kurz als sogenannte **Böen** (s. Seite 309).

An den runden Pfeilen in unseren Geländemodellen sieht man, wo solche Wirbel besonders gerne auftreten: **hinter Hügeln** (links Mitte), oder wo eine **Hochebene in einen Hang übergeht** (rechts oben), man spricht in diesem Fall vom **Überfallwind** und schließlich an der **Kante, an der ein Hang zur Hochebene abflacht** (rechts Mitte – Luvseite).

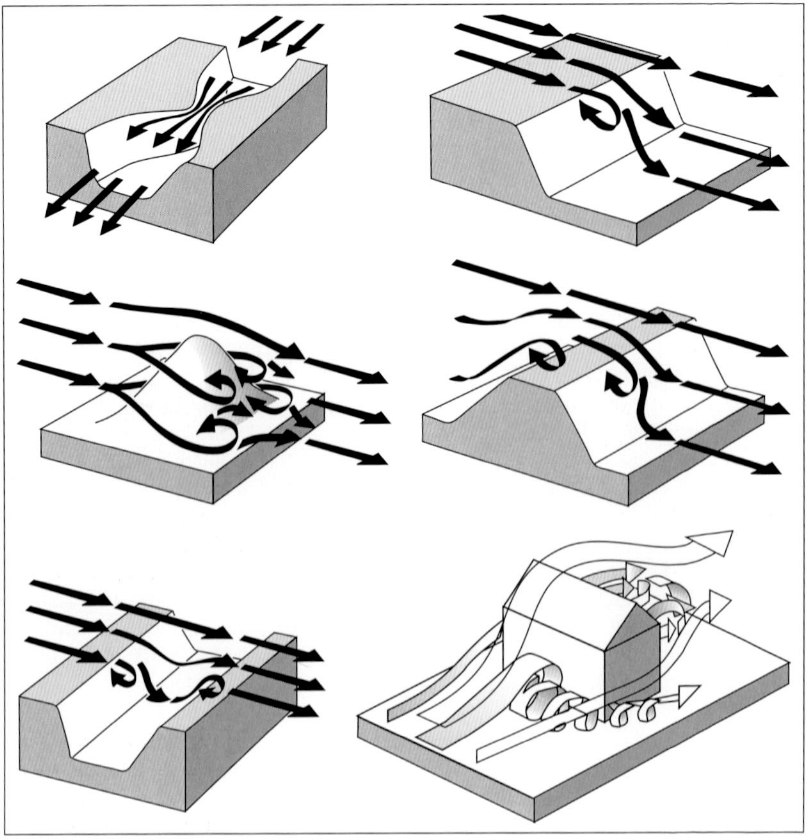

Windverstärkungen und Wirbelbildung im gegliederten Gelände.

Quer überströmte Täler (links unten) und Bergrücken darf man sich aus den genannten Geländeformen zusammengesetzt denken und findet deshalb Böen an den entsprechenden Stellen.

Auch hinter **Straßen- und Eisenbahndämmen, Waldrändern, dichten Strauch- und Baumreihen, Mauern und Gebäuden –** insbesondere langgestreckten – findet man **Leewirbel**, natürlich in kleinerer Dimension.

Die Form der Umströmung eines quaderförmigen Windhindernisses wird am Muster der Schneeverteilung erkennbar.

Sichtbare und sichtbar gemachte Beispiele für die Beinflussung des Windes

Einzeln stehende Gebäude oder andere vergleichbare Hindernisse lenken den Wind auf äußerst komplizierte Bahnen um. In der Graphik auf Seite 316 sind rechts unten die Verhältnisse an einem einfachen Haus sehr stark schematisiert dargestellt. Neben dem auch hier auftretenden Leewirbel mit waagerechter Rotationsachse (hier ist nur sein nach unten gerichteter Ast eingezeichnet!) bilden sich an den leeseitigen Mauerkanten noch zwei weitere Wirbel aus, natürlich mit senkrechten Rotationsachsen. Besonders interessant ist die spiralige Umströmung der beiden luvseitigen Mauerkanten (vgl. auch Seite 313).

Das Foto zeigt einen Stromanschlußkasten auf einem meteorologischen Experimentierfeld. Kräftiger Wind nach einem ergiebigen Schneefall hat in der Umgebung des Kastens unverkennbare Spuren hinterlassen. Sie spiegeln exakt die Verwirbelungen wider, die in der Graphik auf Seite 316 unten rechts zu sehen sind. Die **spiralige Strömung um die luvseitigen Mauerkanten** war so stark, daß sie den Schnee stellenweise völlig weggefegt hat. Der **waagerechte Leewirbel hinter dem Kasten** hat den Schnee unter sich – deutlich erkennbar – gegen die Windrichtung zum Kasten hin verblasen.

Die Umströmung komplexer Bauten kann man an maßstabsgetreuen Modellen im Windkanal studieren.

Im Bereich dichter innerstädtischer Bebauung oder an Industrieanlagen mit ihren diversen Bauformen und technischen Einrichtungen werden die Strömungsverhältnisse noch um einiges komplizierter als an einzelnstehenden Häusern.

In solchen Fällen helfen **Windkanalversuche** an maßstabsgetreuen Modellen weiter. Nach der sogenannten „Ähnlichkeitstheorie" bleiben die Strömungsverhältnisse mit den Wirbelbildungen exakt erhalten, wenn der Modellmaßstab und die Strömungsgeschwindigkeit der Luft im Windkanal in bestimmten Verhältnissen zueinander stehen. Im vorliegenden Fall sollte das Ausbreitungsverhalten von Kraftwerks-Emissionen studiert werden. Dazu wurde ein Modell der Werksanlagen aufgebaut und durch Schornstein und Kühlturm künstlicher Nebel ausgeblasen, dessen Ausbreitung und Verdünnung problemlos verfolgt werden konnte.

Selbst kleinste Details lassen sich an Modellen im Windkanal analysieren, so wie hier die Überströmung eines Hochhauskomplexes.

Auch dieses Foto stammt von einem **Windkanal-Experiment**. Hier ist das Ziel der Untersuchung, den Einfluß eines stufenförmig angelegten Hochhauses auf die Strömungsverhältnisse in der Umgebung zu analysieren.

Dazu wurde der Strömung, die im Bild von rechts nach links gerichtet ist, feiner Rauch beigemischt, der die Luftbewegung sichtbar macht. Auf diese Weise lassen sich Wirbel und andere Störungen des Windfeldes sehr schnell und sicher aufspüren. Besonders deutlich treten der bodennahe Wirbel vor dem Gebäude, an der Kante des stufenförmigen Vorbaues und der Leewirbel hinter dem Gebäude in Erscheinung; (vgl. auch Seite 316).

Am Eisansatz läßt sich erkennen, daß der Wind von der Bodenreibung gebremst wird.

Infolge der Reibung, die der Wind an der Bodenoberfläche erfährt, nimmt seine Geschwindigkeit zum Boden hin ab – oder, anders ausgedrückt, vom Boden nach oben hin zu. Daß man die **Windzunahme mit der Höhe** spüren kann, ist nichts Neues: Man braucht dazu nur auf einen Turm oder einen Berg zu steigen.

So weht der Wind im Mittel in 200 Meter Höhe etwa zweimal, in 2000 Meter Höhe sogar dreimal so stark wie am Boden (in der Norm-Meßhöhe von 10 Metern).

Daß man sie sogar sehen kann, zeigt dieses Foto. Die Rauheis-Fahnen, die sich im Lauf einer mehrtägigen Ostwindlage an den Grashalmen angesetzt haben, werden zu den Grasspitzen hin immer länger. Infolge der wachsenden Windgeschwindigkeit wurden dort mehr Nebeltröpfchen abgesetzt, so daß die Fahnen schneller wachsen konnten als in Bodennähe.

Wie stark der Wind an der Erdoberfläche gebremst wird, hängt von deren Rauhigkeit ab. Die glatte Oberfläche der Ozeane beeinflußt den Wind viel weniger als die grob strukturierte Oberfläche der Festländer. Ein paar Zahlen sollen das belegen: Auf Helgoland weht der Wind im Jahresdurchschnitt mit Stärke 5 (s. Seite 297), auf den ostfriesischen Inseln erreicht er nur noch Stärke 4, bis zum norddeutschen Tiefland ist seine durchschnittliche Stärke bereits auf 3 gesunken und im Oberrheingraben schafft er gerade noch 2 Punkte auf der Windstärkenskala.

Die höchsten Windgeschwindigkeiten treten in sogenannten **Jetstreams** und in den **Tornados** auf. Jetstreams sind schmale Starkwindbänder knapp unterhalb der Tropopause (s. Seite 128). Die Windgeschwindigkeit erreicht dort Werte bis 500 km/h. In Tornados kann man

Die Reibung zwischen Wind und Wasser führt zur Entstehung von Wellen.

keine Windgeschwindigkeit messen, weil kein Meßgerät standhalten würde. Es gibt aber Anhaltspunkte dafür, daß der Wind innerhalb des Rüssels Überschallgeschwindigkeit annehmen kann.

Bild oben: Am festen Erdboden wird der Wind durch Reibung gebremst, haben wir bereits festgestellt. An der Oberfläche eines Gewässers kommt es dagegen zu einer Wechselwirkung zwischen Wind und Wasser. Einerseits bremst auch das Wasser den Wind, wenn auch wesentlich schwächer als der feste Boden. Andererseits übt aber der Wind seinerseits auf das Wasser eine nicht unerhebliche Schubkraft aus. Sie führt zur Bildung der Wellen. Deswegen konnte Admiral Beaufort das Erscheinungsbild der Wasseroberfläche mit seinen Wellenformen so bequem zur Abschätzung der Windstärke benutzen (s. Seite 297).

Der Wind läßt aber nicht nur die Wellen entstehen, er schleift auch stets die oberste Wasserschicht hinter sich her. In günstigen Fällen kann er auf diese Weise Wasserströmungen erzwingen, deren Geschwindigkeit bis zu 4% der eigenen Geschwindigkeit ausmachen. Auch die großen Meeresströmungen, wie z.B der Golfstrom oder der Labradorstrom haben ihre Ursache letzten Endes in den beständigen Winden der weltweiten atmosphärischen Zirkulation.

Windschutz

Angesichts der vielfältigen Schädigungen, die von mäßigem bis starkem Wind ausgehen, ist es nicht verwunderlich, daß Gärtner und Landwirte ihre Kulturen zu schützen versuchen. Auf den Seiten 323 und 324 sind **Beispiele für Schutzeinrichtungen** zu sehen. Ihre primäre Aufgabe besteht darin, die Geschwindigkeit des Windes zu brechen. Das kann je nach Ausdehnung des zu schützenden Gebietes durch Baum- oder Strauchreihen, Hecken, Zäune, Wände aus Folien, Brettern oder Schilfmatten, Mauern oder Reihen von hochwachsenden Zier- oder Nutzpflanzen sein. Manche scheinbar zufällig durch das Gelände verlaufende Gehölzreihe oder Pflanzenrabatte entpuppt sich beim genaueren Hinsehen als geschickt angelegte Windschutzpflanzung.

Besonders in Küstenregionen, vegetationsarmen Moorgebieten, Flachländern und Flußtälern, vor allem solchen, die in Hauptwindrichtung verlaufen, sind Windschutzeinrichtungen die Voraussetzung für sichere und ertragreiche Ernten. Seite 323 zeigt eine Strauchreihe, die quer durch ein ost-westlich und damit parallel zur Hauptwindrichtung verlaufendes Flußtal angelegt wurde. Sie schützt Getreidefelder vor den im Tal verstärkten Westwinden. Darunter ist eine mächtige Schutzwand aus einem Moorgebiet zu sehen.

Die Sonnenblumenreihe auf dem Foto Seite 324 oben dient nicht nur der Gartenverschönerung, sondern auch als Windschutz für das (im Bild davor liegende) Salat- und Spargelbeet. Schutzwände der Art, wie sie das Foto auf Seite 324 unten zeigt, legen die Gemüsebauern im Rhonetal an, um ihre Kulturen vor dem dort durch Düsenwirkung verstärkten Mistral (s. Seite 316) zu schützen.

Wie aber funktioniert eigentlich eine Windschutzeinrichtung und welche Auswirkungen hat sie?

Prinzipiell gilt der Grundsatz: „je höher desto weiter". Das bedeutet, je höher eine Windschutzeinrichtung ist, desto größer ist ihre Reichweite. Die Zone, innerhalb der der Wind gebremst wird, ist sogar proportional zur Höhe der Schutzeinrichtung. Das heißt z.B., daß die Wirkung eines 5 m hohen Windschutzes fünfmal so weit reicht wie die eines 1 m hohen. Damit darf man die Entfernung zum Windschutz im Vielfachen der Höhe der Schutzeinrichtung angeben. Wie sich gleich zeigen wird, ist das außerordentlich praktisch.

In zweiter Linie wirkt sich die Dichte des Hindernisses aus. Eine dichte Schutzwand dämpft den Wind zwar sehr stark, ihre Reichweite ist aber nur gering. Eine lockere dagegen bewirkt nur eine mäßige Verringerung des Windes, dafür aber auf einer größeren Fläche.

Betrachten wir eine lockere Pflanzung, die etwa zur Hälfte durchsichtig ist. Sie weist, wie man sieht, ein außerordentlich interessantes Wind-Verteilungsmuster auf: Die Drosselung der Geschwindigkeit setzt bereits vor der Pflanzung in einer Entfernung von etwa zehnmal der Pflanzenhöhe ein. Von dort aus geht sie stetig zurück, bis sie in etwa fünf bis sieben Hindernishöhen hinter dem Windschirm ihren Tiefstwert erreicht. Er liegt bei etwa 35 Prozent der Geschwindigkeit des ungebremsten Windes. Von dort aus steigt die Geschwindigkeit wieder langsam an und erreicht in einer Entfernung von etwa

Verschiedene Windschutzpflanzungen.

Verschiedene Windschutzpflanzungen.

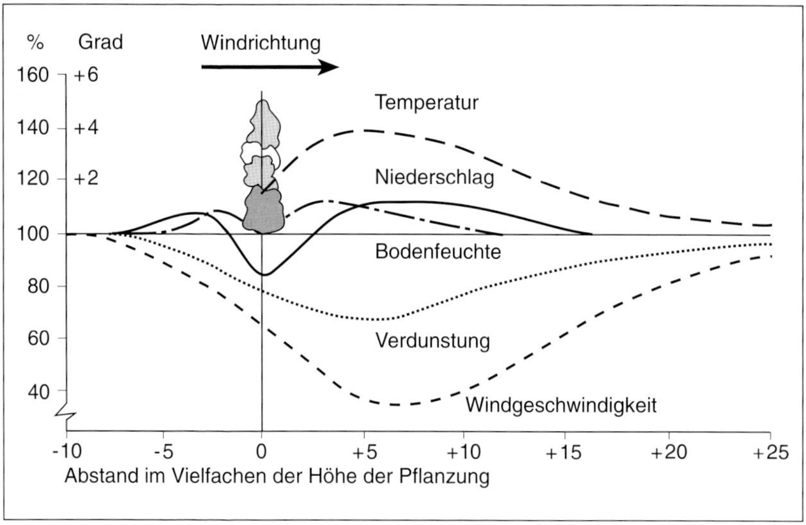

Wirkungsweise einer Windschutzpflanzung.

30 bis 35 mal der Hindernishöhe wieder den ungestörten Wert.

Parallel zum Wind wird auch die Verdunstung reduziert. Ihr Minimum fällt in etwa mit dem Windminimum zusammen. Um ein rundes Viertel ist sie dort verringert.

Der Niederschlag erfährt durch Windschutzmaßnahmen überwiegend eine Verstärkung bis zu 15%, lediglich unmittelbar an der Schutzeinrichtung geht er auf knapp 90% zurück.

Die Bodenfeuchtigkeit spiegelt die Verteilung von Niederschlag und Verdunstung wider und zeigt zwei Maxima, ein kleineres mit einem Plus von etwa 10% unmittelbar vor und ein größeres mit plus 15% hinter dem Windschirm.

Die Temperatur schließlich liegt dort am höchsten, wo der Wind am schwächsten weht und deshalb nur wenig Wärme fortblasen kann. Ein Wärmegewinn bis zu 4 °C ist ohne weiteres möglich. Diese Veringerung des Wärmeverlustes ist neben der Winddämpfung die wichtigste Aufgabe einer Windschutzeinrichtung.

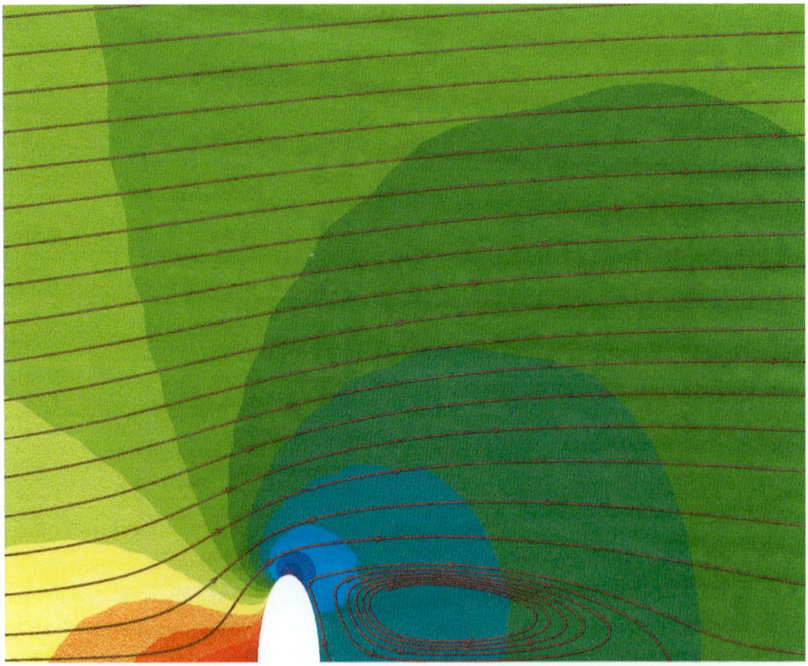

Computersimulation der Strömung über einen Schneeschutzzaun.

Auch **Schneeschutzzäune** funktionieren im Prinzip wie lockere Windschutzeinrichtungen. Dort, wo hinter ihnen die Windgeschwindigkeit am geringsten ist, lagert sich der meiste Schnee ab. Man kann also durch geschicktes Aufstellen solcher Zäune künstliche Schneewehen erzeugen und damit Straßen und andere gefährdete Flächen schneefrei halten.

Mit Hilfe moderner Computermethoden kann man die Strömungsverhältnisse auch sehr genau berechnen, und damit das Verhalten eines Schneeschutzzaunes exakt vorhersagen.

Literatur

De Bont, G.: Wolkenatlas. Ulmer, Stuttgart (1987).
Ein prächtiges Bilderbuch, das die Begeisterung und fotographische Begabung eines langjährigen amtlichen Wetterbeobachters widerspiegelt.

Bullrich, K.: Die farbigen Dämmerungserscheinungen. Birkhäuser, Basel (1982).
Sehr ausführliche Beschreibung der Himmelsfarben und ihres Zustandekommens; auch die Physiologie des Auges wird behandelt.

Dietze, G.: Einführung in die Optik der Atmosphäre. Akademische Verlagsgesellschaft Geest und Portig, Leipzig (1957).
Detaillierte Beschreibung atmosphärisch-optischer Phänomene; ausführliche mathematische Behandlung.

Deutscher Wetterdienst (Hrsg.): Internationaler Wolkenatlas. Lizenzausgabe des International Cloud Atlas, Volume II der WMO, Genf. Selbstverlag Deutscher Wetterdienst, Offenbach/Main (1990).
Der amtliche Wolkenatlas! Ein umfassendes Nachschlagewerk zu allen Fragen über den Wolkenhimmel.

Deutscher Wetterdienst Teil 2 (Hrsg.): Stereowolkentafeln. Vorschriften und Betriebsunterlagen Nr. 12. Selbstverlag Deutscher Wetterdienst, Offenbach/Main (1994).
Das Heft enthält eine Reihe von Fotos von besonders typischen und imposanten und deshalb auch besonders interessanten Wolkenformen. Die Bilder werden mit Brille mit einem roten und einem grünen Glas betrachtet (Anaglyphenverfahren).

Geiger, R.: Das Klima der bodennahen Luftschicht. Vieweg, Braunschweig (1961).
Die Bibel der Mikrometeorologen! Läßt keine Frage zu kleinräumig-meteorologischen Phänomenen offen. Das Buch ist zwar nicht mehr im Handel erhältlich, steht aber in jeder einschlägigen Bibliothek.

Greenler, R.: Rainbows, Halos and Glories. Cambridge University Press, Cambridge (1980), Paperback-Ausgabe 1991.
Anschauliche und verständliche Beschreibung mit eindrucksvollen Farbfotos; interessante Computersimulationen.

Häckel, H.: Meteorologie; Ulmer Stuttgart, (1999).
Ein Buch für diejenigen, die nach dem Lesen des vorliegenden Farbatlas mehr über Meteorologie erfahren möchten.

Koldovsky, M.: Fotografie in der Meteorologie. Fotokinaverlag, Halle/S. (1960).
Nicht das Neueste, dennoch interessant und vielseitig.

Löw, A.: Luftspiegelungen, Naturphänomen und Faszination. BI-Wissenschaftsverlag, Mannheim (1990).
Beschreibt alle Arten von Luftspiegelungen und die Eindrücke, die sie auf Menschen machen.

Lorenz, D., Miller, M.: Das 3-D-Wolkenbuch. Wittig, Hückelhoven (1991).

Stereobilder von verschiedenen Wettersituationen und ihre fachmännische, synoptische Erklärung; ein Leckerbissen nicht nur für „Stereaner"!

MANGELSEN, R.: Praktische Wetterkunde. Erkennen – Bestimmen – Vorhersagen. (Kosmos-Naturführer). Franckh-Kosmos, Stuttgart (1986).
Ein handliches Bändchen, das man jederzeit in der Wandertasche mitnehmen kann. Neben wertvollen Wetterregeln enthält es auch eine Reihe von hübschen Wolkenfotos.

MINNAERT, M.: Licht und Farbe in der Natur. Birkhäuser, Basel (1992).
Das wohl derzeit ausführlichste Buch zum Thema Meteorologische Optik. Es wurde bereits 1937 in Holländisch geschrieben und ist 1992 ins Deutsche übersetzt worden. Auch seltene Phänomene werden beschrieben und physikalisch-theoretisch erklärt. Dennoch bleibt das Buch stets ausgezeichnet verständlich.

MÖLLER, F.: Einführung in die Meteorologie. BI 276 und 288. Bibliographisches Institut, Mannheim (1973).
Das hochgeschätzte Lehrwerk eines gleichermaßen großen Wissenschaftlers wie Lehrers. Es befaßt sich sehr intensiv, aber dennoch gut verständlich mit den Strahlungsvorgängen.

Münchener Rückversicherungs-Gesellschaft. Hefte zu verschiedenen Wetterschäden:
- Sturmschäden in Europa, München 1973
- Der Capella-Orkan; Januarstürme 1976 über Europa, München 1977
- Schadensregulierung bei Naturkatastrophen, München 1982
- Hagel, München 1984
- Sturm, München 1990

Hervorragendes Informations- und Lehrmaterial mit vielseitigen, hochinteressanten Texten und zum Teil grandiosen Fotos, die – selbst in Schwarz-Weiß – die eindrucksvollsten Schilderungen in den Schatten stellen.

MYLIUS, E.: Wolkenbilder nach Aquarellen von E. Mylius. Hrsg.: Oberkommando der Kriegsmarine. Verlag Joh. Künstner, Böhm. Leipa/Sudetenland (1944).
Ein Buch, in dem Kunst und Naturwissenschaft verschmelzen; nicht mehr im Handel erhältlich.

NEUKAMP, E.: Wolken Wetter Kompass. Gräfe und Unzer, München (1991).
Eine „Fotogalerie im Kleinformat"; neben den Bildern enthält es einen wertvollen Kurzlehrgang in Wetterkunde.

PERTNER, J. M., EXNER, F. M.: Meteorologische Optik. Braumüller, Wien (1922).
Die Bibel der meteorologischen Optik; da es sich hierbei um ein abgeschlossenes Fachgebiet handelt, ist das Buch auch heute noch aktuell.

SALANAVE, L. E.: Lightening and its Spectrum – An Atlas of Photographs. University of Arizona Press, Tucson (1980).
Sehr eindrucksvolle Blitzaufnahmen und ihre Beschreibung; Interessantes über Blitzfotographie.

SCHLEGEL, K.: Vom Regenbogen zum Polarlicht – Leuchterscheinungen in der Atmosphäre. Spektrum Akademischer Verlag Heidelberg (1995).
Ein brandneues Buch: hervorragende Aufmachung, moderne, einprägsame Didaktik und exzellentes Bildmaterial, das zum aufmerksamen Beobachten anregt.

SÖNNING, W., KEIDEL, C. G.: Wolkenbilder, Wettervorhersage. BLV Naturführer 119, München (1990).
Viele hübsche Wolkenbilder mit Erklärungen; insbesondere viel Wissenswertes über medizinische Auswirkungen des Wetters auf den Menschen.

UMAN, M.: Lightening. McGraw-Hill, New York (1969).
Behandelt sehr ausführlich atmosphärische Elektrizität, Gewitter, Blitze inkl. Kugelblitze.

WALCH, D., NEUKAMP, E.: Wolken Wetter. Wetterentwicklungen erkennen und vorhersagen. Mit Anleitungen für die eigene Wetterprognose. Gräfe und Unzer, München (1989).
Man findet darin Wolkenbilder kombiniert mit sachkundigen Texten zur Wetterkunde, vorwiegend Wettervorhersage.

WEGE, K.: Wetter – Ursachen und Phänomene. Kosmos Naturführer. Franckh-Kosmos, Stuttgart (1992).
Das Büchlein zeigt eine Fülle von Wetterphänomenen und erklärt sie gut verständlich; der Schwerpunkt liegt auf der Wettervorhersage.

Wissenschaft auf Video: Das Wetter – bewegter Schauplatz Atmosphäre. Komplett-Video Verlag München (1995).
Ein populärwissenschaftlicher Videofilm zum Thema Meteorologie; er enthält eine Fülle von exzellenten Bildern und Szenen zu wetterkundlichen Themen und ist mit einem gut verständlichen Text unterlegt.

Wissenschaft auf Video: Das Klima der Erde – Schicksalhaft für die Menschen. Komplett-Video Verlag München (1995).
Ein populärwissenschaftlicher Videofilm zum Thema Klimatologie; er enthält eine Fülle von exzellenten Bildern und Szenen zu allen Teilgebieten des Themas Klimatologie. Text und Erläuterungen sind sehr gut verständlich abgefaßt.

Ein Hinweis außerhalb des Literaturverzeichnisses:
1983 wurde E. Neukamp vom Bayerischen Fernsehen beauftragt, einen Film über die Arbeit am Meteorologischen Berg-Observatorium auf dem Hohen Sonnenblick zu drehen. Der Film heißt: „Der hohe Sonnblick“. Er enthält neben exzellenten Bildern der verschiedensten Wettererscheinungen vor allem grandiose Zeitlupenszenen von Wolkenentwicklungen und Föhnerscheinungen. Kein Wetter-Interessierter sollte sich diesen Film im Fall einer Wiederholungssendung entgehen lassen. Ob er auch als Video zu kaufen ist, war leider nicht zu erfahren.

Sachregister

Abendrot 17, 22
Abgleiten, bei Föhn 148
– Kaltluft 285
Ablation, bedeckte 57, 259, 260
Abplattung der Sonnenscheibe 20
Absinkinversion 125
Absorption 10
Abtrocknungsvorgänge, Föhn 156
Ac 172
Ackerboden, Extremtemperaturen 281
adiabatisch 122, 123, 198, 318
Agrarmeteorologie 163
Ähnlichkeitstheorie 318
Albedo 55
– Abschätzung durch Beobachtung 55
– Einfluß auf Oberflächentemperatur 58
– Einfluß auf Raumklima 57
– Infrarot 61
– Sonnenlicht 55
– und Frostschutz 59
– verschiedener Oberflächen 55
– von Wasseroberflächen 65, 72
– Wärmestrahlung 115
– weißer Hausanstriche 58
Alpen, Überströmung bei Föhn 143
Alpenglühen 22
Altocumulus 172, 201
– castellanus 172, 189
– floccus 172
– lenticularis 151, 172
– opacus 172
– translucidus 172
Altostratus 105, 172, 183
– duplicatus 172
– radiatus 172
– translucidus 172
Altweibersommer 31, 37
Amboß 182, 185, 225
Anstellwinkel 306
Anzündekanne 288
Apfel, rotbackiger 60
As 172
Asam, C.D. 197
Asam, E.Q. 197
Asphaltstraße, Extremtemperaturen 281
Atemnot 304
Atmosphäre 10
– als bläulicher Saum 16
Aufgleiten 34
Auftrieb 177
Aufwind 224, 225
Aufwindschlauch 176
Auge, Farbempfindlichkeit 15, 21
Aureole 103
Ausfärbung von Früchten 60

Bahndamm, Extremtemperaturen 281
Ballungsräume, städtische 130
Barock-Rokoko 197, 207
Baumschwingungen 311
Beaufort, Admiral F. 297
Beaufort-Skala 297, 298, 301, 321
Bergeron, T. 215
Bergeron-Findeisen-Theorie 215, 217
Bergrücken 315
Bergwind 303
Berührungsnebel 164
Beschattungsdauer 47
Beschattungszonen 48
Besonnungsdauer 47
Beugung, Lichtstrahlen 103
Bewaldung, Bergkuppen 285
Bienen, Wahrnehmung polarisierten Lichtes 43
Biergartenklima 118
Biergarten-Revolution 118
blauer Dunst 32
blauer Planet 16
Blaufärbung, tiefes Wasser 70
Blitz, Entladestrom 134
– Entladungsvorgang, 233
Blitzeinschlag, in Baum 235
– in Flugzeug 234
Blitzhäufigkeit 232
Blitzschäden 234
Bodenfeuchte 162
Bodenreibung 302, 320
Böe 309, 315
Böenwalze 187
Brechung (s. Lichtbrechung)
Brise 279
Brockengespenst 106
Bunsenbrenner 304

Cb 172
Cc 172
Chitinfasern 41
Ci 172
Cirrocumulus lacunosus 172
– undulatus 172, 204
Cirrostratus 172, 183, 202, 212
– nebulosus 172
Cirrus 120, 172
– fibratus 172, 200
– floccus 172
– radiatus 172
– spissatus 172
– uncinus 172, 199, 201
Coning 142
Contrail 211
Cosinus-Gesetz 52, 116
– Auswirkungen auf Landwirtschaft 53
– Auswirkungen im Gelände 53
– Auswirkungen in der Natur 52, 54
Cs 172
Cu 172
Cumulonimbus 172, 184, 185
– calvus 172, 186
– capillatus 172
– incus 172, 182

– mammatus 172, 194
– virga 172
Cumulus 172, 178, 192
– „Asamus“ 197
– congestus 172, 180
– fractus 172
– humilis 172, 178, 180
– mediocris 172, 179
– pileus 172, 188
– vesperalis 193

Dachisolierung 268
Dämmerlicht 25
– spätes 21
Dämmerung 47
– astronomische 19
– bürgerliche 19
Dämmerungserscheinungen, sonnenabgewandte Seite 25
– Sonnenseite 19
Dampflokomotive 126
Deklination 46
Dendrit 221
Descartes, R. 90
Dichte, optische 98, 110
Distrail 211
Doppelregenbogen, dunkler Himmel dazwischen 92
Dünen, Entstehung 308
– Wanderung 308
Dunst, atmosphärischer 20, 100
– Farbe 30
– in Niederungen 133
Dunstpartikel 14, 37, 20
Düsenwirkung 315

Eis, auf Pfützen 255, 256
– klares 226, 256
– trübes 226, 256
Eisbildung, Verhinderung 257
Eisbirnen 242
Eisblumen 217, 249
Eisbruch 247
Eisglocken 243, 244
Eiskeim 215
Eiskränzchen, an Blättern 78, 291ff.
Eiskristalle 26, 40, 78, 226
– Formen 221
– nadelförmige 80
– säulenförmige 83
Eismauer 238
Eisnadeln 80
Eisplättchen, waagrecht schwebende 89
Eisvorhang 238, 239
Eiszapfen 237
– keulenförmige 242
– krumme 239ff.
– waagerechte 239, 240
Eiszeit 9
Elektronen, angeregter Zustand 10, 42
Elektronenhülle 10, 42
Elektronenwolke 10, 42
Elmsfeuer 235
Energieerhaltungs-Satz 146
Energieverbrauch der Menschheit 8
Erdachse, Neigung 45
Erdbeben 8
Erdschatten 25
Eruptionsfahne 128
Extremtemperaturen 281

Fahnen, Flattern 304
Fallstreifen (s. auch Nimbostratus virga) 220
Falschfarbenfotographie 61, 210
Fanning 127ff.
Faradayscher Käfig 232
Farbe, Gewässer bei Hochwasser 75
Farbstimmung, Landschaften 31
Fata Morgana 111
Fernsicht 131, 132
– bei Föhn 152
Findeisen, W. 215
Fließgewässer 257
Flughaare, Pflanzensamen 40
Flugzeug, Auftriebskräfte 306
– Tragflächenprofil 306
Flugzeugabgase 208
Flugzeugvereisung 247
Flußrauchen 164
Föhn, Auswirkung auf Psyche 154
– Fernsicht 152
– Häufigkeit 152
– in Skandinavien 156
– Lufterwärmung 149, 150
– Lufttrockenheit 148,152
– Wohlbefindensstörungen 153ff.
Föhnmauer 147
Föhnwolken 151
Franklin, B. 23
Frisch, M. von 43
Frosthäufigkeit 163
Frosthebung 258
Frostschutzabdeckung 119
Frostschutzanstrich, an Bäumen 59
Frostschutzberegnung 240
Fundamentreste, im Boden 63

Galoppierende Gertie 312
Gasgleichung 107
Gegendämmerung 22, 25
Gegenlicht-Fotographie 41
Geisterbild 33
Geländeheizung, Frostschutz 287
Geländeklima 163, 169
– Beurteilung 163
Gelber Fluß 76
Geschiebe 308
– Verlagerung 308
Gewässer, Extremtemperaturen 281
Gewitter 36, 189
Gewittersack 194
Glashauseffekt 114
– atmosphärischer 115
– und Erdtemperatur 115
– Venusatmosphäre 115
Glättegefahr, auf Brücken 264
Glatteis 245, 249
– aus unterkühltem Regen 246
– Folgen 246
Gletscherwind 286, 303
Glitzern der Wellen 69
Glorie 104
– Durchmesser 105
– um Flugzeugschatten 105
Glühlampenlicht 15, 21
Grenzschicht 289ff.
– Dicke 290
– Form 290ff.
Grenzschichttheorie 289ff.
Grünanlage, Extremtemperaturen 281
grüner Strahl 101
Gstettneralm 131
Guttation 239

Hagelbekämpfung 231
Hagelkorn, Baumringstruktur 226

- Dünnschnitt 226, 227
- Entstehung 224ff.
- Fallgeschwindigkeit 228, 229
- Gewicht 228, 229
- Querschnitt 226
Hagelschäden 228
Hagelschlosse 226
Haidingersches Büschel 42
Haloerscheinungen 78, 79
- ihr Ort am Himmel 78
Haloring, Farbe 86
- großer 86
- im Eisnebel 86
- kleiner 84
Hangabwind 169, 286
Hangaufwind 169
Hangwind 303
Hauptspiegelbogen 95
Häuserschlucht 315
Hebung 188, 198
Heißluftballon 107, 110
Helium 8
Helligkeit, im Boden 74
- Kurven gleicher 39
Himmel, aschgrauer 20
- blauer 12, 72
- fahlblauer 190
- tiefblauer 14
- weisslicher 14, 31, 36
- Wolkenbedeckung 192
Himmelsgewölbe 44
- scheinbares 97
Himmelshalbkugel 44
Himmelshelligkeit, in dunstiger Luft 39
- in klarer Luft 39
Himmelslicht, blaues 12
Himmelsstrahlung 12
- Helligkeit 13
Hochplateau 15
Höchsttemperaturen, im Gelände 280, 281
Hochwasser 75
Hof um Sonne oder Mond 102
Höhenwinkel der Sonne 46
Horizontalkreis 83
Howard, L. 170
Humus 36

Influenz 233
Infraschall 153
Inlandeis-Wind 286
Insektenflügel 41
Inversion 37, 107, 112, 122, 124,129
- Entstehung 125
- in der hohen Atmosphäre 128
- Luftreinhaltung 127, 135
- Mächtigkeit 132, 133
- Neujahrsfeuerwerk 137
- Temperaturschichtung 107
- Unterdrücken von Vertikalbewegungen 127
- Wellenbildung 134
- Zerstörung durch Wind 134
Inversionsnebel 132

Jahresniederschlag in Bayern 157
Jahreszeiten 45
Jetstream 320

Kaiser Konstantin 83
Kalkanstrich, Schutz vor Rindenrissen 59
Kaltluft 184, 190
Kaltluftabfluß 285
Kaltluftbildung 285
Kaltluftschauer 286
Kaltluftschichten, bodennahe 37
Kapillarwirkung 278
Klima, im Zelt 119
- in einer Laube 119
- in einer Loggia 119
- in Verpackungsschälchen 121
Kondensation 158, 160
Kondensationskern 30
Kondensationsniveau 175, 177
Kondensfahne 159
Kondensstreifen 159, 208
Kondensstreifen, graphische Wirkung 212, 213
- Schatten 212
konkav 295
Konvektion 175
konvex 295
Kranz, Lichtringe 102
- Ringgröße 103
- um Sonne oder Mond 102
Kreuz Kaiser Konstantins 83
Kronendeformation 302, 303
Kugelblitz 235
- Entstehung 236
Kurfürst Karl Theodor 232, 253

Labilisierung 187
Labilität der Atmosphäre 123
Ladungstrennung 232, 233
Lamarck, J.B. 170
Leewirbel 309, 310, 315, 316
Licht 9
Lichtbeugung 103
Lichtbrechung 84, 90, 98, 255
- an Eiskristallen 84
- an Wassertröpfchen 90
Lichteindringung, in den Boden 74
Lichtfächer 33
Lichtfarbe, im tiefen Wasser 70
Lichtreflexion 10, 55
- am Gewässergrund 64
- an Wasseroberflächen 64, 95
- in Wassertröpfchen 90
Lichtsäule 11, 78, 97
- Entstehung an Wasserwellen 82
- Entstehungsweise 81
- im Eisnebel 81
Lichtspiegelung, an Eisoberflächen 82
- an Wasseroberflächen 68
Lichtstreuung 10, 100, 101, 255
- Abhängigkeit von der Partikelgröße 11
- an Dampfwolken 29
- an Insenktenflügeln 41
- an Schwebstoffpartikeln 54
- an Springbrunnen 27
- an Wassermolekülen 64
- Auswirkung auf Sichtweite 27
- Farbaufspaltung 11
- im täglichen Leben 29
- in feuchter Luft 31
- in trockener Luft 30
- Neujahrsraketen 137
- Wellenlängenabhängigkeit 11
Liebesapfel 60
Looping 140, 226
Luftbildarchäologie 63
Luftblase 177
Luftdichte, Abnahme mit der Höhe 16, 98, 107

Luftfeuchtigkeit, hohe 14
Luftflimmern 110
Luftinhaltsstoffe, Verdünnung 127
Luftmassengrenze 154
Luftmoleküle 26
Luftpaket 122, 286
Luftpolster 272, 273
Luftreinhaltung 129, 138, 142, 318
Luftschichten, feuchte und trockene 112
Luftschwingungen 151
Luftspiegelung 107, 111
– obere 108
– untere 110
Luftstraße 209
Lufttrockenheit bei Föhn 148, 152
Luftverkehr 208
Luftverschmutzung 14
Luftverunreinigungen 17, 37, 54, 129, 130
Luftwirbel 139, 186, 195, 309, 311, 315

Mäander 138
Meeresspiegel 9
Meeresströmungen 321
Mehrfachregenbogen 92
Mehrfachstreuung 74
Meichelbeck, C. 162
Mie, G. 11
Mie-Theorie 11
Mischungsnebel 164ff., 209
– andere Formen 168
Mischwald 312
Mistral 315, 322
Mittagswinkel 46
Moazagotl-Wolke 153
Möller, F. 28, 78
Mondfinsternis, Farben des Mondes 24
Mondhof, in beschlagenen Fensterscheiben 102
Moor, Nebelreichtum 162
Morgenrot 17
Münchener Hageldesign 230
Münchener Hagelunwetter 229ff.
Nacht, blaue 21
Nährstoffmangel 63
Nakaya, U. 221
Nebel 160, 161
– in Niederungen 133
– Lichteindringung 106
– Sichtverringerung 162
Nebelbank 161
Nebelhäufigkeit 163
Nebeltraufe 294
Nebeltröpfchen 10
– Durchmesser 169
Nebenregenbogen 92
Nebensonne, Entstehungsweise 87, 88
Nebenspiegelbogen 95
Niederschlagsbildung 186
Niederschlagssummen 156
Nimbostratus 172, 206
– virga 172
NOAA-11/12 286, 210
Ns 172
Null-Grad-Grenze 225, 231

Ofen, zur Geländeheizung 288
Orkan 298
Ortszeit, wahre 44
Ozon 128

Packeis 286
Pflanzensamen, Flughaare 40
Photon 10, 11
Photosphäre 8
Polarisation 25, 42
Polarisationsfilter 42, 73
Polbänder 203, 300
POLDIRAD 185
Purpurlicht 19

Radar 184
Radiosonde 299, 300
Rauch 37
– blauer 32
– Farbe 32
– weißer 32
Rauchfahnen, bei stabiler Schichtung 124
– fächerförmige 125
– fadenförmige 124
Rauheis 248, 253
– und Windrichtung 251, 252, 314
Rauheisfahne 251, 252
Rauhfrost 248
Rauhreif 248, 254
Rayleigh, Lord J.W. 11
Rayleigh-Theorie 11
Reflexion 10, 55
Refraktion, atmosphärische 99, 101, 107
Regen 206
Regenbildung 147
Regenbogen 23, 90
– bei tiefstehender Sonne 23
– dritter 92
– gehobener 95
– innerer 93
– ohne Blau 23
– Ort am Himmel 92
– sekundärer 93
– Vielfachbögen 92
– weißliche Bögen 92
– zweiter 92
Regenrekorde 220
Regensack 194
Regentropfen, Deformation 218
– Durchmesser 214, 218
– Entstehung 215
– Linsenwirkung 214
– Zusammenfließen 215
Reif 120, 161
Reinluftgebiet 130
Rindenrisse 59
Rückwärtsstreuung 26, 37

Salzkristalle 30, 190
Sand 36
Sättigungsfeuchte 165
Sc 172
Schäfchenwolken 205
Schalenkreuz-Anemometer 295
Schattendiagramm 48
Schattenlänge 47
Schattenpartien, blaue 15
Schattenrichtung 47
Schattenwurf 44
– eines Objektes 49
– eines Hauses 49
– im Sommer 51
– im Winter 51
Schattenwurf-Demonstrationsgerät 50
Schichtung, stabile 124ff.
Schichtung, labile 138ff.
Schiffsvereisung 247
Schmelze, erstarrte 226
Schmelzteller, um Baumstämme 116
– um Pflanzenreste 117

Schnee, Schmelzmuster 277
Schneefall 206
Schneekristall, Entstehung 221
– Wachstum 223
– Wachstum an Boden 223
Schneepilz 260
Schneeschutzzaun 326
– Strömungsverhältnisse 326
Schneestern 221
Schneewall 313
Schönwetter-Cumulus 178
Schornsteinfahne, Coning-Typ 142
– Dynamik 141
– Fächerform 127
– Fadenform 124ff.
– Fanning-Form 127ff.
– Looping-Form 140
– Schleifenbahn 140
Schornsteinüberhöhung 135
Schwärze, des Weltalls 16
Schwebstoffe, in der Luft 10
– in Fließgewässern 74, 76
Schwingungsdauer von Bäumen 312
Schwingungsrichtung 42
Seerauchen 164
Sichtweite 131
Silberjodid 231
Smog 129
– Londoner 130
Smogkatastrophen 130
Societas meteorologica palatina 253
Sommersmog 129
Sommersonnenwende 44, 51
Sonne, abgeplattete 99
– ellipsenförmige 98
– wasserziehende 202
– zerklüftete 112
Sonnenbahnen 44, 47
Sonnenbilder, verschiedenfarbige 101
Sonnengesang 8
Sonnengröße, scheinbare 95
Sonnenhöhe 19, 25
Sonnenlicht, Polarisation 42
Sonnenrand, Hebung durch Refraktion 99
– scharfer 113
– zerzauster 113
Sonnenschein, Spitzenwerte 133
Sonnenuhr 44
Sonnenuntergang 68
– in dunstiger Luft 20
– nach Vulkanausbruch 18
Space-Shuttle 16
Spalierklima 117
Spätfrostbekämpfung 240, 287
Spätfrostgefahr, Abhängigkeit von der Bewölkung 120
Spektralempfindlichkeit der Augen 9
Spektralfarben 23, 90, 101
Spherics 154
Spiegelbild an Wasseroberflächen 76
Spiegelbogen 94
Spinnennetz 41, 294
St 172
Stabilität, der Atmosphäre 123
Stabilitätsklasse, TA Luft 142
Stalaktiten 238
Staub 36
Staubewölkung 143, 145
Staubpartikel 10, 26
Stauseite von Gebirgen 156
Steppenbrand 18
Stereowolkentafeln 171
Sterne am Mittag 16, 41
Stoßwellen, elektromagnetische 154
Strahlung, infrarote 9
– langwellige 114
– ultraviolette 9
Strahlungsgleichgewicht der Erde 114
Strahlungsinversion 125
Strahlungsnebel 161
Straßenoberfläche, flimmernde 110
– Luftspiegelung 110
Stratocumulus 172, 195, 196
– castellanus 172
– lenticularis 172
– vesperalis 172
Stratus 120, 172
– fractus 172
– nebulosus 172
Streulicht, Richtungsverteilung 26
Streulichtfächer 34
– an Waldrändern 35
Streuung (s. Lichtstreuung)
Stromlinien 315
Stromlinienform 301, 311
Stromlinienkörper 295
Sturm 298
Sturmböen 187
Sublimation 248

TA Luft 142
Tagbögen 47
– der Sonne 47
Tag-und-Nacht-Gleiche 44
Tal, querüberströmtes 315
Talwind 303
Tau 161
Taupunkt 159ff.
Taupunkttemperatur 159ff., 250
Tautropfen, an Blatträndern 293
Temperatur und Wärmeleitfähigkeit 261
Temperaturabnahme mit der Höhe 122 ,143
Temperaturextreme 279
Temperaturgradient, ungewöhnlicher 131, 132
Temperaturschichtung, in einer Inversion 107
– labile 122
– stabile 122, 123
– ungewöhnliche 131, 132
Temperaturverteilung, im Gelände 279ff.
– in der Umwelt 263ff.
– in einer Stadt 283, 284
Tesla-Transformator 235
Teufelstritt im Münchener Dom 310
Thermik 175
Thermofotographie 128, 282
Tiefdruckgebiet 8, 143, 198
Tiefsttemperaturen, verschiedener Oberflächen 281
Topographie von Bayern 157
Tornado 320
Trenker, L. 41
Trockengebiete, relative 156
Tropopause 128, 147, 182, 184, 224
Trugbild 109
Turbulenz 139, 151, 195, 211, 309

überadiabatisch 122
Überfallwind 315

Umweltschutz 130
unteradiabatisch 122
Untersonne 82, 223
UV-Filter 33
UV-Strahlung 128

Verdunstung 280
Verdunstungswärme 280
Verformung von Baumkronen 302, 303
Verpackungsschälchen 121
Vertikalaustausch 37
Volksfestschaukel 311
Vorwärtsstreuung 26, 37
Vulkanasche, Menge 18
– Partikelgrösse 18
Vulkanausbrüche 18

Wachszapfen 237
Wald, Extremtemperaturen 281
– Kaltluftbildung 285
Waldbrand 18
Waldschadensforschung 62
Wall, W. 232
Wärme, im Erdboden 279
– latente 146ff., 177, 241
Wärmeleitfähigkeit 261ff.
Wärmeschutz, unter Schneedecke 274, 275
Wärmestrahlung 114, 118, 128
– der Erdoberfläche 118
– des Himmels 118
– wichtige Gesetze 114, 118
Warmluftmasse 136, 184
Wasserbewegung, im Boden 278
Wasserdampf, unsichtbarer 158
Wasserdampfgehalt der Luft, maximaler 143, 154, 159, 165
Wasserfall-Elektrizität 232
Wasserfärbung, Änderung mit dem Blickwinkel 72
– durch Kleinstlebewesen 70, 73
Wasserhülle bei Salzen 30
Wassermangel 63
Wasserstoff 8
Wasserstrahlpumpe 304
Wassertröpfchen 26
Wasserwellen, Entstehung 321
Wegener, A. 186, 215
Weihenstephan, Museum 288
Wellen, auf Gewässern 204
Weltorganisation für Meteorologie 170
Wetter, schönes 22
Wetterregeln 34, 193, 200
Wetterverschlechterung 85
Wiesennebel 163
Wind 298
– hörbare Phänomene 309, 315
Winddreher 296
Winddruck 295, 301
Windgeschwindigkeit 142, 297ff.
– extreme 307, 320
– Messung 295
– mittlere 302
– Zunahme mit der Höhe 320
Windkanal 312, 318, 319
Windkraft, tangentiale 307
Windrichtung 213
Windsack 305
Windschutz, maximale Winddämpfung 322
– Reichweite 322
Windschutzpflanzung 322
Windschutzwand 322
Windstärke 297, 301
Windstille 251, 299
Windwiderstand 295, 301
Windwirbel (s. Luftwirbel)
Windwurf 311
Wingeschwindigkeit, extreme 307, 320
Winterschneedecke 8
Wintersmog 129
Wintersonnenwende 44, 51
Wirbel 139, 186, 195, 309, 311, 315
Wirbelsturm, tropischer 8
WMO 170
Wohlbefindensstörungen, bei Föhn 153 ff.
Wolken 160
– als Wetterboten 170
– aus Wassertröpfchen 103
– Blumenkohlstruktur 181, 183, 186
– dunkle 28
– Einteilung 170
– haufenförmige 174
– Himmelsbedeckungsgrad 142, 170
– in Auflösung begriffen 207
– schichtförmige 198
– schleierförmige 198
– Vereisung 215
– Wassergehalt 178, 199
Wolkenart 171ff.
Wolkenatlas, internationaler 171ff.
Wolkenauflösung 148
Wolkenaufzug 136, 196, 198, 204
Wolkenbildung 167
– bei Föhn 145, 150
Wolkenfamilie 171ff.
Wolkengattung 171ff.
Wolkenhöhe 177
Wolkenklassifikation 172
Wolkensaum, leuchtender 32
Wolkenschicht, an Inversionsobergrenze 130
Wolkenstockwerk 171
Wolkensystematik 170ff.
Wolkentröpfchen 10, 28
– Durchmesser 103
– unterkühltes 215, 117, 224
Wolkenuntergrenze 175
Wolkenzug und Wind 300
Wüste Gobi 294

Zelt 119
Zentralnervensystem 153
Zerstäuber 304
Zigarettenrauch, Farbe 32
Zirkulation, atmosphärische 321
Zirkumzenitalbogen 89
– sichtbares Bogenstück 89
Zug (Wind) 279

Autorenvita

Prof. Dr. Hans Häckel ist Leiter der Niederlassung Weihenstephan des Deutschen Wetterdienstes und Honorarprofessor für Agrarmeteorologie an der TU München-Weihenstephan. Er hat mehrere Bücher über Meteorologie, Pflanzenkrankheiten und andere Themen verfaßt.

Bildquellen

Bildautor unbekannt, zur Verfügung gestellt von K. Schlegel, Lindau/Harz: Seite 236.
Ammer, U., München: Seite 62.
Baumeister, W., Stuttgart: Seite 70.
Berz, G., München: Seite 229.
Brinkop, S.: Seite 148.
Buchwald, D., Rudelzhausen: Seite 155.
Buchwieser, K., Grainau: Seite 22.
Building Research Establishment: Seite 307.
de Bont, G., de Bilt (Niederlande): Seite 189.
Diez, G., Schallstadt: Seite 108, 109.
DLR, Oberpfaffenhofen: Frontispiz, Seite 184, 210, 226 oben, 286.
Drohnia, H., Langenhagen: Seite 112.
Duhme, F., Freising: Seite 182.
DWD Hohenpeissenberg: Seite 35 unten, 135, 147, 150, 191 oben, 253 unten.
DWD Offenbach: Seite 235 links.
Elling, W., Freising: Seite 116, 131, 311, 312.
Fuchs, W., Roth: Seite 234.
Huber, K., Mittermarchenbach: Seite 75.
Irlinger, W., München: Seite 63.
Kerber, K., Bayerischzell: Seite 194 oben.
Klink, E.M., Freising: Seite 183.
Klink, M., Bad Homburg: Seite 154.
Firma Julius Koch, Malente-Kreuzfeld: Seite 326 unten.
Kohlhauf, F.X., Bad Tölz: Seite 233.
Kristen, A., Garmisch-Partenkirchen: Seite 137.
Krügler, Hamburg: Seite 235 links.
Kruse, E., Minden: Seite 24.
Lüthen, R., Wittmund: Seite 94.
Luther, P., Oberfernbach: Seite 296.
Mayer, H., Freiburg: Seite 61, 283, 284.
Michel, E., Haag/Amper: Seite 77, 133.
Mohr, T., Darmstadt: Seite 58.
Münchener Rückversicherung, München: Seite 226 unten, 227.
Mylius, E.: Seite 171. ((Wolkenatlas))
NASA: Seite 16.
Nirschl, H., Weihenstephan: Seite 309, 326 oben.
NOAA,: Seite 156.
Ochsenhirt, W.T., Hamburg: Seite 247 unten.
Passauer, H., Bayerisch Eisenstein: Seite 136.
Polar Image, Parviainen, P., Turku (Finnland): Seite 101.
Rauh, M., Birkenfeld: Seite 318, 319.
Rötzer, T., Würländer, R., München: Seite 157.
Schmidt, H., Seiffen/Erzgebirge: Seite 253 oben.
Schultheiß, H., Bayerischzell: Seite 134, 254, 320.
Schulze, Claus Jürgen: Seite 126.
Seidlitz, A., Freising: Seite 105.
Seidlitz, W., Freising: Seite 18, 213.
Simonis, R., Offenbach: Seite 76, 106, 302, 324 unten.
Stadler, N., Altenau: Seite 7, 104, 132, 149.
Tenter, K., München: Seite 35 oben, 82 rechts, 85 unten, 111, 230 (2), 238 links, 258, 308.
TIROS-N, CMS-LANNION: Seite 128.
Vogl, R., Rosenheim: Seite 231.
Wahl, K., Veitshöchheim: Seite 287, 288.
Zernecke, D., München: Seite 245, 247 oben.

Alle übrigen Aufnahmen:
H. Häckel, Weihenstephan.

Adressen

Peter Luther
Metallbildhauer
Atelier + Werkstatt
Oberfrembach 30
91469 Hagenbüchach
Tel.: 09101/1468
Fax: 09101/9582

Die Deutsche Bibliothek – CIP-Einheitsaufnahme

Farbatlas Wetterphänomene / Hans Häckel. – Stuttgart (Hohenheim) : Ulmer, 1999
ISBN 3-8001-3511-6

Wollgrasweg 41, 70599 Stuttgart (Hohenheim)
Printed in Germany
Lektorat: Ulrich Commerell, Dieter Kothe
Herstellung & DTP: Silke Reuter
Druck:Georg Appl, Wemding